미 의사록 한국 관계 기록 요약집, 1878~1949

Compendia of Korean Records appearing
in the US Congressional Records, 1878~1949

부록: O. N. Denny "China and Korea(중국과 한국)" 원문과 우리말 번역

편이: 량기백

미 의사록 한국 관계 기록 요약집, 1878~1949

부록: O. N. Denny "China and Korea(중국과 한국)" 원문과 우리말 번역

초판 1쇄 2008년 2월 10일
2쇄 2008년 8월 8일

지은이 량기백
펴낸이 윤관백
편 집 김은혜
표 지 김지학
교정교열 김은혜·이수정
펴낸곳 

인쇄 한성인쇄
제본 광신제책
등록 제5-77호(1998.11.4)
주소 서울시 마포구 마포동 324-1 곶마루 B/D 1층
전화 02)718-6252 / 6257 팩스 02)718-6253
E-mail sunin72@chol.com
Homepage www.suninbook.com

정가 · 22,000원
ISBN 978-89-5933-102-4

미 의사록 한국 관계 기록 요약집, 1878~1949

Compendia of Korean Records appearing
in the US Congressional Records, 1878~1949

부록: O. N. Denny "China and Korea(중국과 한국)"
원문과 우리말 번역

편이: 량기백

선인
도서출판

머리말

이 요약집(Compendia)은 초창기 미국 한인사와 구한말 우리 외교 기본 문건의 하나입니다.

오래전부터 미국에 있는 우리나라에 관한 자료들을 모두 복사해 우리나라에 가져가서 우리 것으로 만들었으면 했습니다. 그렇게 시작한 것이 바로 이 *미 의회 의사록(Congressional Record)*에 실린 우리나라에 관한 기사의 복사 작업이었습니다. 그때 외교안보연구원 노재원 대사, 이규호 문교부장관, 그리고 학술재단의 후원으로 1845년부터 1949년까지 *미 의회 의사록*에 실린 한국 관계기사를 1980년도에 복사했습니다. 여기서 중요한 것만 추려 우리말로 옮겨 이렇게 "미 의사록 한국 관계 기록 요약집: 1878~1949(Compendia of Korean Records appearing in the US Congressional Records, 1878~1949)" 만들었습니다. 1950년 뒤로는 한국 전쟁으로 분량이 너무 많아 한 사람으로는 도저히 감당할 수 없었습니다. 의사록은 무겁고 두꺼워 복사하기가 매우 어렵습니다. 그리고 1845년 처음 의사록에 나온 Corea는 "Japan and Corea"란 제목으로 일본에 겹쳐 나올 뿐만 아니라 요약할 것이 특별히 없어 1878년부터 나온 것들을 요약했습니다.

*미 의회 의사록(Congressional Record)*은 비단 의회의 진행 기록일 뿐 아니라 미 의원들의 의회일과 아무 상관없는 사연도 실었습니다. 텅 빈 의회 회의실에서 연설하는 척 읽은 다음 원고를 의사기록원에게 넘기면 의사록에 싣는다고 합니다. 이 요약집에 실린 것들은 이런 절차를 밟아 *Congressional Record*에 실린 것을 매해 나오는 의사록색인 별책, 곧 *Index volume*에서 'Corea' 또는 'Korea' 조항에 따라 의사록의 원본을 찾아 복사해서 이 가운데 우리에게 필요하다 생각되는 것만 골라 요약했습니다. 이 Compendia

체제 필요상 영문과 국문 두 부로 나눠 중복했습니다. 영문은 Alphabet으로 그리고 국문 가나다 순으로 나열했고 서로 참고되는 조항은 '보라' 그리고 '또 보라'로 안내했습니다.

"일러두기"에 적은 것처럼 여기에 실린 우리나라 관계 기록은 이른바 '안건(Bill)', '청문(Hearing)', '문헌(Documents)', '연설문(Speech)', '결의안(Resolution)' 그리고 국무성과 주한 미 공관과의 '왕복편지(Correspondence, Dispatch)', '보고(Reports)', '서류(Papers)', 그리고 한-미 간 여러 조약의 안내 '목록'입니다. 또 '부록(Appendix)'으로 *Congressional Record* 에 실린 조선 중국의 속국설 부인한 협판(協辦-차관급) 데니(德尼-Owen Nickerson Denny)의 논문 "중국과 조선(China and Korea)"의 원문을 실었습니다.

*Congressional Record*에 실린 우리나라에 관한 대표적 기록을 보면 주로 구한말 이홍장과 원세개의 조선흡수 음모사건; 3·1운동 때 일본 탄압 진상; 그리고 미국 재야인사들에게 보낸 이승만 박사의 독립호소문; 그리고 우리 사정을 동정한 미 의원들의 연설문으로 되어 있습니다. 특히 '원세개 음모사건'은 그때 임금의 고문으로 우리의 외교직을 담당했던 Owen N. Denny가 폭로한 것이며, '일본 탄압 진상'은 미국 선교회에서 입수한 3·1만세운동의 희생자 명단입니다.

우리나라 이름이 'Corea'로 *Congressional Record*에 처음 나타난 것은 1845년 "House Document," no. 138인데 이것은 일본과 한국과 미국무역 권장한 것입니다. 그 뒤 33년 동안 우리나라에 대한 기사가 없다가 1878년부터 비로소 'Corea'로 나오는데 이는 1866년 General Sherman호 대동강 사건 뒤부터입니다[참고로 이때 강화도에서 약탈한 우리 군기(군대 깃발) 등이 아나폴리스 해군 사관학교 박물관에 있는데 우리 군기의 목록이 실린 Catalogue가 Embassy Archives에 진열되어 있습니다]. 이때 평양감사가 연암 박지원 손자요, 주미 박정양 공사 일가인 박규수(1807~1876)였습니다. 이건 그렇다 하고 한 가지 지적하고 싶은 것은 내가 잘못 봤는지는 모르나 1882년 '한-미 조약'의 의회 비준 기록이 없다는 사실입니다. 따라서 한-미 관계 기록은 오직 국무성 기록과 문서로만 알 수 있습니다. 그때만 해도 미 의회활동에 제한됐던 것 같아 이제처럼 외교에 직접 관여하지 않았던 것 같습니다. 그때 미국의 외교는 주로 해군성이 주관했고, 국무성에는 절차상 사후에 보고했다고 합니다. 우리나라에 관한 국무성 기록과 문서는 이제 National Archives에 Microfilm으로(원본 안 보여줌) 보관되어 있는데 이 자료의 대출번호는 다음과 같습니다 : RG22, RG23, RG28, RG37, RG38, RG43, RG46, RG56, RG59. 참고로 적어둡니다.

내가 알기로는 한국 국회도서관을 포함하여 우리나라의 여러 학자 또는 기관들이 이 국무성 한국자료를 사 갔으며 *구한말 외교 문서 : 미안* 출판도 했습니다. 그런데 미국에서 교육받은 우리나라 학자는 많으나 이 영문자료를 '소화'할 사람이 없다고 합니다. 자료 정리하는 일이 거추장스러워 학자들이 이러한 일을 꺼려하는 경향이 있기 때문이라고 합니다. 많은 나라들에 있어서 그들의 자료 정리 Project는 국가의 기본 사업으로 이뤄집니다. 국가 기록을 정리하는 일은 이용과 보관을 떠나 한 나라의 걸어 온 Memory를 후대에 알리고 또 역사는 반복한다는 'Law of History'에 비추고자 한 경륜 있어야겠습니다.

본래 계획으로는 의사록에 실린 원문을 '사전식 해설 서지(Annotated Dictionary Bibliography)'로 엮어 우리나라에 관한 미국의 기본 자료를 쉽게 이용하고 알아볼 수 있게 하려고 했습니다. 참고로 '사전식 해설 서지'란 서지학에서 말하는 주제, 저자, 책이름 그리고 건명, 합친 것을 두고 'Dictionary'라 하기에 나는 여기에 해설을 더 포함시켜 이렇게 이름 지었습니다. 내가 도서관에서 오래 일하다 보니 이런 착상이 나왔는데 이렇게 엮어 보니 필요한 문건 백과사전 식으로 손쉽게 찾을 수 있고 이용에 편리했습니다. 그리고 특히 우리 학계에서는 '서지'라면 책의 장정, 형식, 목록, 그리고 출판사항에 치우치며 서지가 백과사전의 기본인 사실에 등한시하여 우리 학계가 서지백과사전학의 불모지(Arid)로 남아 있나합니다. 이 백과사전학풍 특히 서구라파 Academies의 전통이라 합니다.

그런데 힘들게 복사한 의사록 원문 외무부에 보냈는데 온데간데없습니다. 외무부 연구비로 한 일이기에 그때 이곳 공관 민병석 참사관 통해 한 벌 외무부에 보냈습니다. 2000년 3월 세종연구원 객원연구원으로 서울에 있을 때 이젠 국회도서관 관장인 민병석씨에게 이 원문의 행방을 알아봐 달라고 했었는데 외무부 구미국에 보냈기에 미주과에 알아보니 모른다 했다며 알려 왔습니다. 그리고 내가 가지고 있던 또 한 벌 그때 국회도서관 김주봉 관장에게 보내 보관토록 했는데 이것마저 없다고 합니다. 만일 다 버렸다면 그 아쉬움 뭐라 말할 수 없습니다.

이 "요약집(Compendia)"에 실린 '3·1만세운동 희생자 명단'은 정부 보훈처의 독립지사 표창에 참고될까 합니다. 3·1운동 때 우리 어린 남녀 학생들은 죽음을 무릅쓰고 피 흘렸습니다. 어떤 어머니는 자기 아들이 죽으면 '복수'하겠다며 일본 순사에게 대들기까지 했습니다. 희생당한 이 젊은 피, 해외에서 독립 운동한 지사들과 함께 어찌 숭고하지 않습니까. 여기 실린 명단 서울, 평양, 부산, 함흥, 수원 그리고 여러 곳에서 희생당한 학생들입니다. 통일과는 상관없는 우리겨레 어린 혼 위령탑 남산 꼭대기에 세워 그들 넋 위로한다면 그들이 바로 우리 수호신 아닐까요. 3・1독립만세 사건 진상 여기 실린 Exhibit 1-VIII에 자세히 담겨 있습니다.

또 "청한론(淸韓論)"으로 알려진 데니의 논문 "China and Korea", *Congressional Record*, Vol. 19, Pt 9, Senate 50th Congress, 1st Session, August 31, 1888, pp. 8136~8140에 실려 있습니다. 이 논문 가운데서 우리 외교를 담당한 분들에게 참고될 만한 대목만 골라 이를 간단히 그 뜻만 번역했습니다. 되풀이한 곳도 있는데 널리 알리고 싶어 일부러 그렇게 했습니다. 서툴다 보니 좀 어색한 번역 있습니다. 본문 참고하기 바랍니다.

다른 글에 이미 말한 바 있지만 이조 5백 년 긴 역사 통해 우리나라의 외교사로 다룰 수 있는 기간은 1882년 한-미 조약으로부터 1905년 한일보호조약까지 23년밖에 되지 않습니다. 그런데 이 23년도 우리 외교를 전적으로 직접 담당한 사람은 우리가 아니고 미국사람 알렌(Horace Newton Allen, 1858~1932)과 데니(德尼, Owen Nickerson Denny, 1838~1900) 그리고 헐벋(Homer Bezaleel Hulbert, 1863~1949) 이 세 사람입니다. 알렌, 헐벋과 더불어 그때 우리나라 외교 주역들 원세개, 민영익, 서재필, 이완용(1858~1926)들과 함께 모두 20살 씩씩한 청년들이었습니다(참고로 미국 온 우리 외교관 나이순으로 적어보면 이완용 30살; 유길준 27살; 서광범 24살; 민영익 23살; 서재필 18살로 가장 나이 어렸습니다). 하여간 이 세 미국사람 서양 문화사에 대한 조예 남달리 깊고 거기다 뛰어난 영어문장력으로 그들 친히 당하고 보고 겪고 한 일, 그리고 우리 정치・사회・경제・문화와 예술로부터 우리 일상생활과 풍속과 인심에 이르기까지 솔직히 그것도 정확히 글로 남겼습니다. 이들 우리에게 좋은 교훈 남겨준 귀한 분들입니다. 이들 글 없었던들 우리 민족 근세 고난사 알 길 막연했을 것 같습니다. 이때 우리 상상 이상으로 많은 미국사람 정부 초빙고문으로(특히 교육과 군대 훈련) 그리고 장사 차로, 선교사로 수백 명 왔습니다(이때 러시아 사람 6백 명이었다 합니다). 많은 서양사람 가운데 이 세 사람만 우리 임금에게 우리 못한 충성 다했습니다. 이들 '우리 정권', '우리 외교', '우리', '우리 것', 그리고 '우리 어디까지 와 있나' 올바로 써 놨습니다. 그런데 한 가지 의아한 건 1888~1889년 주미 우리공관 서기관 Allen 와싱톤에서 영문으로 본국에 보고했는데 그때 본국 외교담당관 'Denny' 앞으로 보낸 기록과 문서 없는 사실입니다. 2000년 7월 대사관 직원 Douglas Reed와 같이 New York Public Library에 가 Allen의 와싱톤 서기관 시절 일기 복사하는 과정에서 이 사실 발견했습니다. 두 사람 서로 질시했단 설도 있습니다. 알렌 골 잘 내는 성격이었다 합니다. 그는 너무 돈에 집착했다 하며 미국이권 옹호에 급급했기에 이를 반대한 서재필(Nativist)과도 틀렸습니다. 알렌 문서와 일기 손으로 갈겨 쓴 건데 분량 많아 이틀 동안 겨우 1888년 한 해 것만 복사 가능했습니다. 앞으로 계속 복사하는 일과 이미 복사해 온 것 Transcript 만드는 일 있습니다.

이렇게 Allen 그의 20년의 한국과의 인연 일기로, 기록으로 그리고 책으로 남겨 New York Public Library에 간직했습니다. 특히 그는 1888년 주미공사 박정양(1841~1904) 일행 열두 사람 이끌고 주미공관 '참찬관'(參贊官 영어론 Secretary라 했음)으로 와싱톤에 와 박공사 제쳐놓고 공관 재정도 그의 이름으로 은행에 입금, 그가 실질적 공사 노릇했습니다. 특히 그는 우리 사신들의 일정일동 기록으로 남겼습니다. 예 들면 변소 더러워 들어갈 수 없고; 변기 위 올라앉아 변 보기에 가죽 까치신발에 달린 '징'으로 변기덮개 망쳐놓고; 한 방에 여섯, 일곱 들어 살았다 했습니다. 외눈(One eyed)이었던 몸종(Valet)까지 데려온 박정양 공사를 '아버지'라 불렀고(그는 박공사를 반내미 'Imbecile'라 했으면서); 통역 영어 몰랐고; '이' 득실거리고; 서양 문명보고도 아무 놀램 없고; 박공사 곧 귀국했는데 나머지 서기관들도 다 뒤따라갔다(1887~1888년 겨울) 했습니다. 오직 이완용 서기관 그의 아내와 비서 이자양만 남았는데 그는 유능한 사람(Abler)이라 했습니다. 길에서 애들 돌 던지고 놀림받은 것도 그들 귀국 동기됐습니다. 또 그때 와싱톤 신문에 우리 사신들 비단 옷 입어 길 걸어갈 때 옷 스치는 소리 났고, 모습 이상해 사람들 뒤따라가며 놀렸다 했습니다. 이런 사정 있어 공관원 와싱톤 떠나 딴 곳에 가 있었는데 제발 돌아와 달라 알렌 간청했습니다. 참고로 Allen 기록 토대로 그의 자서전 쓴 Fred H. Harrington 그의 *God Mammon and the Japanese*(p. 240)에 박정양 공사 Manila Cigar 밀수입 그때 와싱톤 Howard대학 다닌 이계필(Ye, Kay Pil)이란 학생 시켜 팔았다 했습니다. 또 New York Public Library에 있는 Allen 일기에, Allen 관장한 그때 와싱톤 공관 출납 명세서 보니 공관 재정에 별 어려움 없었던 것 같습니다. Allen 금을 일본 '나가사끼'에 가져가 그곳 은행에서 Dollar로 환전했습니다. 국고 텅 비었어도 금으로 임금 개인 비자금 마련할 여유 있어 그때 외국에 보내는 사신과 와싱톤 등 공관 비용, 그리고 Allen 등 외국 고눈들에게 임금과 민비 하사금 내려 후한 대접 가능했던가 합니다.

Allen 쓰길 1876년 한-일 조약 그리고 1882년 한-미 조약으로 독립선언했으면서도 우리나라 중국주재원 24살짜리 흉악한 악당 철부지 원세개(1859~1916)에게 우리 지배층 아첨했다 했습니다. 그런데 그때 우리세관 중국세관 소속이었는데 이를 계기로 원세개 갖은 밀수입과 밀반출 협잡 자행했습니다. 우리 위정자 그의 추종들과 짜고 온갖 간계로 사욕 채웠으며; 원세개 우리 백성 길에서 맘대로 죽이고; 우리 집과 재산 맘대로 강탈했고; 심지어 우리 궁녀마저 데려다 농간했다 했습니다. 심하면 우리 왕비 '민비'마저 해 먹었다 한 자입니다. 이 자 우리 임금마저 때리려 했다 알렌 썼습니다. 난 이것 읽고 분했습니다. 그리고 임진왜란 때 중국 지원군 대장 이여송 우리재상 유성룡 채찍으로 매 때린 사건 기억에 떠올랐습니다. Owen N. Denny 원세개를 극악무도한 놈(Miscreant)이라 했고; Allen 그를 무뢰한(Hooligan)이라 했습니다. 그러나 오늘 이날까지 서재필만 빼놓고 우리 민족 누구하나 이 악독한(Nefarious) 놈에 항거한 흔적 없습니다. 왜 그럴까요.

특히 Allen 문서 오늘 우리 외교관에게 그 뭣 안겨줍니다. 1905년 Roosevelt-Katsura 협약 원망하나 일 년 전 1904년 이미 Theodore Roosevelt 대통령 Allen에게 직접 말하길 "왜 지는 자 돕겠나(Why back a lose)" 했습니다. 1905년 한일보호조약 진상조사 조치 취해줄 것 미 대통령에게 호소한 우리 임금의 친서 일부러 안 받았습니다. 한-일 조약 맺고, 주한 미국 공사 철수하고 그리고 조선에 관한 모든 외교업무 동경에서 하게 조치 취해놓은 담 비로소 미국무성 형식으로 접수했습니다. 이렇게 수리한 다음 호소문 갖고 온 Hulbert에게 "이미 늦었다(Too late)" 했습니다. 그때 전 주중공사 Rockhill 대통령 보좌관으로 있었는데 그가 주중대사 때 이홍장으로부터 조선 무능·무기력해 독립할 자격 없다 귀가 닳도록 들어 조선에 대한 선입감 있었기 때문이라 Allen 폭로했습니다. Hulbert 너무 분해 루스벨트 대통령의 그릇된 처사 신문에 보도했습니다(참고로 한일보호조약 이후엔 주일 미국대사 한국 겸임), Allen 본래 성격 급해 우리나라 문제로 Roosevelt에게 대들었다 미움 사 이게 화근돼 그가 미국공사직에서 물러나게 된 거라 합니다. 헐벋 또한 미국의 이런 처사 그의 *The Passing of Korea*(p. 223)에 다음처럼 비난했습니다. "이런 어려움 닥치니 미국 제일 먼저 우리나라 저버렸는데 그것도 가장 모욕적으로, 그리고 인사말 한마디도 없이(한국후대에 대한) 철수했다(… when the pinch came we were the first to desert her, and that in the most contemptuous way, without even say good-bye)" 했습니다. 이 말 미국 원망코자 인용한 것 아닙니다.

특히 '데니'의 논문 "중국과 조선(China and Korea)" 이는 이홍장과 원세개 음모 이른바 '조선책(朝鮮策)'에 대한 변호입니다. 원세개 이 사명 띠고 1882년 조선에 와 1894년까지 12년 동안 자칭 감독관(Commissioner)이란 직함 명함 찍어 돌리며 조선에 군림, 위에 말한 것처럼 갖은 행패 부렸다 합니다. 1885년 2월 조선에 세관 감독으로 부임한 47살 미국 중년 변호사 데니(Owen N. Denny, 1838~1900) 1888년 그가 차관급 협판(協辦) 외교 고문으로 승진 그해 2월 "China and Korea"란 논문 썼습니다. 이는 조선 중국 속국설 국제법상 불법이란 획기적 논문인데 자기 주 Oregon 의원에 보내 미 의사록에 실리도록 했습니다. 영어 원문 우리말로 옮기면서 날 생각케 한 건 왜 남은 우릴 변명해 줬는데 왜 우리 자신 이날까지 누구하나 (서재필 빼놓고) 이에 항거 안 했고; 온 나라 꼼짝 못하고; 그들에게 굽실거리기만 한 기막힌 사연이었습니다. 뿐만 아니라 원세개에 붙어 아부, 우릴 고자질한 우리 지배층 반성케 했습니다. 이렇게 중국의 행패 받기만 했던 우리 지배층 이런가 하면, 1919년 3·1운동 때 일본 군부와 경찰의 모진 탄압에도 피 흘려 싸워 희생한 어린 학생층 이와 대조됩니다. 어쨌든 우리민족 고난사 엿볼 수 있어 다행입니다. '데니'의 "China and Korea" 이미 널리 알려 있습니다. *The New York Herald*(August 4, 1888), 그리고 상해에서 발행한 영자신문 등에 소개됐습니다. 이 신문기사 Embassy Archives 거의 다 모았는데 모두 240종 됩니다. 감리교 선교사 아들로 하버드대학에서 이조 법제사로 학위한 고 William Shaw 박사 부인 Carole 이를 분석 사전식 서지 만들고 있습니다. 2000년 12월까지 끝마칠 예정입니다(참고로 Denny 말하길 한-영 조약 순전히 자기 손으로 이뤄졌고, 조약문 한-미 조약과 똑같고 그리고 조약 서명 자기가 한 거라 했습니다).

원세개 우리 주미공사 보고 중국대사 승낙 얻고 신임장 내라 했고; Party에 가면 중국대사 밑에 앉으라 했습니다. 중국도 주한대사 서울에 보냈는데 이미 독립 선포한 우리임금 그의 숙소에 가 엎드려 절했습니다. 우리 이랬습니다. 이미 2백년 전 박제가 "중국 사신 우리나라 사람 와 엿들을까 무서워했고 우리나라 사람 중국에 가 고자질할까 걱정했다" 그의 *북학의*에 썼습니다. 알렌 말할 것 없고 우릴 가장 아끼고 사랑했던 헐벝마저 애국심 같은 것 근본적으로 우리 없다 했는데 생각케 합니다. 하여간 한-중, 한-일, 한-미 관계에 서린 우리 사연 복잡합니다. 역사는 말하는데 "중국 영토 한 부분으로 편입해 주시오" 하고 우리 자신 중국에 간청한 적 있습니다. 이를 '내부(內附)'라 합니다. 우리나라 'Statism' 국체였고, 이른바 'Nation-state' 아니었던가 하며, 우리임금 한 군주(Dynast)로 절대주권(Imperium) 없었던가 합니다.

마지막으로 우리나라 왕립영어학교 선생으로 초빙받아 1886년 23살에 우리나라에 온 Hulbert(1863~1949) 젊었습니다. 그는 언어학, 사학, 서양 문화사에 조예 깊어 우리나라 역사와 민족사에 James S. Gale(1863~1937)과 쌍벽 이뤘습니다. Gale, 헐벝과 동갑으로 1888

년 나이 25살에 캐나다 평신도(Layman) 선교사로 왔습니다. 1900년 첨 나온 *Transactions of Royal Asiatic Society, Korean Branch* 맨첨 호에 Gale "중국 영향 한국에(Chinese influence on Korea)"란 글 권두에 썼고; 이 글에 이어 "Korean survival" Hulbert 써 조선 살기 위해 중국문화 따랐다 우리 변명해 줬습니다. Gale 이지적으로 우릴 비판한 것관 달리, 헐벝 적당히(Appropriately) 우릴 감싸 줬다, Gale의 *한국민족사* 다시 펴낸 영국국교 한국 주교 Richard Rutt 지적했습니다. 알렌과 데니 없는 한국에서 헐벝, 임금의 고문으로 일했습니다. 1905년 한-일 '을사조약' 무효란 임금의 밀서 가지고 미 대통령과 국무대신 만나려 했으나 그들 피해 만나주지 않아 실패했습니다. 할 수 없이 미 의회의원에 부탁 임금의 호소문 *Congressional Record*에 실렸습니다. 그는 한국 자기 조국이라 했는데 정부 수립한 담 1949년 국빈으로 와 노환으로 그해 죽어 그의 유언에 따라 양화진 서양 묘지에 묻혔습니다. 난 그때 경기도 공보과장으로 잠깐 있었기에 장지까지 가 장례식에 참석했습니다. 내가 이제 글로써 그를 다시 만난 것 우연한 인연 아닌가 합니다. 참고로 Hulbert 임금의 고문으로 구한말 고관대작과 사귀면서 그들 하는 짓 친히 보고 당하고 느낀 경험담 실린 *한국망국사 (The Passing of Korea)* 1920년 펴냈습니다.

또 1883년 첨 미국 전권공사 민영익(1860~1914) 말 안 할 수 없습니다. 그는 수수께끼 인물이었습니다. 23살에 미국에 와 서양문명 보고도 놀램 없고 수구파 두목으로 원세개와 협조했다며 '알렌' 그를 비난했습니다. 이완 달리 '데니' 그를 칭찬, 충신이라 했고 유능한 사람이라 했습니다. 그는 서광범, 홍영식, 김옥균(서재필 외가) 이끈 개화당의 '친러거청정책(親露拒淸政策)' 곧, 러시아완 친하게 그리고 중국관 거리둔단 정책, 원세개에게 밀고했나 하면; 이홍장과 원세개의 흉계 곧, 임금폐위음모 사건, 임금과 '데니'에게 알려 큰 변 미리 막아 충신됐습니다. 이때 한국 개화정책 러시아와 친러(親露), 중국과 화중(和中), 일본과 결일(結日), 그리고 미국과 연미(聯美) 내세웠습니다. 이 정책, 위에 말한 '조선책'과 다른 조선책략으로 알려진 이른바 '사의조선책략(私擬朝鮮策略)'입니다. 이제도 일본과 미국과의 '결일'과 '연미'엔 변함없는 것 같으나, 러시아완 '친러'에서 '화러'로; 그리고 중국관 '화중'에서 '경중(警中)' 바람직할 것 같은데 모르겠습니다. 민공(Prince Min)으로 불렸던 민영익의 행적 복잡합니다. 그는 나라에 발 둘 곳 없어 홍콩으로 그리고 마지막엔 상해서 살다 죽었습니다[참고로 적거니와 서울서 온 어떤 분 우리 공관 Archives에 전시한 민영익 사진설명에 '특권공사'라 한 것 잘못이라 지적 고치라 했습니다. 왜냐면 그는 공사 아니고 우호사절(Emissary)이었다 했습니다. 그러나 우리정부 기록엔 Minister를 대신으로 번역 '특권대신'이라 했고, 미국 공문엔 Plenipotentiary Minister라 했습니다].

*Congressional Record*에 나온 구한말 외교 주역 이렇다 하고 그 뒤 기록엔 이승만 박사 와싱톤에서 벌인 독립운동 정치활동 큰 폭 차지합니다. 구체적인 것 이 요약집에 밝혔으므로 여기 반복 않고 몇 가지 느낀 것 적어둡니다. 그는 과연 정치가였습니다. 그는 남 못한 미 의회의원 동원했습니다. 그는 이들 입과 글 통해 그의 독립 노선 호소했습니다. 불운한 최후였으나 그는 그의 꿈 다하고 간 것 같습니다. 그는 배재학당 때 스승이었던 서재필 박사와 헐벋과도 거리뒀던 것 같습니다. 그는 민족정신 Paragon 아닐지 모르나 우리에게 독립 안겨준 정치가로 성공했다 할 수 있겠습니다. 말할 것 없이 그에 대한 평가 구구하거니와!

이승만 박사완 다른 면에서 미주에서 우리 독립운동에 헌신한 서재필 박사(1866~1951) 말해 두고자 합니다. 위에 말했듯 정치 활동에 이바지한 이승만 박사완 달랐습니다. 겨우 18살 난 군인 장교(일본 유년 사관학교 출신)로 있다가 1884년 그의 아저씨 서광범(1859~1897) 따라 미국에 왔습니다. 민족의 각성과 개화 그의 염원이었습니다. 이게 바로 헐벋과 펴낸 그의 독립노선이었습니다. 이곳 죠지 와싱톤 의과대학 졸업한 담 1896년 12년 만에 귀국, 독립협회 창설해 중국사신 맞는 영은문 허물고 독립문 세웠으며; 한문 누구보다 더 잘해 13살이란 어린 나이에 과거에 급제한 '수재'였건만 중국 거라면 다 밉고 싫어 그들 글 '한짜' 없애고 국문 쓰기 주장 *독립신문* 펴냈으며; 그는 이 신문 '논설'에 중국사람을 피 빨아먹는 '거머리'라 했고; 우리 중국에 선전 포고한 담 싸워 이겨 배상금 받아내고 만주 차지하라 했고; 죽어 살지 말고 누가 우리 건드리면 "맞서 싸워라" 했습니다. 이는 이승만과도 다른 그의 기상이었습니다. 그는 일-중 조약으로 조선독립 선포한 것, 이는 "종문서 불에 타 버린 것과 같다"면서 만일 우리 국모 민비 안 죽였다면 일본 우리 은인이라 했습니다. Boston Salem 박물관장 Morse 그곳에 진열한 우리 물품 보면 우리 저열한 상태 알 수 있다 혹평까지 했으면서도 민영익 공사 수행원으로 1883년 미국에 온 유길준(1856~1914) 자기 집에 두고 가르쳤고 학교까지 보냈는데 그는 중국영향 저주스럽고 씨도 안 나게 한다 했습니다.

유길준 *서유견문* 국한문 섞어 썼는데 식자로서 한문으로 안 썼다 그의 친구 평하니 "난 우리 국문으로 못쓴 것 한"이라 했습니다. 왜 우리 중국이라면 사족 못 썼을까요. 유교와 한문 그리고 큰 나라로 여겨 무서워한 심리 작용 등 많은 까닭 있겠으나 그보다 날 안 믿고 남에게 의지하는 뿌리깊은 민족의 고질인 속국근성에서 온 심리작용 아니었던가 추측해 봅니다. 우리보다 십분지 일밖에 안 된 인구 80만 만주족 중국에 대한 일곱 가지 사무친

원한 이른바 ‘칠대한’ 내걸고 중국정복해 한족 종 삼아 복수했습니다. 그들과 우리 좋은 대조됩니다. 이래 박제가 “구대의 원한 갚지 못한 것 기이한 일 아니다” 우리 무능 그의 *북학의*에 탓했습니다. 말할 것 없이 우리도 원한 갚으려 하긴 했으나 서재필 포함 그런 사람 다 비운에 갔습니다. 뒤주에 가둬 죽게 한 ‘사도세자’ 그는 중국사신 행패 보다못해 자기가 임금되면 속국의 의례 저버리겠다 한 말 아버지 영조 귀에 들어가 이런 비참한 죽음당했다 그의 *능허관(세자의 호)만고*에 써 있다 합니다. 그리고 Gale도 그의 *한국민족사*에 이 사연 인용했습니다.

만일 이 요약집에 소개한 이홍장과 원세개 음모 성공했다면 우리 처지 어떻게 됐을까요. 상상만 해도 가슴 서늘합니다. 그들 ‘조선책’ 조선을 중국 동삼성(산동, 만주, 조선) 하나로 편입하고; 임금 없애고 중국 총독 군림 이른바 ‘내부’ 이뤄질 뻔했습니다. 오늘 티벳 보시오. 우리 그들같이 될 뻔했습니다. 티벧, 우리완 달리 고유한 땅과 사람 이름, 민족종교, 말과 글, 그리고 정치제도 가진 나라로 한문 안 쓴 나라였습니다. 그러나 독립 선언한 바 없어 이제 중국의 한 성으로 편입 ‘한족’ 강제 이민시켜 그들 상전 노릇합니다. 이럼에도 세상 어느 나라 중국 규탄 안 씁니다. 구한말 우리나라에 온 그들 우릴 이렇게 하려 했습니다. 그런데 놀랍게도 원세개 반대한 사람 한 사람도 없었습니다. 이른바 친일 진보파 빼 놓고는! 우리 이랬습니다.

구한말 우릴 둘러싼 국제정세 이제도 우리에게 그 뭣 안겨 줍니다. 그때 미국, 영국 하는 대로 했고(이젠 영국, 미국 하는 대로 하지만); 영국(이젠 미국), 중국과 일본 눈치 봤고; 중국, 러시아와 가깝게 했고; 불란서와 독일과 이탈리아 중립 지켰습니다. 위에 말한 ‘결일’ 또는 ‘연미’ 지나간 일 아닌 것 같습니다. 그때나 이제나 힘없는 자 언제나 힘 있는 자에; 그리고 없는 자에서 빼앗아 있는 자에 주는 것 국제 윤리인가 합니다. 만일 선과 진리 있다면 기를 쓰고 ‘The Loser’ 안 되는 길 그리고 ‘Too late’이란 언질 안 주는 우리 되는 것밖에 없나 합니다. 왜냐면 위에 말한 Roosevelt와 Rockhill 이제도 미국 각계 여기 저기 깔려 있으며 그리고 이른바 한국 통 미국과 중국과 일본 눈치봅니다(이 말 그들 비판코자 한 말 아예 아닙니다). Santayana dictum인 “지나간 일 거울삼지 않는 자 그 잘못 되풀이한단” 말 옳은 말입니다.

참고로 씁니다. 미 국무성 역사관(Historian's Office) Paul Claussen 알려왔는데 구한말 주미공관을 Legation 그리고 대사를 Minister라 한 건 그때 특히 미국 외국주재관을 그렇게 불렀기 때문이라 합니다. Embassy 그리고 Ambassador로 부르기 시작한 건 1906년 미 주영공관 때부터라 합니다.

Korea Foundation에서 1991년 펴낸 내가 엮은 *미국내 한국관련 기록 및 서류목록 (A List of America's Records and Papers on Korea)*에도 말했거니와 일본정부 2천 5백만 불(25million dollar)이란 큰 돈 들여 일본 미 군정자료(GHO/SCAP) 일체 복사해 가기로 했다 합니다. 1990년부터 시작해 아직도 (2000년, 이젠 오끼나와 자료) 하고 있습니다. 이 Project 설명한 일본 의회 도서관 직원 小川元 쓴 *日本占領關係資料 概要* (*參考書誌 概要*, No. 38, September 1990)에 이렇게 일본 미국자료 복사해 오는 건 일본 연구라면 "미국에 가지 않고 동경서 해야 한단 각계의 열렬한 기대 받아들여 구상한 프로젝트"라 했습니다. 그들 나라에 대한 구상 부럽습니다. 이게 바로 Nation-state로 국가주의(Nationalism) 겪은 나라와 안 겪은 나라 우리와 다른 국가경륜(Statesmanship)일까 의심해 봅니다.

자료보관이란 꼭 자료 그 자체 또는 이용가치 여부에 안 달려 있나 합니다. 개인이나 사회나 나라나 경험의 축적으로서만 성숙(Maturity)과 성년기(Majority) 가져오기 때문이겠습니다. 또 이용에 있어서도 많은 사람 열람 필요 없고 단 한 사람이라도 이를 이용하면 그 이상 바랄 것 없나 합니다. 바라긴 이 요약집으로 우리 민족 '고난사' 아는 계기 됐으면 합니다. 흑인지성으로 널리 존경받는 전 하버드대학 교수 Dr. Arthur Alfonso Schomburg 말했듯 "흑인 그들 역사 몰라 흑인의 고난 되풀이할 운명(We don't know our history, we are destined to repeat it)"이라 했기에! 그의 책 New York Public Library에 기증 Schomburg Center for Research in Black Culture 세웠습니다. 이래 선진국 기를 쓰고 그들 기록 종이 한 장이라도 이를 아껴 잘 간직한 까닭 그들의 경험과 슬기의 Memory 간직하려는 간절한 맘 있어 인 것 같습니다. 기록과 문서 곧, 문헌적 경험의 축적, 이게 바로 Statesmanship 곧, 경륜의 축적이겠습니다. 이는 또 나라의 '보고(Treasure)'겠습니다.

중고등 학생으로부터 성인에 이르기까지 미국 모든 지성 LC(The Library of Congress)와 NA(The National Archives) 마치 성지인 냥 와서 봅니다. 그들 보고 느낀 그 뭣 자기 나라에 대한 자부심과 존경 그리고 나아가 의식적으로 애국심 심어 주나 합니다. 우린 이런 흔적 없어 우리 애국심 자칫 감상에 흐르는 경향 있는 것과 대조됩니다. 그런데 내가 할 말 아니나 이런 경륜 축적 불모지임에도 우리 곧잘 우리 스스로를 미화(Romanticize)

선전과 '홍보'에 치중하나 합니다. 이래 미국 사학자 G. Cameron Hurst III 쓰길 (*Korea Herald*, 5/16/ 1985) "한 역사가로서 역사를(한국사를) 비틀어 해석하고 지나친 업적 과대평가하는 것 … 역효과 가져온다 주장해 왔다. 이는 안으로 역사적 자각에 거짓 의식 더하게 하고 … 밖으론 한국홍보 책자 범람으로 다른 나라사람 조롱 불러온다(As a historian I, … have argued that … to distort history and exaggerate past accomplishments … can be counterproductive. Internally, it contribute to a false sense of historical consciousness and … invites the ridicule of foreigners inundated with propagandistic materials about Korea.)"라고 했습니다. 45년 반이란 세월 한국 전문가로 이 나라에서 일하면서 많이 듣던 말입니다.

개인 포함 미국 거의 모든 기관 Archives 안 둔 곳 없을 정도입니다. Library of Congress (LC) 말할 것 없고 비단 National Archives(NA) 그 자체도 자기 Archivist 따로 있어 자체 기록과 문서 그리고 각종 자료 관장하는데 그들이 바로 LC 그리고 NA historian입니다. 이 Archivist와 Historian, 도서관 Specialist 그리고 박물관 Curator 처럼 직분을 한 사람 개인에게 준단 이른바 'Tenured position'입니다. 이래 그들 스스로 그만두기까진 자기 직 자기 걸로 알며, 그리고 자기 재량껏 운용, 밖에서 아무것도 안 받습니다. 좋은 제도인가 합니다. 하여간 이들이 바로 2000년 6월 두 주 동안 내가 다닌 National Archives에 세운 '현대 Archivist연구원(Modern Archivists Institute)' 강사들이었습니다. 많은 돈 들여 미국 각 기관 그들의 기록과 문서 보관한 까닭 이 나라 발자취 기억에 남기기 위한 이 간단한 경륜에서 나온 발상이겠습니다. 이런 것 없는 개인이나 기관 텅텅 빈 집 수문장, 셋방살이, 그리고 건성이겠습니다. LC와 더불어 NA 미국 백성 지성세계 대변하며; 이런 환경 이룩한 American이란 국민성에 긍지와 자부와 애국심 곧 'Esprit de Corps' 싹트게 하나 합니다. 우리도 이들처럼 5천 년, 아니 지난 백 년, 아니 지난 50년 살아온 우리 자욱 남아 있다면 우리 얼마나 뿌듯하겠습니까. 이런 자욱 없다면 애국심 원천과 뿌리 내릴 곳 없고; 있다면 순간적 감정에 지나지 않을 것 같습니다. 내 나라 슬기 축적 있다면 귀하단 Papyrus, Dead Sea Scroll, Parchment, 그리고 유교경전 따위 어찌 이에 견줄 수 있겠습니까. 이러므로 많은 나라 자기 자랑에 앞서 자기 것 간직하는 일 우선하는 것 같습니다. 우리도 내 나라에 관한 거라면 종이 한 장이라도 소중히 여겨 오래오래 간직해야겠습니다. 우릴 가장 아꼈던 위에 말한 Hulbert 우리 궁궐 장식 울긋불긋(Picturesque)한 것에 지나지 않다 했고; 우릴 가장 헐뜯은 Kennan 궁궐 뜰 야구장처럼 밋밋(Bare as a baseball field)하다 했고; 미국부인 Constance J. D. Coulson 궁궐

난잡(Untidy)하다 했습니다. 우리 또한 (박제가 *북학의*에) 이렇게 말했습니다[참고로 루스벨트 대통령, 우리 임금 호소문에 등 돌린 것 *Outlook* 잡지에 실린 Kennan의 기사 특히 그의 "Korean People : The Product of a decayed Oriental Civilization"(vol. 81, no. 8, October, 1905)에 영향받은 흔적 있습니다. 그는 이때 우리나라 험담 쓴 모두 여섯 글 이 잡지에 기고했습니다].

이 요약집, 되도록 여느 때 쓰는 쉬운(Prosaic) 말로 쓰려 했습니다. 마치 Montaigne 그의 *Essays*에 파리 장터 아낙네 지껄이는 말투로 쓰고자 했다 한 것처럼! 이렇게 해본 건 내 딴엔 5백 년 동안 보배로운 우리 글 발달 안 한 것 보면 우리민족 "발달하는 두뇌 없다"한 귀화한 여동찬 신부 말 난 믿기 때문입니다. 이래 좀 다른 우리 글쓰기 '장르(Genre)' 찾아볼까 한 내 나름대로 뜻한 바 있어 이렇게 썼습니다. 박제가 그의 *북학의*에 "다만 말과 글이 일치하면 족하다" 해 용기 얻었습니다(이 말 한문을 두고 말한 것이지만). 그런데 펴내려면 교정봐야 한다 합니다. 이래 나와 같이 Embassy Archives에서 일하는 김민영양 교정봐 줬습니다.

이 요약집 끝내고 보니 아쉬움 하나 둘 아닙니다. 미비한 점 많이 있습니다. 복사해 논 의사록 본문 없어 확인 못한 것 유감입니다. 이 사업 있게 한 위에 말한 노재원대사, 이규호장관, 학술재단 그리고 특히 주미 이홍구대사와 양성철대사와 유명환공사 협조 고맙습니다.

량기백

차 례

미 의사록 한국 관계 기록 요약집, 1878~1949

부록: O. N. Denny "China and Korea(중국과 한국)" 원문과 우리말 번역

제1부

영문 요약

Adopted a title for his Legation

보라: Yuan Shih-kai

Advisor to the King

보라: Custom Inspector position

Affairs in Korea

보라: *Congressional Record*, Aug. 18, 1919, pp. 3924~3926

Affairs in Korea. Senate resolution no. 101, submitted by Senator Spencer

보라: *Congressional Record*, June 30, 1919, p. 2050

Aid for Korea, remarks of Rep. Wayne N. Aspinall

보라: *Congressional Record*, Aug. 8, 1948, pp. A5136~5137

Aid to the Republic of Korea

보라: *Congressional Record*, Oct. 12, 1948, pp. 14336~14339

Allen, Horace M.

미국 공사다. 1904년 4월 14일 국무성에 보낸 공문에 1904년 2월 23일 한일보호조약 (The Alliance of 23) 조선 사정으론 어쩔 수 없는 결과라 했다. 미국에 사신(Hulbert) 파견, 자기 고종황제에게 반대했다 했다. 그리고 한-미 조약에 따라 미국 원조 청하지 말 것 고종에게 권했다 했다. 이 공문 *Congressional Record*-Senate 66th Congress 1st Session, Oct. 9, 1919, p. 6611에 있다.

Alliance of February 23, The

Horace Allen의 국무성 편지

1904년 2월 23일 체결한 한일보호조약을 이렇게 불렀다.

보라: France, Senator

American Adviser in late Yi Korea, An: the letters of Owen Nicholson Denny by Robert R. Swartour, Univ. of Alabama Press 1983 (LC call no. DS 915.9.0219)

American reaction to the "Instruction from the Viceroy to Yuan" (미국 이홍장 세 필수에 반응)

In this connection I take the liberty of quoting the following from an able letter written by a fearless and impartial correspondent on the independence of Korea some months ago. The present action of China in this instance is an attempt to crush out the liberty of Korea, and comes within the scope of Article 1st of the United States Treaty, which provides that if other powers (including of course China) deal unjustly or oppressively with Korea, America will use its good offices in her behalf.

보라: "China and Korea" p. 13

이 세 가지 규칙, 이는 조선자주 짓밟는 불공평하고 강압적인 처사다. 한-미 조약 제1조에 따라 조선 위해 미국정부 대처할 거다.

American University, Washington D.C.

이승만 박사와 가까웠던 Paul F. Douglass 박사 총장인 이 대학 해방한 뒤에도 한국과 한국 학생 많이 도와줬다. 1943년 4월 8일 이승만 박사 벚꽃 세 그루 이 대학 교정에 심어 와싱톤에 일본사람들이 심은 sakura 본래 한국 벚꽃(Korean Cherry tree)이라 했다. 이 학교 본래 감리교계 대학으로 1940년 초반부터 1950년 후반까지 이 대학 총장 전 일리노이 주 미 상원의원 Douglass 한국독립에 동정, 이 대학 한국 유학생 많이 받았다. 1950년 나 또한 이 대학에 입학 그의 도움과 혜택 친히 받았다.

보라: Douglass

American-Korean treaty, by Kilsoo K. Haan, submitted by Rep. Guy M. Gillette, The

보라: *Congressional Record*, May 25, 1942, pp. A1893~1894

American-Korean treaty, The: Extension of Remarks of Hon. Guy M. Gillette of Iowa in the Senate of the United, Monday, May 25, 1942

이 기사 재미동포 한길수(Kilsoo K. Haan) 라디오 연설인데 이는 한-미 조약 60주년 기념 연설로 Gillette 의원 소개로 의사록에 실었다. 여기 한-미 조약 경위 말한 담 조선 사람 일본 사람 미워하고 원수로 생각한다 했다. 그리고 이승만 박사 주장한 것처럼 대한민국임시정부 승인 미국에 촉구했고 왜 미국이 한국을 27번째 유엔창설헌장 서명국으로 넣어주지 않느냐 물었다.

Annals of international intercourse

보라: Yuan's conduct

An, Tong An (안동안)

경기도 고양군 사람으로 3·1운동 때 54살이었는데 일본헌병 칼자루에 얻어맞아 부상당해 3월 28일에 세브란스에서 치료받았다. 그는 5백 명 군중에 끼어 헌병대문 밖에 가서 독립만세 불렀다 했다. 헌병이 해산하라고 했으나 군중 말 안 듣자 헌병 5명, 사복형사 20명 권총을 휘두르고 해산 명령했다. 군중, 우리 무섭지 않다 맞섰다고 했다. 군중 무저항 돌 하나 던지지 않았다고 했다.

보라: Exhibit VII

Appendix to the *Congressional Record*, 77th Congress 2nd Session, pp. A1713~1715, Heading: "Recognize Korea" (Extension of Remarks of Hon. John M. Coffee of Wash. in the House of Rep. Monday, May 11, 1942)

여기 John M. Coffee(Washington) 하원의원 소개로 전 American 대학(와싱톤 디씨) 총장 Paul F. Douglass 1942년 2월 27일 Hotel Lafayette에서 열린 Korean Liberty Conference (Korean-American Council 주최)에서 한 연설전문 실렸다. 이 연설에 이승만 박사를 대표로 한 조선임시정부 미국이 승인해 줄 것 호소했다(Korean Provisional Gov't).

Appendix to the *Congressional Record*, 77th Congress 2nd Session, pp. A1817~1819, Heading: "Korea" Extension of Remarks of Hon. John M. Coffee of Wash, in the House of Representatives, Tuesday, May 19, 1942

여기엔 The Korean Liberty Conference에서 한 하와이 대의원 Samuel W. King 연설문 실었는데 하원의원 John M. Coffee 주선으로 실은 거다. 또 다른 연설문 Appendix pp. A1813~1815와 A1877~1878에 실렸다.

보라: 각 항

Appendix to the *Congressional Record*, 77th Congress 2nd Session, pp. A1877 ~1878, Heading: "Korea and the Crisis in the Orient" Extension of Remarks of Hon John M. Coffee of Wash in the House of Representatives, Thursday May 21, 1942

여기 John M. Coffee 의원 소개로 The Korean Liberty Conference 마지막 연설 이승만 박사 연설 전문 실었다.

보라: King, Samuel W.

Appendix to the *Congressional Record*, 78th Congress 1st Session, 1943, pp. A3286~3287

이승만 박사 대한공화국 24주년 기념 연설문 하원의원 John E. Rankin 소개로 실었다. 이 연설 이승만 박사 1943년 4월 8일 American University에서 한 "Korean cherry trees"와 같다. 이때 Rankin 의원 Japanese Cherry tree를 Korean Cherry tree로 이름 고치잔 결의안 의회에 냈다.

Appendix to the *Congressional Record*, 78th Congress 1st Session, 1943, pp. A5006~5007

Senator Guy M. Gillette 요청으로 Sino-Korean Peoples League, Washington 대표 한길수 1943년 11월 15일 UN Relief and Rehabilitation Administration의 Director-General인 Herbert H. Lehman에게 보낸 편지 "Relief of Sino-Korean People"이란 제목 아래 실었다.

Appendix of the *Congressional Record*, 78th Congress 1st Session, 1943, p. A1455

"Korea-Extension of Remarks of Hon. William P. Lambertson"이란 제목으로

Lambertson 의원에게 온 Frank J. White 목사 1943년 3월 9일 편지 실었다. 이 편지 일본에 있던 Hugh Byas란 기자 쓴 조선 자치할 능력 없단 글 반박한 거다.
보라: 각 항

Appleton's Encyclopedia

Senator Sargent 연설 "Relation with Corea"(*Congressional Record*–Senate, 45th Congress 2nd Session, April 17, 1878, pp. 2599~2601) 조선에 관한 지식 이 백과사전과 Zell's *Encyclopedia dictionary*에서 인용했다 했다.

Armstrong, A. E. Rev.

이 사람 Secretary of the Board of Foreign Missions of the Presbyterian Church of Canada인데 첨으로 3·1운동 사건 미국에 전달한 사람이다. 동양 여행하면서 1919년 4월 16일 한국에 왔다 3·1만세 사건 일본 잔인한 탄압진상 선교사보고서 가지고 4월 중순 New York에 와 감리교, 장로교 그리고 Bible society 총무들과 의논, 이를 FCCCA에 넘겨 주관하게 했다.
보라: FCCCA

3·1운동 만세 사건 목격자로 미국에 첨 보고한 사람이다. 그는 캐나다 장로회 선교부 총무(Secretary of the Board of Foreign Mission of the Presbyterian Church of Canada)였다. 마침 3·1운동이 터진 해인 1919년 중국 만주 조선 시찰 끝마치고 귀국할 때 Yokohama에 와 있었는데 본부에서 조선서 독립만세 사건 일어나 일본 조선사람 학살한단 보고 있으니 다시 조선으로 가서 조사 보고하란 지령받고 다시 조선에 3월 16일 도착 면접, 목격 조사한 담 4월 16일 뉴욕도착 미 장로 그리고 감리교 본부와 성서학회에 보고했다.
보라: "Report on situation in Korea"

Arthur, Chester A.

1882년 5월 22일에 제물포에서 서명한 한-미 조약을 다음 해 1883년 6월 9일에 선포한 미국 대통령이다.

Article on Korea, by Homer Hulbert. *New York Times*

보라: *Congressional Record*, Aug. 29, 1915, p. 13326

Assistance to the Republic of Korea

보라: *Congressional Record*, Aug. 25, 1948, p. 12240

Atlantic Charter

미국에 있던 한국독립운동 지사들 이 헌장정신에 많이 기대 강대국에 조선의 독립과 유엔가입 등 탄원했으나 이 헌장 한국에는 적용시키지 않았다. 이를 따지고 싸운 사람 한길수 UNRRA에 보낸 편지 있고 또 조선민족혁명당 미국지부에서 Senator Gillette에 보낸 감사문에 지적했다. The Atlantic Charter 담과 같다.

The Atlantic Charter was an Anglo-American statement of common principles issued on Aug. 14, 1941, by President Franklin D. Roosevelt and Prime Minister Winston Churchill. They had conferred for four days(August 9~12) aboard the U.S.S. Augusta off Newfoundland. Although the United States had not yet entered World War II, the statement became an unofficial manifesto of American and British aims in war and peace. The charter enunciated eight principles: (1)renunciation of territorial aggression; (2)no territorial changes without consent of the peoples concerned; (3)restoration of sovereign rights and self-government; (4)access to raw materials for all nations; (5)world economic cooperation; (6)freedom from fear and want; (7)freedom of the seas; and (8)disarmament of aggressors. The charter's principles were endorsed by 26 allies in the United Nations Declaration signed in Washington, D.C. on Jan. 1, 1942. Louis L. Snyder. *Academic American Encyclopedia* (Princeton, N.J.), Arete Pub. Co. 1980.

보라: Four freedom

Austin, John

국제법학자. O. N. Denny 그의 논문 "China and Korea"에 인용했다. 그의 연설에 약소국(Feeble state)과 강대국(Powerful state)의 관계 특히 강대국 약소국에 불쾌한(Obnoxious) 부당성 주장한 것 인용했다.

Australian Presbyterian Mission

호주 장로교 선교회인데 3·1운동 때 이 선교회 두 여성선교사 일본경찰에 체포되었다가 풀려났다 했다. 이 두 목사 이름 밝히지 않았다.

보라: Exhibit I. Indeprieties to Missionaries 또 Exhibit II 보면 이 두 목사 이틀 동안 유치되었다 했다.

Authorizing the President to purchase a building & land at Seoul

보라: House Resolution 153, 1886, 1p

Avison, O.R.

세브란스 장로교 의사로 3·1운동 때 총독부와 세 차례 회의에 다른 선교사와 함께 참석한 사람이다.

보라: Exhibit II

3·1운동 때 세브란스 병원장이었다. 그때 부상한 환자 취급했는데 일본헌병이 심문한다며 부상자 넘겨달라고 한 것 외과의사 Ludlow의 허락 있어야 한다 핑계대 신중히 대했다.

보라: Exhibit X

Baby eating excitement

1888년 6월 10일부터 25일 동안 서울서 서양사람 어린애 잡아먹는단 소문 퍼져 미국, 러시아 그리고 후란스군 동원된 사건 있었다. 이는 그때 원세개가 조선을 다시 중국속국할 음모로 퍼뜨린 소문이었다. 그 경위는 거지가 어린애 데리고 간 걸 서양사람에게 판다 소문내 백성들이 이에 속아 거지를 돌로 쳐서 죽게 했다. 이 사건이 일어나자 Senator Mitchelle "Resolution" 작성 대통령에게 이 사건에 관한 모든 서류 의회에 보내라는 결의안 상정코자 했는데 'Pending'으로 끝난 것 같다. 하여간 Senator Mitchelle 이 사건 중국이 조선을 속국으로 만드는 술책이라 조선 중국속국 아님을 국제법이 증명한다 그의 연설에 강조했다.

보라: Resolution in reference to the disturbances in Corea

Bacon, Robert

Theodore Roosevelt 대통령 때 국무장관 Elihu Root의 차관으로 고종황제 미국정부에 보낸 전문 Hulbert에게 직접 전달케 했다. 이 전문 1905년 한일보호조약 무효 선언한 거다.

보라: Norris, Senator

이때 Elihu Root 국무장관 고종황제 비밀편지 일부러 안 받고 피했다. 한일보호조약 체결된 담날 Bacon으로 하여금 편지받아 국무성 문서과(Archives)에 보관했다. 이래 Senator King 말하길 Root장관이야말로 조선에 불행 가져온 장본인이라 했다. Root 힐난한 그의 연설에 Bacon은 J.P. Morgan & Co. 일원이었다면서 그때 미국 재정 손에 쥐고 나라를 망치게 한 회사 중역이었다 그를 비난했다.

보라: *Congressional Record*–Senate, 67th Congress 2nd Session, March 21, 1922, p. 4183

또 보라: King, Senator

Baptist College of Shanghai

Frank J. White 목사 한때 이 대학 총장이었는데 그는 조선 자치능력 없다 한 미국기자 Hugh Byas 반박했다.

보라: White, Frank

Beck

미 감리교 목사로 3·1독립만세 사건 때 일본 총칼로 남녀노소 할 것 없이 무고한 조선 사람 죽이고 때리고 한 것 본대로 미 상원의원 Norris에게 말했다.

보라: *Congressional Record*–Senate, 66th Congress 1st Session, July 15, 1919, pp. 2594~2595에 실었다.

Belgium

벨지움 중립독립국임 시인한 독일이 불란서를 치기 위해 벨지움을 점령한 것 마치 일본이 조선의 독립 선언해 놓고도 1905년 한일보호조약 맺어 조선 독립 빼앗은 것과 비교한 글 Homer B. Hulbert 1905년 12월 3일 *New York Times*에 기고했다. Hulbert의 이 글 다시 Thomas 상원의원 *Congressional Record*–Senate, 64th Congress 1st Session, Aug. 29, 1915, p. 13326에 전재했는데 그 제목 "Roosevelt and Korea–Japan's Attack compared to the German invasion of Belgium"이다.

Bernheisel, C. F. (편하설)

북 장로회 선교사로 평양에 있었는데 3·1운동 때 총독부 내무국장과 선교사들 사이 세 차례 회의 참석한 목사 가운데 한 사람이다.

보라: Exhibit II

Blue Book of Missions, The

보라: France, Senator

Bluntschli, Johann Kaspar, 1808~1881

조선 중국과의 종속관계 없음 증명키 위해 O. N. Denny 인용한 독일 국제법학자이다. 현대국제법관(Modern International Jurist)이라 하면서 그가 말한 역사적 종주국과 속국관계에 대한 것 O. N. Denny 그의 “China and Korea”에 인용했다. 그 골자 과거 종속관계 가졌던 나라들도 이젠 다 각각 독립된 종주국이 되었다는 걸로 국제법은 이걸 시인해야 한단 설이다.

보라: Vassal sovereignty and sovereign sovereignty

Bluntschli's International Law

O. N. Denny 그의 “China and Korea”에 인용한 현대국제법관인데 그의 설은 과거 구라파와 아세아에 서로 종속관계 있는 국가들 이젠 다 완전 독립국가되었는데 국제법 이 사실을 인정해야 하며 또다시 종속관계 안 되도록 감시해야 한단 설이다. 이 설 중국과 조선관계도 해당된다 Denny 주장했다. Boston에서 1869년 출판했다. LC 대출번호: JX42688B

Board of Foreign Mission of the Methodist Episcopal Church of the United States, The

3·1운동 때 이 Board의 총무였던 Frank Mason North 박사 3·1운동 진상보고받은 세 사람 중의 하나였다. 다른 두 사람: Dr. Arthur J. Brown과 William I. Haven과 A. E. Armstrong 목사다.

보라: North, Frank Mason and Brown, Arthur J.

Break the deadlock in the settlement of the Korean problem, remarks of Rep. Joseph R. Farrington

보라: *Congressional Record*, June 9, 1946, pp. A3981~3982

British Empire

보라: Tribute

Brown, Arthur J. Dr.

미 장로회 외국선교부 총무(Secretary of the Board of Foreign Missions of the Presbyterian Church of the United States)로 1919년 4월 중순 첨으로 1919년 3·1독립 만세 사건 진상보고받은 세 사람 가운데 하나였다. 보고한 사람은 A. E. Armstrong 목사고 보고받은 다른 두 사람은 Frank Mason 박사와 William I. Haven 박사였다.

보라: FCCCA and "Report on situation in Korea"

Brown pamphlet

3·1독립만세 사건 진상 폭로한 책 겉장 밤색이기에 이렇게 불렀다. FCCCA의 Com mission on Relations with the Orient의 총무 Sidney L. Gulick 목사 반대 무릅쓰고 펴냈다.

보라: *Korean Situation, The*

Bryce Investigating Commission

영국 정치가, 학자, 자작 James Bryce(1838~1922). 후란스와 벨지움에서 한 독일 학살사건 조사한 위원회를 이 위원회 회장 이름 따 이렇게 불렀다(Britannica엔 그저 Committee라 했다). 3·1운동 일본 잔악진상 이 위원회 조사할 성질의 사건이라 했다.

보라: Exhibit I: Disturbance in Korea, The

Building for U.S. Legations at Seoul, Corea

보라: House Executive Document, No. 148, 1885, 2p. LCS 2302

Bunker, A. E.

서울에 있던 감리교 목사인데 3·1운동 때 총독부 내무국장 세 차례나 3·1운동 저지 선교사의 협력 구한 회의에 참석한 사람이다.

보라: Exhibit II

Burmah

보라: Tribute

Buses, J. (상해〈Shanghai〉에 있던 독일 아세아 은행〈Deutsch Asiatic Bank〉 지배인〈Manager〉)

보라: 대한 황제의 외국은행 예금

Byas, Hugh

어떤 신문 기자인지 모르나 1943년 3월 9일 Lambertson 하원의원에게 보낸 Frank J. White 목사 편지에 Byas 조선 자치능력 없다 했다 담처럼 말했다. "I noticed that Hugh Byas, one-time correspondent in Japan, said that Korea would not be able to govern itself after the war." White 목사 이에 반박 조선 일본보다 더 긴 자치정부 가진 나라인데 무슨 말인가라 했다.

보라: Appendix to the *Congressional Record*–78th Congress 1st Session, 1943, p. A1455에 있다.

Cablegram

고종황제 Hulbert 통해 미국정부에 보호조약 무효와 3·1만세 사건 일어난 담 조선학생 일본 visa 못 얻어 구라파와 러시아에서 귀국 못하니 협조해 달라 미 상원의원 Norris에게 한 전문이다. 이 전문 Norris, Senator 의회연설문에 나온다.

Capper, Arthur Senator

Capper 상원의원 Wichita, Kansas city 제일장로교회 목사 Ralph H. Jennings 1943년 4월 13일 자기에게 온 편지를 "Recognition of Provincial Gov't of Korea–Letter from Rev. Ralph H. Jennings" 제목으로 *Congressional Records*–Senate, 78th Congress 1st Session, May 27, 1943, p. 4912에 실었다. 이게 이른바 "Resolution 49"로 알려진 조선 임시정부 승인 의회에서 결의해 달라 요청한 거다.

Cathay

중국. 곧, China. China 청나라를 가리킨 말이다. 이것 보급돼 중국이라 일반화됐다.

Celestial Empire

보라: 중국

Cha, Oh Kyun (차오균)

경기도 고양사람으로 36살 났는데 3·1운동 때 왼편 팔에 부상당했다. 이때 가게문 다 닫혔는데 헌병이 와 열라 해도 듣지 않았다. 한 70여 명 애들과 같이 뒷산에 모여 독립만세 불렀다. 이때 일본헌병과 한 조선사람 헌병 나타났는데 일본헌병 총 쐈다. 이때 이 사람만 총에 맞고 다른 사람 다 도망갔다. 자긴 천도교에 한번 간 일 있다 했고 일본 헌병 친절했다고 했다. 3월 28일에 세브란스 병원에서 치료받았다.

보라: Exhibit VII

Chaffee, Senator, Colorado

보라: “Relation with Corea”, 1878

Chai, Haksung

최 또는 채학성 또는 학승인지 모르나 한 50살 난 예수 믿던 사람으로 함흥에서 3·1독립운동 때 일본군경에게 얻어맞고 입원했던 사람이다.

보라: Exhibit IV

Chai, Kyusae

최 또는 채규새인지 모르겠는데 이 사람 형 순사였으나 3·1운동 때 함흥서 다른 순사에게 많이 얻어맞았다.

보라: Exhibit IV

Chang, Oo Sang (장우상)

3·1운동 때 24살 난 청년으로 박연낙과 같은 사정이라 했다.

보라: Exhibit VIII

Chemulpo (제물포)

인천

보라: US-Korea treaty signed

Cherry trees located around the Tidal Basin be referred to as “Korean Cherry Trees.”

보라: House Committee Resolution 19, 1943, 1p

China and Korea, by O. N. Denny

Shanghai, Kelly and Walch, 1888, 펴냄. 46p. 미 의회도서관 대출번호: JX1570.27F184

중국 사사건건 조선에 간섭하고 또 조선 중국속국이요 주권 중국에 있다 중국정부 주장 O. N. Denny(고종의 외교고문) 보다 못해 이에 반박한 논문이다. Denny 이 논문 1888년에 Mitchell 상원의원에게 보내 의회의사록 *Congressional Record*–Senate, 50th Congress 1st Session, Aug. 31, 1888, pp. 8136~8140에 실었다. 이 논문 우리 민족 '고난사' 기본 자료이기에 이를 자세히 검토 여러 주제로 분석 번역 여기 실었다. 각 항 참고하라. 예 들면 원세개; 임금폐위 음모, 우리 외교사절 필수조건 이홍장지령; 중국 조선에 대한 행패; 조선 중국의 종속문제 등이다. 이 논문 "청한론(淸韓論)"으로도 알려져 있다. O. N. Denny는 이 글 1888년 2월 3일에 서울서 탈고했다. 우리 모두(특히 외교관) 꼭 읽고 알았으면 한다.

보라: *Congressional Record*, Aug. 31, 1888, pp. 8136~8140

China Press

주간으로 상해에서 발행한 영자신문이다. 3·1운동 진상 많이 취급한 중국발행 영자신문 셋 있는데 그 가운데 하나다. 다른 둘: *Peking–Tientsin Times*와 *North China Star*. Emassy Archives에서 이때 영자신문에 난 조선관계 기사 거의 다(240종) 복사, 이를 해설 보관했다.

보라: Exhibit II

또 보라: 머리말

China's appellation of vassal, a misnomer (조선 중국속국설 부당)

China's appellation of vassal envoys and plenipotentiaries is a misnomer, because entirely inconsistent with the laws of civilized nations. Such laws do not recognize vassal envoys, plenipotentiaries or ministers of any kind, for the reason that vassal states have the power to create only consuls and commercial agents.

보라: "China and Korea" p. 15

(원세개) 속국파견사 또는 전권대사란 말 당치 않은 말이다. 왜냐하면 문명한 나라 법엔 완전히 있을 수 없기 때문이다. 그들 법으론 속국파견사, 전권공사 또는 무슨 공사니 하는 따위 인정 안 한다. 그 까닭 속국 오직 영사 또는 통상사무관만 두는 권한밖에 없기 때문이다.

China's claim to vassal (조선속국 중국주장)

First – I shall notice China's claim to vassal or dependent relations with Korea. Second – the former's treatment of her so-called vassal. Third – the charge that the King is weak and unfit to govern the country. … I shall endeavor to show that the former is about as fictitious as the latter is without foundation.

보라: "China and Korea" p. 1

난(데니) 보고 알았는데 첫째 조선속국이라 중국주장하고; 둘째 조선을 한 중국 제후로 취급하고; 셋째 국왕 나약 다스릴 능력 없다 한다. 이 다 근거 없는 조작임 힘써 증명하겠다.

Chinese

1894. 1. 28 Minister Otori demanded a declaration from the Korean Gov't re Chinese suzerainty

Chinese attempts to destroy Korean sovereignty

보라: Chinese illegal and high-handed treatment of Korea

Chinese contribution to Korea

보라: Geographical position of Korea

Chinese Emperor's sanction (조선왕위계승 중국황제 재가전제)

In the *North-China Daily News*, some months ago, in support of his position (a correspondent), used substantially the following language: – "At the end of the 17th and beginning of the 18th centuries the sanction of the Chinese Emperor had to be obtained before the successor chosen by the king of Korea could receive the title of heir-apparent, and then could not assume the title of King until it was conferred on him by Pekin."

보라: "China and Korea" p. 2

몇 달 전 신문 *North-China Daily News*에 실질적으로 담과 같은 말 실었다. 어떤 신문기자 쓰길 17세기 끝날 무렵부터 18세기 초 조선 왕위계승, 먼저 왕세자 선택 이를 중국황제 재가 거친 담 북경 정부로부터 임명받기까진 조선 왕이란 칭호 쓸 수 없다.

Chinese illegal, high-handed treatment (조선에 중국 불법 고자세)

"A continuation of the illegal and high-handed treatment Korea is now receiving at the hands of the Chinese, and their studied and persistent attempts to destroy Korean sovereignty by absorbing the country."

보라: "China and Korea" p. 4

중국의 불법 고자세로 계속 조선의 주권 파괴, 이 나라를 흡수하려 일부로 끈질기게 꾀한다.

Chinese representative

보라: 원세개

Cho, Pyeng Yo, Dr.

하와이 한인으로 1942년 2월 27일 와싱톤 디씨에서 열린 Korean Liberty Congress에 Lee Son Soon과 참가 못한 것 하와이 대의원 King(Samuel W.) 유감이라 했다.

보라: King, Samuel W.

Choi, N.Y. (최능익)

Treasurer of the Korean Revolution Party USA Branch 열다.

보라: KRPUSA Branch

Christian church burned

Seoul Press, April 13, 1919에 실린 기사로 평북 정주 기독교 회당을 3·1운동 때(4월 8~11일) 불사른 사건 보도한 거다.

보라: *Seoul Press*

Christians murdered and burned by Japanese soldiers

Japan Advertiser(Tokyo), April 29, 1919 보도 기사인데 Norris 상원의원 *Congressional Record*-Senate, 66th Congress 1st Session, July 15, 1919, p. 2599에 소개했다.

Chung, Henry

1922년 와싱톤에 둔 Korea Mission Secretary.

그의 책: *The Case of Korea*; a collection of evidence on the Japanese domination of Korea and on the development of the Korean independent movement, New York, Fleming H. Revell, 1921, 367p. 미 의회도서관 대출번호: DS916.C5.
보라: Korean Mission
또 보라: *Congressional Record*-Senate, 78th Congress 1st Session, May 27, 1943, p. 4912

Chung, Hung Pong (정흥봉)

3·1운동 때 16살 난 젊은이로 박연낙과 사정이 같았다고 했다.
보라: Exhibit VIII

Chung, Yung Heui (정영희)

34살 난 경기도 파주사람으로 3·1운동 때인 3월 28일에 한 4백 명 군중에 끼어 독립만세 불러 부상당해 세브란스에서 치료받았다. 이때 일본헌병 쏜 총에 여덟 사람이나 맞아 죽었다 했다.
보라: Exhibit VII

Coffee, John M. Hon. of Washington

와싱톤주 하원의원이다. 1942년 2월 27일에 와싱톤 디씨에 있는 Hotel Lafayette에서 Korean Liberty Conference 열었는데 이때 초대받아 조선독립 지지 연설했다. 이때 연설한 또 한 사람 와싱톤 디씨 American대학 Paul F. Douglass 총장으로 미국 조선 임시정부를 승인해 줄 것과 또 이승만 박사를 이 임시정부의 정식대표로 인정해 줄 것 호소했다. Douglass 총장 연설문 Korean-American Council 요청으로 Coffee 하원의원 의장 허락받고 *"Appendix to the Congressional Record"*, 77th Congress 2nd Session, May 11, 1942, pp. A1713~1715에 실었다. 이 연설에 이승만 박사는 1919년 4월에 대한민국 대통령에 선거됐고, Woodrow Wilson Princeton대학 총장 제자이며, 조선사람으로 첨 미국에서 철학박사받은 사람이라 소개했다.
Coffee 의원 한 주일 뒤 다시 의사록 May 19, 1942(A1817~1819)에 하와이 대의원(Delegate in Congress from the Terr. of Hawaii) Samuel W. King 이 회의에서 한 연설문도 실었다. 이때 일미전쟁 한참 때였으므로 반일 고조했고 조선민족 동정 많이 했다. King 대의원도 대한정부 in exile 승인 촉구했으며 또 미국에 있는 한인이 일본 사람

이 아님을 미 정부에서 인정받았다고 발표했다. 이날 회의록에는 또 Coffee 의원 자신 Liberty Conference에서 한 연설 전문 실었는데 이 연설은 또 'WINX(와싱톤 라디오)' 방송했다 했다. 그는 자기 연설에 1882년 한-미 조약 미국의 불이행 비난했고; 또 1919년 만세 사건과 일본의 동양침략 사례 들면서 자기가 일찍 1939년에 일본 경고했고; 무기 일본에 팔지 못하게 한 안을 의회에 세 번이나 냈는데도 분실됐다며 채택 않고; 일본 야만이다 경고했음에도 미국 지도자들 이에 귀 기울이지 않았다 했다. 이래 1941년 12월 7일 Pearl Harbor 공격 가져온 거라 했다. 1592년 Hideyoshi 조선 침략한 것 일본 이날까지 350년 동안 그를 영웅시한다 비난했다. 그러면서 이런 일본과 싸우는 조선민족 훌륭하며 또 따라 중국과 러시아에도 경의 표한다 했다. 마지막으로 미국, 조선 독립국임과 조선 임시정부인 The Provincial Government of the Republic of Korea 인정해야 한다 미국정부에 요청했다.

Coffee 의원 또 일주일 뒤 세 번째로 미 의사록, May 21, 1942, pp. A1877~1878에 이번에는 이 회의에 대표로 참가한 이승만 박사 소개했다. 일본 1895년 이래 동양제패 시작했고 와싱톤 해군 군축 회의(Washington Naval Conference) 때 미국을 속였고 또 1931년 이래 영국의 묵인으로 만주에 침입했다 했다. 이때 미 국무장관 Henry Stevenson 영국 반대 있어 어찌할 수 없었다고 했다 했다. Coffee 의원 이 박사를 '대한공화국 국부(Father of the Korean Republic)'라 했고, 학자요, 언어학자요, 조선독립에 헌신한 사람이라 소개했다. 여기 실린 이 박사 연설에 이번 Korean Liberty Conference 미국과 한국 우호 위해 이뤄진 회의라면서 자기 Korean Commission 대표 연설한다 했다. 첨으로 이승만 연설에 Korean-American Council과 United Korean Committee 공동 이름으로 Liberty Conference 이뤄진 것 지적했다. 그런데 이 United Korean Committee 본부 L.A.와 Honolulu에 있고 미국, 하와이, 캐나다, 멕시코 그리고 쿠바에 있는 모든 한인들 그 성원이라 하며; Korean-American Council 한인과 미국사람들로 구성된 단체라 소개했다. 일반적으로 한인 분열 많다 알려져 있으나 이 회의가 증명하듯 그렇지 않고 일인들의 선전이라 이 박사 지적했다. 또 이 연설에 대한공화국 임시정부 승인해 달라 요청했고 중국 중경에서 정부로 행세한다 했고(장개석 도움으로), 그리고 유엔 창설헌장에 서명토록 협력해 달라 했다. 더욱 이 회의 때 Roosevelt 대통령 "The People of Korea"라 언급함에 말할 수 없는 감격받았다 했고 이 말 곧, 대한민족과 국가 인정한 말로 안다 했다. 또 이 말 한인 일본인 아님 가리킨 거라 했다.

Commission on Relations with the Orient of the Federal Council of Churches of Christ in America

Chairman은 William I. Haven이요, Secretary는 Sidney L. Gulick이었는데 1919년 3·1독립만세 미 선교사 일본만행 보고서를 이 Commission 이름으로 발표했다. 이 보고서 전문 *Congressional Record*–Senate, 66th Congress 1st Session, July 17, 1919, pp. 2697~2717에 Senator McCormick 제안으로 실렸다.

보라: "Report on situation in Korea"

Commissioner

보라: Three requisites for dispatching Korean Ministers abroad

또 보라: Yuan Shih-kai, Yuan Shih-kai Commissioner, Yuan's conduct

Conference on the Limitation of Armament

1922년 정월에 미국 와싱톤 디씨에서 열린 세계군축회의인데 여기에 Korean Mission 이름으로 한국독립청원서 냈다.

보라: Korean Mission to the Conference on the Limitation of Armament

Congressional Record–Senate, Vol. 7, Pt. 3, 45th Congress 2nd Session, April 8, 1878, p. 2324

"Relation with Corea"라는 제목 아래 Senator Sargent의 조선에 관한 연설과 조선과 통상 조약 체결 추진키 위해 변무관 임명권 대통령에게 부여하자는 공동결의안(Joint Resolution S.R., no.24) 원문 실었다. 그는 연설에 1876년 한-일 조약으로 조선은 완전 독립국으로 승인받은 나라라 했으며 모든 면에서 일본사람보다 우수하다 했다.

보라: Sargent Senator

또 보라: Joint Resolution S.R., no.24;

"Relation with Corea"

위 *Congressional Record*–Senate, pp. 2599~2601

Congressional Record–Senate Vol.7 Pt. 3, 45th Congress 2nd Session, April 17, 1878, pp. 2599~2601

Senator Sargent 의사록 4월 8일에 이어 "Relation with Corea"란 제목 아래 그의 연

설문 실었는데 이는 1854년부터 1878년(대동강 General Sherman호 사건)까지 조선 문호개방에 관한 거다. 이 글에 또 1882년 한-미 조약 주역 Commodore Schufeldt와 조선왕과의 왕복 편지 영어로 번역한 원문 실려 있다. 그런데 이 왕복편지 국무성서류에 묻혀 있는 걸 Sargent 의원 찾아냈고 또 조선왕 편지에 미국정부 회답 않고 강화도 사건 때인 1871년까지 묵인하고 있다 5년 뒤인 1871년에 아무 뜻 없는 강화도 사건 일으켰다며 그때 미 함대지휘관 Rodgers(Adm.)의 무모함 비난했다. Sargent 의원 말하길 만일 그때 조선왕의 회답을 검토했다면 강화도 사건 일어나지 않았을 거라 했다. 왜냐하면 조선왕 편지에 평양감사(박규수) 인도적으로 General Sherman호 사건 처리코자 했는데, 그 배에 탄 Tsuy란 서양사람(Thomas 영국목사 최남헌) 횡포부렸기에 민중 분개 그 배 불살랐다 했다.

Sargent 의원 조선 두둔해 말하길 조선 러시아와 중국 사이에 끼였으나 중국사람 조선에 못살게 하면서 독립 유지코자 쇄국하는데 미국 측 곧, Adm. Rodgers 무모하게 그 나라에 들어가 측량하며 또 대포로 포격, 2백 명 남짓 사람 죽이고 조선의 산성 불사르는 등 작태 부렸는데 뭣 때문에 아무 효과 없는 이런 짓했나 미국 힐난했다. 더욱 입장 바꿔 미국과 조약한 나라 미국 내륙 여러 강에 들어와 측량한다면 미국 어떻게 하겠나 물었다.

Congressional Record–Senate, 50th Congress 1st Session, Aug. 31, 1999, pp. 8135~8140

여기엔 Senator Mitchell 조선에 대한 결의안 소개코 이를 설명한 연설문과 또 1888년 2월 3일 자기에게 보낸 O. N. Denny 논문원고 "China and Korea" 같이 실었다. Senator Mitchell 연설문, "Disturbances in Corea" 제목인데 중국 이 해 서울에 소문 펴 "백인이 어린애 잡아먹는다" 해 외국 군대 동원됐는데 이는 중국 조선을 다시 속국 만들려는 술책이었다 했다. 이러면서 Mitchell 의원 조선 완전독립국가라 주장했고 이를 증명키 위해 자기 연설문과 같이 O. N. Denny 논문 이 회의록에 싣는다 했다. 뿐만 아니라 Mitchell의 조선에 대한 "Resolution(No. 49)" 소개했고 또 'Baby eating'사건에 관한 모든 서류 의회에 제출하라 대통령에게 요구했다.

보라: 각 항

Congressional Record–Senate, 64th Congress 1st Session, Aug. 29, 1915, p. 13326

이 건 Senator Thomas 1915년 12월 3일 *New York Times*에 기고한 Homer B. Hulbert의 글 원문 소개했는데 제목: "Roosevelt and Korea–Japanese attack compared to the German invasion of Belgium"이다. 발신처 Springfield, Massachusetts요, 발신 날짜는 1915년 12월 3일이다. 이 NYT 기사 소개하면서 Thomas 상원의원 말하길 루스벨트 대통령 미국 조선과 조약국임에도 조선 돕지 않았으면서도 이제 윌슨 대통령 벨지움(Belgium) 정복한 독일 묵인한 것 공박 이는 미국모순이라 했다. NYT 기사에 헐벗 1915년 한일보호조약 때의 한국 1차 대전 시작할 무렵의 중립국 벨지움 독일 침공과 비슷한 형편 비교하면서 그때 대통령 루스벨트 고의로 조선 황제 호소문 보호조약 성립 한 담에 받기 위해 피한 사실 들어 이런 미국 처사 비겁하다 했고 또 루스벨트 대통령 협소한 처사 공박했다.

Congressional Record–Senate, 66th Congress 1st Session, July 15, 1919, p. 2593

여기엔 일본 제1차 대전 끝난 뒤 중국 산동성 독일이권 양도받아 중국의 일부 점령 묵인한 윌슨 대통령 부당한 연설 Senator Norris 의원 일본 조선에서 한 악정 들어 반대했다. 곧, 일본 조선재산 약탈했고, 그 백성 못살게 굴었고, 또 기독교인을 고문했고, 특히 3・1운동 때 갖은 잔인한 짓했다면서 미 선교사들의 증언 소개해 일본의 폭정 폭로했다. 일본 조선에서 한 이런 행패 똑같이 중국에서도 할 거라 했다. 더 나아가 윌슨 대통령 국제연맹 찬동 이는 중국의 재산과 주권 일본에 넘기는 것 시인하는 것 된다 했다. 이럼에도 영국과 후란스 전 독일 중국영토(산동성) 일본점령 승인했다면서 그 승인서 원문과 3・1운동 일본 만행 보고서 소개했다.

또 여기 실린 건 *New York Times*, July 13, 1919와 미 감리교선교사 Mr. Beck, H. H. Underwood 증언이다. 또 Norris 3・1운동사건 연설문 담 같은 조항으로 나눠 소개했다. "정치범 고문(Torture of political suspect)"; "조선에서의 공포(Horrors in Korea)", 이상 p. 2597에; "젊은 애국자의 시련(the ordeal of young patriot)"; "감시하에 있는 어떤 선교사(A missionary under suspicion)"; "여러 고문 사건(many cases of torture)"; "모욕적 부녀자 취급(revolting treatment of woman)", 이상 p. 2598에; "예수교인 부락 소탕(christian village wiped out)"; "하찮은 소란(only a little disturbance)"; "한인교회 안에서 30명 살인(thirty killed in a church)"; "정주교회 불(The burning of Tyungju church)", 이상 p. 2599에 쓰여 있다.

Congressional Record–Senate, 66th Congress 1st Session, July 17, 1919, pp. 2697~2717

여기 "Report on situation in Korea"란 제목으로 Senator McCormick 제안에 따라 뉴욕에 있는 Federal Council of Churches of Christ in America에 보고한 3・1운동

일본 만행 진실 원문 전부 실었다.
보라: "Report on situation in Korea"

Congressional Record–Senate, 66th Congress 1st Session, Aug. 18, 1919, pp. 3924~3926
"Affairs in Korea"란 제목 밑에 'What about Korea'란 글 Senator Spencer 여기 실었다. 뿐만 아니라 'Hulbert에게 준 고종황제 신임장'; '한일강화조약 무효란 고종의 비밀 편지'; '상해 독일 아세아은행에 있는 고종 개인의 예금 증명서' 등 영어로 번역한 원문 포함돼 있다.

Congressional Record–Senate, 66th Congress 1st Session, Oct. 9, 1919, pp. 6611~6612
"Injustice to Korea"란 제목 밑에 3·1만세 사건, 국제동맹 조약, 조선의 입장 변명한 Senator France 글 실었다. 일본의 악질적 조선강탈; 한–미 조약 미국이행 안 한 것; "한일보호조약(Feb. 23, 1904)"; "1907년 행정권 이양 조약(July 24, 1907)"; 그리고 "한일합방조약(Aug. 22, 1910)" 등 미국 묵살에 대한 글이다. 또 이 기록에 1904년 4월 14일로 된 그때 주한 미국공사 Horace M. Allen이 국무성에 낸 편지 원문과 1919년 4월 14일 날짜 The Korean Congress(Philadelphia) 미국에 조선 독립 지원 호소문도 포함돼 있다. 1882년 한–미 조약을 "Treaty of Jenchuan(인천) of 1882"이라 했고 1904년 한일보호조약은 "The alliance of February 23"라 했다. 또 여기에 미국 기독교 세계선교운동에도 언급했는데 1907년 세계 종교분포 통계도 *Blue Book of Missions*에서 인용 실었다. 즉 이때 아세아에 신교도 1,542,000, 가톨릭 5,385,000 등등이다.

Congressional Record–Senate, 67th Congress, 2nd Session, July 8, 1922, pp. 10072~10074
여기 이른바 미국 친한파 F. H. King 쓴 "Farmers of 40 centuries of permanent agriculture in China, Korea and Japan, 1911" 실렸다. 한국에 관한 것 거의 없다.
보라: King, F. H.

Congressional Record–Senate, 67th Congress 2nd Session, March 21, 1922, pp. 4182~4186
1905년 한일보호조약 때 국무장관이던 Elihu Root 오늘 한국의 불행 장본인이라 규탄한 Senator King의 긴 연설문 실었다. 또 여기에 3·1운동 때 일본의 학살과 일반 일본 사람 이런 만행에 무감각했다 그때 일본에 있던 선교사들의 글 인용 일본 규탄했다.

Congressional Record–Senate, 67th Congress 2nd Session, Jan. 28, 1922, pp. 1547~1548
Korean Commission to the Conference on the Limitation of Armament Petition 원문대로 Senator Norris 소개한 글 실려 있다. 이 Petition 이승만 Chairman인 Korean Mission(와싱톤에 있던) 세계 군축회의(Conference on Limitation of Armament)에 낸 진정서 원문이다.
보라: Korean Mission Petition

Congressional Record–Senate, 78th Congress 1st Session, Feb. 18, 1943, p. 1084
여기 Senator Gillette 조선민족혁명당 미국지부에서 자기에게 온 1943년 2월 17일 감사문 실었는데 Senator Gillette에게 감사한 건 그가 "Korean Student Bill"과 "Senate Resolution No. 91" 의회에 제출해 줬기 때문이다. Bill: 1941년 12월 7일 이전에 온 한국 학생 미국서 추방 면케 해줬고; No.91: "Atlantic Charter"를 미국 지지한단 결의서이다.
보라: 각 항

Congressional Record–Senate, 78th Congress 1st Session, May 27, 1943, p. 4912
여기 Kansas city 제일장로교회 목사 Ralph H. Jennings가 Senator Copper에게 대한민국임시정부 승인 "Resolution 49"를 상원에 내달라는 편지 다음 제목으로 실렸다. "Recognition of Provincial Gov't of Korea–Letter from Rev. Ralph H. Jennings"

Congressional Record–Senate, 79th Congress 1st Session, May 14, 1945, pp. 4501~4502
이때 하와이 Territory 지사였던 Ingram M. Stainback 미국대통령, 상하원 의장, 그리고 내무장관에게 한인에게도 미국 시민권 줘야 한단 하와이영토 상원결의안 "Senate Concurrent Resolution 2"(1945년 4월 18일)와 또 "House Resolution 96"(Hawaii) 하와이 거주 한인 2세에게 하와이 거주권 주잔 건의안이다.
보라: 각 항

Consular establishment in China, Japan and Korea
보라: House Joint Resolution 90, 1908, 2p

Consuls and commercial agents
보라: Vassal states' power

Control and direction of Chinese (Custom) Service

보라: Custom Inspector position

Convention on the appointment of ministers by Corea (조중협약)

이것 조선 외교관 임명에 관한 조중협약인데 이런 협약 본래 없는데 원세개 이를 조작한 걸로 이걸 일본 *Mainichi Shinbun* 1887년 11월 17일에 보도했다 O. N. Denny 그의 "China and Korea"에 폭로했다. Denny 말하길 이와 비슷한 이 총장(이홍장) 1887년 11월 5일 원세개에게 보낸 전보 지령 3개 항으로 된 것 있는데 이는 조선공사 주재국 청국공사 지시받고; 공식 석상에선 청국공사 밑에 앉는다는 것 등인데 이런 지령 내리게 한 동기 조선 초대공사 미 대통령에 신임장 낼 때 중국공사 소개 없이 미 국무장관 안내로 낸 사실 있기 때문이었다 했다. 하여간 이 협약이란 것과 이 총장 전보지령 원문 비교하면서 원세개의 교활 O. N. Denny 그의 "China and Korea"에 폭로했다.

Cotton, Commander

USS Monocacy 함장으로 1882년 서울에서 반일폭동 났을 때(Hanafusa 공사 때) 상해에 있던 미국공사 John Russel Young의 요청으로 한국에 파견된 사람이다.

Curtice

3 · 1운동 때 H. H. Underwood와 같이 경기도 팔단(부원 근처) 기독교인 촌 불에 다 탄 것 조사한 사람인데 Norris 상원의원 3 · 1운동에 대한 연설문에 나온다.

보라: *Congressional Record*–Senate, 66th Congress 1st Session, July 15, 1919, p. 2599

Custom Inspector position (세관 감독관 직분)

The position of Advisor to the King and Inspector of Customs was segregated, and the Custom's service passed to the control and direction of the Chinese service, under the plausible assurance that it would be better and more economically administered, and that there was no political significance to be attached to the change … as this ill-advised one on the part of the Korean Government.

보라: "China and Korea" p. 6

세관 감독관직과 임금고문직 분리, 세관일 더 효과적으로 그리고 경제적으로 운영한단 그럴듯한 구실 아래 중국세관 통솔로 넘겼는데 이런 조치 정치적으로 별 뜻 없지만 … 이는 조선정부 쪽으로 보면 잘못된 거다.

Declaration of Independence of Korea (조선독립선언)

The solemn declaration of Japan and Korea, as expressed in the first article of their treaty, concluded February 1876, declare that "Chosen being an independent state, enjoys the same sovereign rights as does Japan, and that their intercourse shall thenceforward be carried on in terms of equality and courtesy."
보라: "China and Korea" p. 10. 1876년 2월 체결한 한-일 조약 제1조에 명시한 한일 두 나라 정식 선언문에 "조선 독립국가로 일본과 동등한 주권 행사하며 그리고 앞으로 두 나라 교제에 있어 동등과 정중한 호의로 수행할 것" 선언했다.

Declaration regarding atrocities

Exhibit V 제목인데 순안, 맹산, 안주, 반석, 강서 그리고 강계서 일어난 독립만세 사건 보고한 거다.
보라: Exhibit V

Definition, sovereign and independent state (주권과 독립국가 정의)

In general terms, a sovereign or independent state is defined by almost all authors on international jurisprudence to be, any nation or people, whatever the character or form of its constitution may be, which governs itself independently of other nations.
보라: "China and Korea" p. 2
일반적으로 국제법학자 거의 다 주권 또는 독립국가의 정의를 어떤 나라나 백성 그들 기본법 어찌됐던 외국의 간섭 없이 독자적으로 다스린 걸 두고 말했다.

Definition, sovereignty and independence (주권과 독립 정의)

The best authority in this case, as China has adopted him as her standard author (Henry Wheaton) says: – "Sovereignty is the supreme power by which any state is governed; this supreme power may be exercised either internally or externally. Internal sovereignty is that which is inherent in the state or is vested in its

ruler by its municipal constitution or fundamental laws. External sovereignty consists in the independence of one political society in respect to all other political societies … A nation which has always managed its internal as well as external concerns in its own way, free from the interference or dictation of any foreign power, is juridically independent, and must be ranked in the category of sovereign states."
보라: "China and Korea" p. 2
이 문제 권위자요 그리고 중국마저 그의 의견 따르는 헨리 위톤 말하길 "주권이란 나라를 다스리는 최고 권력이다. 이 최고권력 국내외로 행사한다. 국내 최고권력이란 재래로 나라에 이어 내려온 권력 아니면 국내법으로 통치권자에게 귀속한 거다. 대외주권이란 모든 대외 정치체제에 대한 한 정치체제의 독립이다. … 어떤 나라든 외세의 지령받지 않고 자기 식으로 모든 국내외 문제 다스리면 이는 법적으로 독립했고 또 주권국가 반열에 끼겠다."

Demand for the recognition of vassal relations
보라: US-Korea treaty draft

Demonstrations begin
이는 3·1독립만세운동 있기 앞서 2월에 동경유학생들에 의해 첨 시작됐고; 3월 1일에 서울서 33인 주도하에 일어나 3월 3일 고종의 국장으로 4일까지 조용했고; 다시 5일에 학생들 주동 데모 있었다 그때 목격자 보고한 보고서다.
보라: "Report on situation in Korea"

Denny, Owen Nickerson (1838~1900) (데니 德尼)
미 Oregon주 출신으로 중국 천진과 상해 총영사로 있었다. 본래 변호사로 법관 지냈고 특히 국제법에 정통했다. Denny는 "China and Korea"에 자기 말로 자기는 2년간 고종의 외교고문(his Majesty's foreign adviser)으로 그리고 내무협판(차관급) (Vice-President of the home affairs)으로 임명받았다 했다. 근 3년 동안이나 고종고문으로 조선 외교담당관으로 있었다. 그는 특히 1888년 "China and Korea"란 논문 썼는데 이 논문 골자: 조선 중국 조공국(Tributary state) 이름뿐, 한 독립된 나라로 'Corea' 모든 주권과 독립 있었고 속국(Dependent 또는 Vassal) 아니었다 주장했다. "China and Korea"에 "조선 중국의 우방으로 노예 결코 있을 수 없다(China's friend and ally Corea desires to be, but her voluntary slave never.)" 한 대목 Senator Mitchell 상원에서 연설한 "Disturbances in Corea"와 함께 의회 의사록에 실려 있다.
보라: *Congressional Record*, Vol. 19, Pt9, Senate, 50th Congress 1st Session, Aug. 31, 1888, pp. 8136~8140
그는 또 그의 논문 서두에 1885년 7월 조선에 초빙받았고 그때 이홍장 않기로 약속했음에도 첨부터 중국 자기 일에 방해했다 했다. 이 역사적 논문 조선 중국속국임 주장 월권한 중국의 부당성 법적으로 변명한 건데, 구체적으로 먼저 중국 조선속국 주장설 설명한 담 조선을 속국 취급한 중국사례 들었고; 그리고 마지막으로 조선왕 나약해 나라 다스릴 능력 없다 한 중국선전 이 다 선전으로 아무 근거 없단 걸 증명했다. 이 논문이야말로 조선 독립국이란 사실 국제법으로 규명해 준 역사적 그리고 획기적 사건으로 그 뜻 매우 크다. 이 논문 "China and Korea" 한-미 조약 체결과 자기경험담 설명코 특히 '조선 중국속국' 한-미 조약에 넣고자 한 이홍장의 주장 부당함 설명했다. 1885년 7월 이홍장 추천으로 조선세관 사무 부관장으로 부임했다. 조선세관 중국세관 관할 아래 있었다. 부임했으나 중국 각 방면으로 Denny 방해했다. 그 까닭 부당하게도 중국 조선을 속국으로 취급했기 때문이라 했다. 마지막으로 Denny에 대한 글 밑에 두 책 참고하라.
*An American adviser in late Yi Korea(Univ. of Alabama Press, 1983)*과 *Mandarins, gunboat and power politics; Owen Nickolson Denny and the international rivalries in Korea. The Univ. Press of Hawaii, 1980, 192p.(Asian Studies at Hawaii, no. 25, LC call no. DS3.A2A82, no.2.)*, 이 두 책 Robert R. Swartour 쓴 거다.
The King of Korea, and Inspector of Customs, and His Majesty having requested his Excellency Li Chung Tang (Li Hung-chang), Viceroy of Chihli, … I was in July 1885 invited to the post. "China and Korea" p. 1
황제폐하 요청으로 직례총독 이중당(이홍장) 추천 조선 세관 검열관으로 1885년 7월 초대받았다. 임명받기 앞서 조선세관 이미 중국세관 관할 밑에 있었다.

Denny's protest (데니의 항의)

The Chinese Government cannot plead ignorance of the conduct of their officials in Korea, for they have been fully advised from time to time through different channels. Twice I visited Tientsin under authority from the King, when the

fullest discussions were had with the Viceroy with respect to the extraordinary conduct of the Chinese representative and the policy of the Pekin Government towards Korea … before my return the Viceroy assured me that … China would change her representative, as Yuan was too young not only in years but also in experience for such a post … On the occasion of my second visit, in October of last year, to protest against Yuan's latest conspiracy against the King, … the Viceroy turned a deaf ear to everything reflecting upon that official.
보라: "China and Korea" p. 17
원세개의 터무니없는 작태 여러 길 통해 중국 정부에 알린 바 있어 그들 모를 리 없겠거니와 임금의 부탁으로 자기 자신(Denny) 두 번이나 천진에 가 이 문제로 이홍장과 의논했다. 또 지난해 10월 이홍장 찾아가 원세개 최근 음모(고종의 양위) 항의했으나 원세개에 대한 건 다 이미 안다 시치미뗐다.

Desire of the Corean Gov't to obtain the U.S. Military instructors. Senate Report, No. 1443, 1885. 미 의회도서관 대출번호: LCS no.2274

Desire of the Corean Gov't to obtain the U.S. Military instructors. Senate Report, No. 76, 1885, 2p. LCS no.2355

Dethronement plot draft (폐위음모 초안)

The principal features of this draft were as follows: – Native soldiers were to be drilled at Kang Wha under the pretext of garrisoning the point against the "outside barbarians." These soldiers were to be reviewed by the Chinese representative in order that they might readily recognize their commander at the critical moment. They were to be placed conveniently near to the palace. Then the Tai Wan Kiun(Taewongun) or ex-regent's palace or house was to be fired and the work of the incendiary laid at the door of the King, which was to be the signal for an uprising of the ex-regent's following, who hate the queen and her party with intense bitterness. The rioters were to attack the palace, when Commissioner Yuan was to appear on the ground, as he did in 1884, and in command of the troops already referred to, under the pretence of quelling the rioters, was to take possession of the person of the King and carry him out of the palace, and then declare the son of the King's elder brother heir-apparent and the ex-regent, until the heir agreed upon attained his majesty, thereby enabling the Chinese, under the direction of the regent, to thoroughly invest the government and country.

보라: "China and Korea" p. 17

이 초안 골자 담과 같다; 서양 오랑캐 막기 위해 강화진 수비해야 한다. 원세개 위장 강화도에서 조선군사 훈련한다. 일 일어나면 조선군인 원세개 곧 알아볼 수 있게 원세개 자신 사열한다. 조선군인 궁궐 근처 적당한 곳에 주둔시킨다. 그 담 대원군 집 불낸다. 불낸 흔적 임금 방문 앞에 갖다 논다. 이를 신호로 왕후와 그의 도당 지독히 미워하는 대원군 추종자들 반란 일으킨다. 1884년에 있던 것처럼 원세개 나타난다. 이걸 신호로 반란군 궁궐 쳐들어간다. 대원군 추종자들 반란군 진압한단 핑계로 임금 신상 점거, 궁궐에서 데리고 나와 세자인 임금의 큰형 큰아들(주: 재황 載晃)을 왕으로 선포한다. 중국의 재가받기 위해 대원군 지시에 따라 임금의 양위 허락받고 세자 임명 얻어내 정부와 나라를 완전히 장악한다.

Dethronement scheme, The

보라: Yuan's treasonable conduct

Digest of International Law by Francis Wharton, Wash. GPO, 1887, 3V

Senator Mitchell의 조선 완전독립에 관한 간단한 연설문 "Disturbance in Corea"에 참고한 공법책이다. 이 책 Vol. 1 참고했다 했다.

보라: *Congressional Record*-Senate, 50th Congress 1st Session, Aug. 31, 1888, pp. 8135~8140

Digest of International Law of the U.S.

보라: Wharton's (Francis)

Diplomatic relation with Korea

Congressional Record-Senate, 66th Congress 3rd Session, Dec. 13, 1921, p. 252에 나오는데 Senator Knox 그날 *The New York Herald* 신문에 기고 미국의 조선에 대한 정책 큰 잘못(Grave error)이라 했다. 이 신문 기시에 1902년 미국 조선과 협력하

겠다 해 놓고 1912년 미국 외교 조선과 단절한 것 아주 심각한 잘못 "The most serious mistake"라 했다. 이어 Knox 의원 지적하길 Edwin V. Morgan 마지막 미 공사였고 미 공관 1905년 철수했다 했다.

Diplomatic relation with Korea, remarks of Senator Knox

보라: *Congressional Record*, Dec. 13, 1921, p. 252

Diplomatic representative

보라: Yuan Shih-kai

District court of the U.S. in China and Korea

보라: Senate Document, No. 95, 1904, 4p

Disturbance in Korea, The

3·1운동 배경 설명한 미국 선교사들 보고서 가운데 하나로 Exhibit I 맨첨에 나오는 제목이다.

보라: Exhibit I: The disturbance in Korea

Disturbances in Corea

이 제목으로 Senator Mitchell 조선에 관한 연설문 *Congressional Record*–Senate, 50th Congress 1st Session, Aug. 31, 1888, pp. 8135~8136에 실었는데 이 연설하게 한 동기 1888년 중국 다시 조선을 속국으로 다스리고자 조선에 있는 외세 쫓아낼 목적으로 이른바 서양사람 "어린애 잡아 먹는단" 소문 퍼뜨려 백인 배척 술책 중국 모략했었다 했다. 이런 형편이기에 러시아, 미국, 흐란스군 동원됐는데 이 사건의 진상 의회에 제출해 달란 건의안 (Resolution)을 미국 대통령에게 내려는 원문 이 의사록에 실려 있다. 이 연설에 Senator Mitchell 미국 공법학자인 Wheaton R. Wharton 그리고 O. N. Denny 논문 "China and Korea" 인용, 조선 완전독립국임 역설했는데 이는 1876년 한-일 조약에 그 기준 두고 조선독립 주장한 글이다.

Dolph, Fred A.

1922년 와싱톤에 있던 Korea Mission의 Counselor로 있던 사람이다.

보라: Korea Mission

Douglass, Paul F.

와싱톤 디씨에 있는 American대학 총장으로 이승만 박사와 친분 두터웠고 한국 독립 위해 협력해 준 사람인데 이는 1942년 2월 27일에 와싱톤 Hotel Lafeyette에서 열린 Korean-American Council 주최 Korean Liberty Conference에서 연설했다. 그는 이승만 박사 대한민국 임시정부 정식 대표임 미국에 승인해 달라 호소했다. 이 연설문 하원의원 John M. Coffee *Congressional Record*에 실었다.

보라: Coffee, John M.

Duksan

서울서 3, 4마일밖에 안된 덕산인 듯한데 경기도 어딘지 분명치 않다. 여기서 3·1운동 때인 3월 25일에 3백여 명 모여 독립만세 불렀던 곳이다. 여기서 일본 헌병 15명이 쏜 총에 한 사람 맞아 죽고 더러 부상당했다 했다. 부상당한 이때 세브란스에서 치료받은 사람 Ri Tol Sa, Ri Kai Tong, Yum T. Chang, Song Yun Pak, Kang Yong Ie 등이다.

보라: Ri Tol Sa

Economic assistance to the Republic of Korea-Message from the President (H. Doc. no. 212)

보라: *Congressional Record*, June 7, 1948, pp. A7358~7359

Economic chaos in Korea, remarks of Rep. Paul W. Shafer

보라: *Congressional Record*, June 6, 1946, pp. A3298~3299

Emperor of China

보라: Letter (Memorial) of the King

Encyclopedia

Earliest references on Korea in Encyclopedia are *Zell's Encyclopedia dictionary* and *Appleton's Cyclopedia*

Establishment of a district court of the U.S. for China-Korea

보라: Senate Bill 2605, 1905, 9p

Establishment of a district court of the U.S. for China & Korea
보라: Senate Bill 6894, 1905, 5p

Establishment of the U.S. Legation in Corea
보라: House Executive Document, No. 68, 1886, 2p. LSC no.2479

Estimate for Consular Building in China, Korea & Japan
보라: House Document, No. 375, 1907, 2p

Estimate for Consular Building in China, Korea & Japan
보라: House Document, No. 510, 1907, 8p

Estimate for Legation Building in Seoul
보라: House Document No. 226, 1903, 4p

Estimate for Legation Building in Seoul
보라: House Document No. 257, 1902, 4p

Estimate for Payment of interpreters in Korea
보라: House Document, No. 253, 1903, 2p

Estimate for the establishment of student interpreters in Korea
보라: House Document No. 116, 2p. LCS no.4830

Exhibit
Exhibit I-XXXIV까지 34개에 이르는 3·1운동 당시 일본의 만행 기록한 표본이다. 이는 미 선교사들 당하고 본 실제 경험담으로 보고자 이름 안 쓰고 미국에 있는 Commission on Relations with the Orient of the Federal Council of the Churches of Christ in America 발표한 "Report on situation in Korea"다. 이 발표문 전부 Senator McCormick 제안으로 *Congressional Record*-Senate, July 17, 1919, pp. 2698~2717까지 실려 있다. Exhibit I-XXXIV까지의 제목 담과 같다.

Exhibit I: The Disturbance in Korea, March 21, 1919
II: A General survey of situation in Korea (by a Committee), April 7, 1919
III: 제목 없음
IV: 제목 없음
V: Declarations regarding atrocities (Orignal signed by 이름 없음)
VI: 제목 없음
VII: Stories of wounded Koreans in several hospital, March 29, 1919
VIII: 제목 없음, April 1~5, 1919
IX: 제목 없음
X: Statement concerning removed of wounded men from Severance Hospital, April, 10
XI: The Experience of a Korean girl under arrest by the police
XII: Story of released prisoner
XIII: Brutalities at Taiku
XIV: 제목 없음
XV: The Demonstration at Tong Chaing
XVI: Statement on police methods, April 7, 1919
XVII: Statement concerning the removal of wounded men from Severance Hospital, by Dr. O. R. Avison, President
XVIII: Statement by a Korean storekeeper
XIX: A Personal letter (to a Canadian), April 10, 1919
XX: First account of massacres and burning of village
XXI: Admission by Gov. Gen. Hasegawa (*Japan Advertiser*, April 27, 1919)
XXII: The Massacre and Burning of Village (Correspondence in the *Japan Advertiser*, April 29, 1919)
XXIII: An Incident in North Korea
XXIV: Story of 8 gov't school girl who was sabered
XXV: Kwak San and Tyungju
XXVI: Part of an extended report, April 24, 1919
XXVII: A Personal letter
XXVIII: A Personal letter, April 30, 1919

XXIX: A Personal letter, April 23, 1919

XXX: A Personal letter, April 30, 1919

XXXI: A Personal letter, April 30, 1919

XXXII: The Failure of Japanese imperialism in Korea (by a British)

XXXIII: Copies of documents presented to important Japanese in Tokyo by a Committee from Korea-some reasons underlying the present agitation in Chosen, May 10, 1919

Exhibit I: The Disturbance in Korea

March 21, 1919 날짜로 된 이 보고서 제출한 사람 이름 밝히지 않고 3·1운동 일어난 배경 설명했는데 일본의 무단 식민지 정책에 반대해서 일어난 것이 3·1운동으로 보았고 또 이때 일본의 잔악한 조선인 탄압을 독일이 후란스와 벨지움에서 한 것과 견줘 1차 대전 때 독일의 만행 조사할 목적으로 조직된 이른바 Bryce Investigating Committee 같은 조사단 조선에도 있을 법하다 했다. 이 Exhibit I 담 일곱 가지 조항으로 나눠 보고돼 있다. 1. "The Japanese Colonial system"; 2. "Japanese Reform tendencies"; 3. "The Genesis of the Korean independence movement"; 4. "Demonstration begin"; 5. "Demonstrations outside the capital"; 6. "Police atrocities"; 그리고 7. "Indignities to missionaries"

1. "The Japanese colonial system"에 1908년 한일보호조약, 1910년 합방조약 이후 조선 위생시설 등 일본 효과 있는 정책 썼으나 영국식 아닌 독일식(Prussian) 무단식민지 통치 방법 썼기에 조선서 민심 얻지 못했다 했다. 모든 민권 박탈되고 인신 구속과 고문 맘대로 했다 했다. 이래 조선 일본의 천당이라 했다. 1920년부터 일본말 전용되고 러시아말 전용시킨 폴란드 경우 무색할 정도라 했다. 일부러 조선사람 추운 만주로 이민시키고 동양척식 회사 만들어 일본인 이주시켰다 했다. 철도, 교육, 위생 그리고 길과 다리 만든 것 독일식과 비슷한 정책이었다 했다.

2. "Japanese reform tendencies": 조선에서의 일본무단정치 독일과 같다면서 1918년 9월 Terauchi 내각 무너지고 Hara 내각 섰는데 이는 일본 첨 'Democracy' 정부라면서 조선식민정책 변화징조 있다 했다. 그래서 조선 주재 무관총독을 문관총독으로 바꿀 방안 강구중이나 군부의 반대 있다 했다. 1919년 조선서 3·1독립만세 있을 때와 때를 같

이해 그날 동경에서도 큰 'Demo'가 있었는데 이른바 'Manhood suffrage(성년남자 선거권)' 주장한 시위였다 했다. 이래 며칠 뒤에 선거권 안 일본의회 통과 일본에 천천히 'Democracy' 싹트기 시작했다 했다.

3. "The Genesis of the Korean independence movement": 조선 독립운동내력, 주변정세, 국제회의 등 설명했다. 그리고 어떤 조선 총독부 관계자 말하길 국제연맹 또는 윌슨 자결론 조선 독립관 아무 상관없는데도 조선 독립운동 지도자들 윌슨의 자결론 기대한다고 했다 했다. 그러면서 파리회의 때 조선 독립문제 거론해 달란 부탁에 윌슨 대통령 대답하길 이 회의 전쟁한 나라들 회의로 조선처럼 전쟁 안 한 나라 제외된다고 대답한 사실도 지적했다. 조선 독립 지도자들 국제연맹과 자결론 대두로 식민지 나라 해방하는 걸로 잘못 믿고 있다고 했다. 또 이때 정월 20일 이왕의 결혼 얼마 안 남기고 고종 뇌일혈(Apoplexy)로 죽었는데 자살한 걸로 헛소문냈다 했다. 또 다른 소문엔 일본 식민정책에 만족한단 성명서에 서명 강요 물리쳤기에 일본 고종 독살했다고 했다 했다. 이런 사연 있어 고종의 죽음 곧 발표 않고 숨겼다 했다. 일본의회 조의로 10만 원의 고종 장례비 통과시키고 휴회했다 했다.

4. 5. 6. "Demonstrations begin", "Demonstration outside the capital", "Police atrocities"인데 독립 민중궐기 데모 시작한 경위 밝힌 글들이다. 데모 먼저 동경유학생들 시작했고 1919년 2월 조선의 자결 데모한 학생 수감됐다 했다. 서울에선 3월 1일 토요일에 33인 서명한 독립선언서 발표한 담 총독부 당국에 이 사실 보고했다 했다. 파고다공원에서 시작한 데모 질서있게 만세 부르며 각 나라 영사관 지나갔다 했다. 33인 가운데 15명 천도교인; 15명 기독교인; 나머지 세 사람 불교도라 했다. 담날 3월 2일 일요일이기에 데모 없었고 3일은 고종 장례식이었다 했다. 장례식엔 학생들 참석 않고 선생들만 참석했다고 했다. 장례식 군대식으로 장엄하게 했는데 해군과 육군 앞장섰고 일본신사 신관과 상여 그리고 정부관리 뒤이어 따르고 마지막엔 다시 육해군 따랐다 했다. 조선 재래식 장례식 서울 밖에서 했다 했다. 장례식 담날까지 휴일이므로 조용했다 했다. 3월 5일 학생들 독립할 때까지 등교 거부한다면서 등교 안 했으며 거의 한 달 동안 중학교 문 안 열었다 했다. 그런데 이날(수요일) 아침 9시에 서울역 근방에서 만세 소리 터져 나왔고 데모대는 궁궐로 향했다고 했다. 이 데모는 전적으로 학생들로만 이뤄졌는데 여자 중학생도 담에 가담했다 했다. 이때 순사들 폭행 여학생까지 때렸다 했다. 그러나 학생들 과격한 행동 안 했다 했다. 세브란스 간호원들 다 거리에 나와 의료봉사했다

했다. 독립탄원서 총독에게 내려 했는데 못하고 경찰서에 진정서 낸 지도자들 그 자리에서 잡혔다고 했다.

7. "Indignities to Missionaries": 3·1운동 뒤에서 고취했다 체포된 선교사에 대해 보고한 거다. 경찰서에 끌려가 문초받고 돌아온 선교사 Stacy L. Roberts와 E. W. Thwing이다. 이 두 사람 북경주재 목사인데 아편반대 운동가로 국제적 인물이라 했다. 담 체포됐다 풀려난 두 서양부인은 남도(경상도)에 와 있던 오스트레일리아 장로교 선교사들이라 했다. 3월 20일 강계에 있던 동양 선교부(Missionary of the Oriental Missionary Society) 선교사 John Thomas 일본 군인에게 심하게 얻어맞았다 했다. 그런데 이때 이 선교사 자기 영국여권 내보여 주었으나 군인들은 이걸 땅에 내동댕이쳤다 했다. 이 사건 영사문제됐다 했다. 또 선천에 있던 선교사 집 수색당했고 3월 17일 검사 앞세우고 순사들 세브란스 병원에 들이닥쳐 수색했다 했다. 3월 22일 토요일 서울거리에 또 데모 일어났다 했다. 이 선교사 보고에 이번 만세 데모사건으로 조선사람들의 조직력에 많은 감명 받았다 했고; 이는 조선의 르네상스(Veritable Renaissance)라 했다. 이 사건으로 많은 일본사람들 일본의 조선식민정책 실패로 생각했다고 했다. 마지막으로 일본 조선식민정책 잘못된 것; 독일식민정책 답습; 일본문화 강제할 수 없는 것; 그리고 이를 계기로 일본 조선정책에 변화 올 거라 했다.

Exhibit II: A General Survey of Situation in Korea

1919년 4월 7일자로 된 이 보고서 위원회 이름 밝히지 않았다. 이 보고서 3·1운동 배경과 진상 보고한 건데 그 가운데 몇 가지 추려보면 이왕의 결혼식 1월 25일로 작정했는데 이상하게도 갑자기 1월 22일 고종 죽었다 했다. 33인 세 종교단체(기독교, 천도교, 불교) 소속이나 다 개인자격으로 서명했고 맨첨 서명한 사람 천도교인이요, 담 길선주 기독교 목사했다 했다. 3월 2일 일요일 조용했고, 3일 서울에선 데모 없었으나 지방엔 있었다 했다. 3·1운동 비밀 잘 지킨 조직이라며 조직력 칭찬했다. 일본군인 헌병 그리고 경찰 동원 가택수사, 무고한 인민 끌고 간 것 등 4, 5세기 유럽 놀라게 한 훈족(Hunnish barbarities)처럼 야만적이었다 비난했다. 합방으로 일본 귀족된 자작 한 분 총독에게 독립청원서 냈다 했는데 이름 밝히지 않았다. 무저항 데모 기독교 영향이라 했다. 일본 측 이번 만세사건 주로 미국의 사촉으로 일어난 걸로 안다 한다. 선교사 담배 피우면 선교사 아닌 줄 안다 담배 손에 끼고 다녔다 한다.

Holdcroft씨도 길에서 문초받았다 했다. 이 사람 누군가 밝히지 않았다. 3·1만세운동 기사

실린 중국신문 셋 소개했는데 *Peking-Tientsin*, *North China Star* 그리고 *China Press*다. 여기 주로 평양 선천 등지에서 일어난 일본만행 선교사 목격담 실었다고 했다. 그런데 이 목격담 본래 신문에 발표 않기로 한 건데 발표했다 했다. 이는 북 지나에 있던 선교사들 정보 수집한 거라 했다. 발표 꺼려한 건 보고한 사람 보호하기 위해서라 했다. 이런 보고 개인적으로 미국사람들에 알려 미국에서도 그대로 발표됐다면서 이를 선교본부에서 통박했다. 조선사람에게 물어보니 선교사 한 사람도 운동에 가담 안 했다 했다. 그러나 1912년 105인 사건 때 선교사 관련된 것 상기시켰다. 평양에 있던 Mowry 목사 자기 집에서 불온문서 등사시켰다 체포됐는데 등사한 건 독립선언서와 소식란 등이라 했다. 이와 같이 선교사들에 대한 의혹이 있어 Usami란 총독부 직원과 선교사들 세 번이나 회의 가졌는데 그때 참석한 선교사 Gale, Avison, Hardy, Noble, Sharrocks, Bunker Bernheisel, Gerdine 그리고 Hugh Miller씨들이라 했다. 특히 Dr. Gale 일본 식민정책 두둔했으나 이번 사건 보고 일본 9년간 조선에서의 식민정책 실패했다 Usami에게 직접 말했다 한다.

두 번째 회의 땐 일본사람으론 *Seoul Press*의 Watanabe, Sekiya, Niwa, Yamagata와 또 저명인사 몇 참석했고; 선교사 측에선 위에 적은 선교사 말고 Moffett, Whittemore, 그리고 Welch 감독 참석했고; 마지막 세 번째 회의엔 Egbert Smith 박사도 참석했다. 선교사 협조 요구에 Welch 감독 총독부와 선교장사협약 상기시키면서 세 가지 여건 들어 선교사 중립 주장했다. 첫째, 만세운동 막기란 거의 불가능한 것; 담, 만일 그런 총독부와 협조하면 선교사 위신과 조선사람 신용 잃을 거며; 마지막으로 자기들 본국 정부에서 어느 쪽에도 가담 말라 했다 했다. 그러나 *Seoul Press* 측 말하길 이런 이유 이해하나 총독부와 협조해야 한다고 했다.

이 회의에서 일본의 잔인한 행동 항의했으며 특히 Moffett 박사 자기 눈으로 본 일본의 폭행과 경험담 말했다. Moffett 박사 *Seoul Press* 편집국장 Yamagata와 둘이 사적으로 만났을 때 Yamagata 일본의 폭행 시인했으나 신문으로서는 이를 부인 정부의 공식 발표 보도 안 할 수 없었다 했다 한다. 한편으로 Avison 박사와 Welch 감독(Bishop) Sekiya와의 회담에서 만일 운동 계속되면 앞으로 일본 지금보다 더 엄하게 다스릴 거라 Sekiya 말했다 한다. 만일 그렇다면 일본 서양의 동정 못 받을 거라 Welch 감독 응수했다. 이렇게 두 진영 사이 의견 차이 있어 회의 거듭하는 것 아무 소용없고 오히려 일본에 이용당할 위험 있고 서양의 동조도 얻을 가망 없어 이 이상 회담 무의미하다 판단 선교사들 회의 이 이상 안 했다. 뿐더러 조선에 자치권 줄 것 같지도 않고 만세운동 완전히 실패한 것 같다 판단했다. 이런 실정이기에 매우 실망했다고 했다.

Exhibit III

여기 일본 신문 3・1운동을 어떻게 보도했나 그 본보기로 *Shosen Shinmun*(*서선신문* 아닌지 모르겠다)에 난 걸 인용했다. 요약하면 "조선사람 맘 교란시킨 것 미국 선교사들의 죄(Sin)요 또 그들의 조작이다"; "타민족에게 민주주의 씨를 뿌렸다" 그리고 "자기들식 자유사상 타민족 그것도 거의 미개한 조선사람에게 적용코자 했다"; "30만 조선기독교인 한일합방 반대하며 독립 고취하는데 그 온상 기독교 학교이며", "윌슨대통령 민족자결론 종교를 빙자 선전했다"고 했다. 그리고 "이번 소란 다 미국서 온 선교사와 천도교 유령(Ghost)의 장난이며 그들 선교사들 겨우 $150 월봉 받고 온 3백 명으로 뱀처럼 온 조선을 감고 있다"라 했다. 그리고 John Thomas 얻어맞은 것 당연하다 했다.

Exhibit IV

이건 3월 2일부터 15일까지 함흥과 그 근방에서 일어난 독립운동 진상 보고한 거다. 3월 2일 밤과 3일 낮 사이에 함흥시에 있는 남녀학생 잡아갔다 했다. 그리고 4일에는 호각 신호로 길에 모인 군중 만세 3창했다 했다. 이들 무저항으로 무도한 일본 관헌에게 대했다 했다. 특히 소방대를 풀어 몽둥이와 갈고리로 사람 쳐 피 흘린 사람들 경찰서로 끌고 갔다 했다. 이 가운데 채규새(Chai, Kyusae)란 학생 조선순사 동생인데도 독립만세 부른 학생에 끼어 있었다고 했다. 또 50살쯤 된 예수 믿는 최학성(Chai, Haksung)도 얻어맞아 며칠 동안 병원에 입원했다고 했다. 기독교학교 아닌 학교에 다니는 박이진(Fak, Yichin) 머리 깨지도록 맞고 경찰에 끌려갔다 했다. 또 변응관(Pyon, Eung Kwan) 맞아 죽은 줄 알았는데 경찰서로 끌려가 몇 날 뒤 풀려나왔다 했다. 3월 13일 함흥근방 신흥 장날 또 만세사건 있어 경찰 출동 네 사람 죽고 또 네 사람 중상입었다 했다. 죽은 사람 가운데 한 부인도 끼여 있는데 물동이 이고 지나가다 변당했다 했다. 또 함흥근방 성덕(Sungdok)에서도 네 사람 죽었다고 했다. 이렇게 함흥근방에서 3월 15일까지 만세운동 있었다 했다.

Exhibit V "Declarations regarding atrocities"

황해도 순안과 평안도 맹산(Maungsan), 안주, 반석, 강서(Keng Syo)에서 일어난 3・1 만세운동 진상 보고한 거다. 먼저 2, 3백 명 군중 순안읍 헌병대에 몰려 조선 이제 독립했으니 이곳 떠나 달라 요구했다 했다. 헌병대 대답하길 말할 것 없이 독립했다면 물러나겠으나 아직 서울서 그런 지시 없다 했다. 한두 시간 뒤에 또 다른 군중 그곳에 모여 똑같이 요구하니 이땐 헌병들 기관총 쏴 다섯 사람 죽였고 많은 사람 중상입고 또 구류됐다. 어떤 나이 먹은 분 헌병대 찾아가 항의하니 이 사람도 총 쏴 죽였다 했다. 이 죽은 사람 부인 달려와 울어 조용하라 헌병 말해도 안 들으니 또 쏴 죽였다 했다. 다음날 아침 이 죽은 부부의 딸 가서 항의하니 또 이 딸도 칼로 찔러 죽였다 했다. 구류한 사람들에게 먹을 것 안 주고 물도 안 주니 너무 목말라 자기들 오줌 마셨다 했다. 더러는 들미창(Tulmichang)에 있는 순안 광업회사 병원으로 옮겼으나 상처가 낫지 않아 팔과 다리 자른 사람도 있었다 한다. 이 가운데 한 사람 39살이요, 또 다른 사람 60살이라 했다.
담 맹산(Maungsan)에서 3월 초에 독립만세 불렀는데 56명을 헌병대 광장에 모아 놓고 문 잠그고 담장 위에 올라서서 총 쏴 죽이고 살아있는 사람 칼로 찔러 죽였다 한다. 겨우 세 사람 죽은 척하다 살아났는데 그 가운데 한 예수 믿는 부인 며칠 걸어가 선교사들에게 이 사실 알렸다 한다.
안주에서 일어난 일인데 3월에 독립만세 부르는 군중에게 순사와 헌병 총 쏴 일곱 사람 죽고 많은 사람 부상당했다. 또 각 집마다 찾아다니며 사람 물색 찾지 못하면 부녀자 머리채 끌고 나와 때리고 어떤 부인은 앞니 일곱 개가 부러졌다 했다. 그리고 한 부인은 헌병 보고 만일 자기 아들 죽으면 꼭 복수하고 말겠다 하니 이 순사 이 부인 집에 가 상처 입고 드러누워 있는 아들을 칼로 찔러 죽였다 했다.
반석(평양근처)에서 일어난 사건인데 여기서 3월 7일 만세 불렀다 했다. 이 마을 한 50호 사는데 여기 교회당과 학교 있었다 했다. 일본 군인들 여기 와 종각 헐어 내리고 교회 유리창 깨고 성경과 찬송가 찢어 버렸다 한다. 다섯 남자와 한 여자 벌거벗기고 총 다리로 때리고 또 성냥개비로 지지기도 했다 한다. 그리고 많은 사람 끌고 갔다 했다. 한 50으로 60살 난 남자 평양에 끌려가 3월 26일 순사들에게 맞아 죽었다 했다. 3월 24일 군대 여기 다시 와 교회 한 장로 찾았으나 없어 그 부인을 가까운 곳에 있는 숲 속으로 끌고 가 옷 벗기고 때리면서 남편의 행방 물었으나 행방 몰라 못 가르쳐 줬다 했다. 이 부인 나이 한 30살가량 되 보이는 아주 똑똑히 생겼다 했다. 이 보고서 만든 선교사 직접 이 부인과 이야기했고 이때 얻어맞은 상처 아파 고생한 걸 봤다 했다.
마지막으로 강서(Keng Syo)인데 한 선교사 3월 30일 일요일에 이곳 갔는데 참담한 형편 말할 수 없었다 했다. 선교사 오길 기다리지 않고 한 25명 모여 예배보고 있는데 순사가 와 교회를 부수고 남자 네 사람과 여자 세 사람 잡아갔다 했다. 교직원 다 도망가고 없어 모두 평신도였다 한다.

Exhibit VI "Declarations regarding atrocities"

강계에서 일어난 일이다. 동양 선교회 목사(영국) 한 분(여기 이름 안 밝혔으나 John Thomas 목사) 3월 19일 전보로 강계 동양 선교회 소속 목사에게 자기가 그곳 간다 전보

치고 20일 강계 갔는데 이곳 목사 자기 올 것 이미 경찰서에 연락했다 했다. 도착한 담 일본 여관에 들어 차 마시고 저녁까지 주문해 놨는데 한 오후 4시쯤 갑자기 한 댓 젊은 애들 태극기 흔들고 만세 부르며 언덕에서 달려 내려왔다 했다. "이때 군인 네 사람 뒤쫓아오고 또 순사 뒤따랐는데 우리 붙잡고 때리고 발로 차고 우리는 모르는 일이라 해도 아랑곳하지 않고 우리를 경찰서로 끌고 갔다. 가는 길에 내 여권과 이 달 17일 서울 경무국 발행한 선교 허가증 보여 주었으나 보지도 않고 땅에 내동댕이쳤다. 내가 이를 집으려 하니 내 머리를 뭘로 때리고 발길로 찼다. 이때 구경하던 한 일본사람 팔목만한 몽둥이로 나를 때렸다. 또 내 조수 둘도 얼굴 얻어맞아 피 흘렸다. 경찰서에 와서도 순사들 내 조수 많이 때렸다. 내가 조선 사람 순사에게 항의했고 내 여권 돌려줄 것 요구하자 갖다 줬다. 부장인 듯한 일본순사 와 문초했으나 우리는 모르는 일이라 했더니 여관에 돌아가 있으라 했다. 오후 한 5 : 30분 여권 내게 돌려보내줬다. 만세 부른 사람 붙잡아 물어보니 외국사람 있는 줄 몰랐다 자백했다. 순사부장 담에 자기 잘못했다 내게 사과하고 또 일본말로 시말서 쓴 담 내게 Sign하라 했으나 난 단호히 거절했다. 그날 저녁 밤 8 : 40분 두 순사 날 인력거에 태우고 Taiden으로 보냈는데 그날 밤 거기서 잤다(Taiden 어딘지 모르겠다)."

Exhibit VII "Stories of Wounded Koreans Severance Hospital", 3/29/19

1919년 3월 29 날짜로 된 이 보고서 3・1운동 때 일본관헌에게 총과 칼과 몽둥이로 부상당한 사람들 이름 들어 그때 진상 보고한 거다. 그런데 여기 적은 사람 이름 로마자로 써 있기에 그들 본 이름 분명히 알 수 없다. 가능한 음 따라 우리 식 이름 붙였다. 여기 나온 이름 담과 같다: Ri In Ok(이인옥), No Chong Yun(노종연), Kim Nam San(김남산), Ko Myen Man(고면만), Ri Tol Sa(이돌사), Ri Kai Tong(이개동), Yum T. Chang(염택창), Song Yun Park(송윤박), Kang Yong Ie(강용예), Cha Oh Kyun(차오균), An Tong An(안동안), Kim Kwang Un(김광운), Song Yun Pok(송윤복), Koo Nak Saw(구낙소), Ri Nam Kee(이남기), Sung Yong(성용), Yi Han Dom(이한돔), Mi Syun Myung(미선명), Chung Yung Heui(정영희), Yu Yung Kun(유영근), Koo Chun Myun(구춘면) 등 모두 21명이다.

Exhibit VIII

1919년 4월 1~5일 날짜로 된 이 보고서 Exhibit VII처럼 3・1운동 당시 일본 헌병에게 부상당해 세브란스병원에서 치료받은 사람 가운데 열두 사람과 면담한 보고서다. 여기 나온 사람 이름 담과 같다: Song Si Ung(송시웅), Syang Myeng Ni(이상명), San Syen Nan(산선난), Pak Yun Nak(박윤낙), Chung Hung Pong(정흥봉), Ri Chun Sai (이춘세), Chang Oo Sang(장우상), Pak Cha Kwo(박차구), Kim Kum Tung(김금등), Pang Choon Ho(방춘호), Pak Syung Koon(박성군), Ri Pik Yun(이복윤) 등 모두 열두 사람이다(우리말에 비슷한 음으로 옮긴 이름이기에 본 이름과 다름 있을 줄 안다).
보라: *Congressional Record*–Senate, 1st Session, 66th Congress July 17, 1919, p. 2704

Extension of American Commerce–proposed mission to Japan and Corea by Mr. Pratt
보라: House Document No. 138, 1845, 2p. LCS serial no.465

External sovereignty
보라: Definition of sovereignty and independence

Extra–territorial privilege
보라: Treaty of the overland trade regulations

Federal Council of Churches of Christ in America, The
이 기관 뉴욕에 있었는데 3·1운동 때 미국선교사들 일본의 만행 이 기관에 보고해 발표케 했다. 이 이사회 밑에 Commission on Relations with the Orient를 두고 이 이름으로 발표한 일본 만행 보고서 Senator McCormick *Congressional Record*–Senate, 66th Congress 1st Session, July 17, 1919, pp. 2697~2717에 전문 실었다. 이 보고서는 동 위원회 의장 William I. Haven과 서기 Sidney L. Gulick 명의로 발표했는데 보고서 이름 "Report on situation in Korea"이다.
보라: "Report on situation in Korea"

Federal Council of the Churches of Christ in America Headquarters in New York, The
이 기관 일인의 박해와 고문 등 자세히 보고했는데 이걸 Senator Norris 의회 자기 연설에 소개했다. 이 보고에 개별적 고문사건 열거했다.
보라: Norris

Federal Council of the Churches of Christ in America (또는 United States라고도 했다)

그런데 3·1독립운동 일제 박해 광경 첨 미국에 보고한 사람 Rev. A .E. Armstrong이다. 그가 캐나다 장로교 선교본부 책임자로 동양에 갔다가 한국에 사흘 들러 4월 중순에(1919) 돌아와 한 보고다. New York에 와 곧 미국 장로교선교회 Dr. Arthur J. Brown, 미 에피스코플 감리교선교회 Dr. Frank Mason North, 그리고 미국성경학회 Dr. William I. Haven과 의논하고 이 사건을 FCCCA로 넘겨 보고서 만들어 주관하기로 했다. Norris p. 6818. 그런데 여기 보고된 3·1운동 참상 뒤에 출판됐는데 FCCCA 이 출판 꺼려했으나 압력에 못 이겨 출판했다. 책 이름: *The Korean Situation: Authentic accounts of recent events.*

보라: Gaulick Sidney L.

Febinger, Captain

이 사람 1866년 마침 조선왕 Commodore Shufeldt에 보낸 회답 북경 미 공사에게 전달했을 때 북경에 와 있었는데 조선왕 편지 미국정부에 가져다 준 사람이다. Shufeldt 이해 조선왕에게 General Sherman호 사건 살아 있는 사람 있으면 인도해 달란 편지했는데 그때가 1월이라 추워 충청도 앞바다에 더 머물러 있지 못하고 왕의 회답받지 못한 채 떠났기 때문에 왕의 편지 북경 통해 전한 거다.

보라: 조선왕 Shufeldt에 보낸 회답

또 보라: "Relation with Corea", 12/17/78

First anniversary of the Republic of Korea, remarks of Rep. Millard E. Tydings

보라: *Congressional Record*, Aug. 18, 1948, pp. A5392~5394

First clause of the treaty, The

보라: US-Korea treaty draft

For the dispatch of a trade mission to China. House Resolution 190, 1900, 1p

Foreign loan (외채)

His excellency asserts that Korea cannot negotiate loans with which to aid in the development of the natural resources of the country, or transact in her own way, as she has for centuries past, the business of the government, without first asking and obtaining the consent of China. In view of such a long train of cruel, unjust and tyrannical conduct as is here presented, China's professions of friendship for Korea, under the claim of suzerainty, become simply monstrous in their sincerity.

보라: "China and Korea" p. 21

이홍장 주장하길 조선 국내자원 개발 위한 외채 협상 버릴 수 없다 한다. 정부 간 오랜 관례에 따라 중국 사전승낙 없이 조선 맘대로 외채거래 할 수 없다는 거다. 이렇게 오랫동안 속국을 빙자하고 우방국이라 공언한 조선에 대한 중국의 잔인하고 불공평하고 강압적인 처사로 이게 바로 괴이한 중국식 성실성이다.

Foreign settlement at Chemulpo. Senate Executive Document, No. 81, 1889, 10p & map LCS no.2612

Four Freedoms (네 가지 자유)

The Four Freedoms was a list of basic human rights formulated by President Franklin D. Roosevelt on Jan. 6, 1941. In his State of the Union message to Congress, Roosevelt identified them as freedom of speech and expression; freedom of worship; freedom from want; and freedom from fear. Later that year they were in large part incorporated into the "ATLANTIC CHARTER", a joint British and American statement of aims for a peaceful world. The Four Freedoms were criticized by some as being too vague to serve as a guide for practical statesmanship.

보라: *Academic American Encyclopedia* Princeton, N.G. Arete Publishing O. 1980

네 자유란 프랭클린 루스벨트 대통령 1941년 1월 6일 제안한 기본 인권이다. 의회 정부 행정 년차 보고에 대통령 규정짓길 이 네 가지 자유란: 언론과 표현의 자유; 신앙의 자유; 빈곤에서의 자유; 그리고 두려움에서의 자유다. 좀 있다 그해 대부분 '대서양헌장'에 포함시켰는데 이는 세계 평화를 목적한 영국과 미국 합동선언이다. 이 네 가지 자유 실질적 정치 노선 삼기엔 좀 막연하다 일부에선 비평했다.

Francem, Senater

Congressional Record–Senate, 66th Congress 1st Session, Oct. 9, 1919, pp. 6611~6612 일본 조선에서 나쁜 짓한 것 들었고 미국 1882년 한–미 조약 준수 안 한 것 탓했다.

Gale, James S. Rev.

우리 문화 다 중국 모방한 거라 단정한 글과 한영사전을 쓴 유명한 캐나다 선교사인 기일목사 그는 3·1독립만세운동 전까지만 해도 일본의 조선정책 두둔한 사람이었으나 3·1운동 때 일본의 만행보고 총독부 내무국장 Usami와 선교사들 회의 때 지난 9년 일본 조선식민지 정책 실패했다 정면으로 말했다 한다.

보라: Exhibit II

General Sherman호

미국 상선인데 1866년에 상해 떠나 대동강 상류까지 올라갔다가 평양시민의 분노 사 배에 탄 사람 전부 배와 같이 불살라졌다. 이 배 탄 사람 다 중국사람이었고 백인은 영국 선교사 Tsuy(최난헌 Thomas) 외에 세 사람 있었던 걸로 알려져 있다. 1866년 후란스 원양함대 그해 천주교 학살사건 항의코자 강화도에 왔다가 조선의 저항으로 물러갔는데 이해 다시 Tsuy 목사 이 배로 대동강까지 무리하게 올라와 그와 선원들의 폭행으로 평양시민 분노 사 불태워졌다. 이 사건 항의하기 위해 다음해 1867년 Commodore Shufeldt 충청도 당진 앞바다에 와 조선왕에게 편지로 혹시 General Sherman호 살아있는 사람 있으면 돌려 달라 한 편지에 왕 회답했다. 그런데 Shefeldt 이미 떠나고 없어 북경 미 공사 통해 미국정부에 전달했다.

이 General Sherman 사건 전모 잘 설명한 왕의 회답 영문으로 번역한 원문 Senator Sargent 그의 한국에 관한 연설 "Relation with Corea"에 언급했는데 그 원문 *Congressional Record*–Senate, Congress 45th 2nd Session, April 17, 1878, pp. 2599~2600에 실려 있다. Sargent 의원 조선 입장 두둔했는데 그 골자는 왜 남의 나라에 들어가 무리한 행위했는가 물었고, 만일 남의 나라 배 미국 내륙 한 강에 들어와 이렇게 한다면 미국 어떻게 하겠는가 물었다. 그러나 사실 조선 그들 환대했다 했다.

보라: Sargent, Senator; "Relation with Corea"

Genesis of the Korean Independence Movement, The

조선 독립운동 시작 Wilson 대통령의 민족자결론에 힘입었다 민족자결론 소개한 거다.

이는 Exhibit I "The Disturbances in Korea"의 한 부분인데 이 Exhibit I "Report on situation in Korea" *Congressional Record*-Senate, 66th Congress 1st Session, July 17, 1919, p. 2699에 있다.

Geographical position of Korea (조선의 지리적 위치)

Their geographical positions, under friendly intercourse, made them a source of strength to each other, while the fact that Korea has drawn largely upon China's population, language, religion, laws, education, arts, manner of customs, which have contributed so much to the sum total of Korean civilization.
보라: "China and Korea" p. 4

조선과 중국의 우방관계 이 두 나라 지리적 조건으로 말미암아 서로 힘입었다. 결과론 중국의 인구, 언어, 종교, 법, 교육, 예술, 예절, 풍속 전반적으로 조선문화에 공헌했다. 그때 총독부 선교사와 세 차례 회의에 참석했다.
보라: Exhibit II

Gerdine, J. L. (전요섭)

서울에 있는 남 감리교 선교사로 3·1운동 목격담 1919년 6월 16일 발표했다. Senator King 이 목격담 *Congressional Record*, Senate(pp. 4184~4185)에 인용했는데 주로 부산과 수원에서 한 일본 학살만행 보고한 거다.

Giles, William R. Mr.

북경에 있었는데 3·1운동 보고 돌아가 1919년 6월 16일에 목격담 발표했다. Senator King 그를 *Congressional Record*, Senate(pp. 4184~4185)에 인용했는데 주로 남한에서 부산, 수원에서 조선사람 학살한 일본 만행 보고한 거다.

Gillette, Guy M., Senator of Iowa

Sino-Korean Peoples League 와싱톤 대표 한길수 1943년 11월 15일 UNRRA에 낸 편지를 Appendix to the *Congressional Record* 78th Congress 1st Session, 1943, pp. A4006~5007에 "Relief of Sino-Korean People"의 제목으로 *Congressional Record*에 실어준 미 상원의원이다. 그는 또 1942년 5월 19일 한-미 조약 60주년 기념 한길수

(Kilsoo K. Haan) 라디오 연설문 "The American-Korean treaty"도 Appendix to the *Congressional Record*, 77th Congress 2nd Session, 1942, pp. A1893~1894에 실었다.

Ginseng (인삼)

Yuan smuggled red ginseng out of the country. "China and Korea" p. 16
원세개 인삼(홍삼) 밀반출

Ginseng smuggling (인삼 밀반출)

The last case of smuggling ginseng by one of these gun-boats, so far as is known occurred in October, when several thousand dollars worth of the drug were seized, the largest chest of which, was covered by the seal and signature of Commissioner Yuan. The Chief Commissioner of Customs, Henry F. Merrill, has done all in his power to break up these lawless and fraudulent practices. … The President of the Foreign Office frankly says he is powerless as against the Chinese in these matters. Even with the fraudulent treatment it has received, the Customs revenues for the year just closed amounted to the sum of $250,000 a sum which, under legitimate and fair treatment, would have been considerably increased.
보라: "China and Korea" p. 17
알려진 중국 군함으로 인삼 밀수출 최근 사건 지난 10월에 있었다. 이때 수천 달라 되는 인삼 압수했는데 이 가운데 가장 큰 상자 원세개 감독관 도장과 서명 써 덮어 있었다. 세관장 메릴 힘 다해 이 불법 속임수 밝혀내려 애썼다. … 외무성 총재도 솔직히 말하길 자기도 이 사건에 관련된 중국사람에게 말할 권한 없다 했다. 이런 속임수 밀반출 있음에도 그해 세관 수입 25만 달라나 됐는데 만일 규정대로 했다면 이보다 더 많은 수입 올렸을 거다.

Good Offices, Good Faith?

1882년 한-미 조약에 나오는 말로 이 말 해석 구구한데 한국 측은 이를 미국이 조선 침략받을 때 원조한다는 미국의 의사를 가리킨 곧, 'Intervention'으로 해석, 한국에 대한 미국의 도의적 그리고 법적 의무 있는 걸로 추궁했다. 그런데 그때 국무대신 Olney 그렇지 않다 했다 Haan Kilsoo 그의 연설에 말했다.

Good-neighbor policy in Korea, remarks of Rep. Hubert S. Ellis

보라: *Congressional Record*, Jan. 24, 1946, pp. A219~220

Grotius

국제법학자

O. N. Denny의 "China and Korea"에 나온다

Granting an increase of pensions to Allen McCall. House Bill 1511, 1907, 1p

Gronna, Senator

From North Dakota

Gulick, Sidney L. Rev.

이는 Secretary of the Commission on Relations with the Orient of the FCCCA로서 3·1운동 때 일인 탄압 진상 1919년 8월 출판했는데 5page에 이르는 그의 서문에 일본의 한국통치 지지한 말 썼는데 이는 압력에 못 이겨 쓴 거라 변명했다. Brown Pamphlet으로 출판 알려져 있는데 이 책 이름: *The Korean situation: Authentic accounts & recent events.* 보라: FCCCA Norris, p. 6822

이 사람 또 미국 친일 선교사에 관한 책도 펴냈다. 이는 *The Winning of the Far East, a study of the Christian movement in China, Korea and Japan*, (New York, George H. Doran Co., 1923, 185p)이다. 미 의회도서관 대출번호: BV400, E8. 그런데 이 책 Chapter 6 pp. 88~90에 있어야 할 "Significant movement in Korea" 빼고 없다.

미국 Federal Council of Churches of Christ in America의 총무(Secretary)였는데 3·1운동 때 조선에 있던 선교사들 보고한 일본의 만행 이 이사회 회장 William I. Haven 이름으로 발표했다. 이 보고서 전문 *Congressional Record*-Senate, 66th Congress 1st Session, July 17, 1919, pp. 2697~2717에 Senator McCormick 제안에 의해 실렸다. 또 이 보고서 "The Korean situation"이라 해 1919년 8월에 이 이사회 이름으로 출판됐다.

Haan, Kilsoo K. 한길수

재미동포로 1942년 5월 22일에 1882년 한-미 조약 60주년 기념 라디오로 연설한 사람인

데 미 하원의원 Guy M. Gillette 알선으로 의회의사록 Appendix to the *Congressional Record*, 77th Congress 2nd Session, 1942, pp. A1893~A1894에 그의 연설문 실었다. 한씨 와싱톤 주재 한-중 인민 연맹(The Sino-Korean Peoples League) 대표로 연설했다. 그 연설 담 다섯 조항이다. 1. "American-Korean treaty worth reconsideration"; 2. "United States Realistic attitude in 1882"; 3. "United States moral obligation"; 4. "Japan annexes Korea, 1910" 그리고 5. "Every where Koreans beg America for a chance to fight to Japs"

또 그는 그의 연설에서 Willard Price 말한 "조선의 교훈 동양의 미래 된단" 말 인용하면서 경고했고; 조선 미국 Florida처럼 반도이나, 땅은 Utah와 비슷한 면적 가졌다 했다. 1882년 한-미 조약 때 활동한 재중 미국공사 John Russell Young 서울서 일본공사관 불사르는 반일 폭동 일어났을 때 국무성에 전보(1882년 8월 1일) 결과로 Commander Cotton함장 Monocacy 군함 조선에 파견케 한 사건 들면서 그때 조선왕과 백성 이를 아주 환영했다 했다. 이는 한-미 조약 공포에 앞서 취한 처사였다. 그는 또 1882년 한-미 조약 한국 독립 위한 미국의 도의적 그리고 법적 의무라면서 이런 의무 저버렸기 때문에 일청전쟁(1894~1895)과 일러전쟁(1904~1905)이 일어났다 했다. 그리고 한-미 조약의 'Good offices'와 'Intervention'의 뜻 그때 국무대신 Olney 다르게 해석했지만 대한정부 'Good offices'를 'Intervention'으로 해석한다 했다. 마지막으로 한인 그들 옛 친구인 중국사람 같지 않고 또 그들 원수인 일본사람 같지도 않은 다른 민족임 지적한 담 중국에 있는 임시정부 승인할 것 미국에 호소했다. 참고로 그는 초대 상공대신 그리고 중앙대학 설립자 임영신 여사 남편이었다.

Sino-Korean Peoples League Washington Representative 대표로 그는 1943년 11월 15일서 한국을 독립국으로 유엔에 가입시켜 달라는 호소문 dmf Hon. Herbert H. Lehman, Director-General and Representative of 44 Nations, UNRRA에 제출했다. 이걸 Gillette 상원의원 Appendix to the *Congressional Record*, 78th 1st Session, 1943, pp. 5006~5007에 실었다.

Hague Peace Convention.

보라: House Joint Resolution, The. 75, 1904, 2p

Hara Cable

보라: Hara Takashi

Hara Takashi

그는 1919년 3·1독립운동 때 일본 평민대신으로 그리고 평화주의자로 알려진 일본 총리대신이었는데(암살당함), 이때 뉴욕에 본부를 둔 Commission on Relations with the Orient of the Federal Council of the Churches of Christ in America에서 한국서 일어난 일본의 조선인 학살사건에 대한 문의에 그는 그해 6월 26일 전보로 회답했다. 이 회답전문을 이 이사회 그해 7월 10일에 받았는데 이 전문에 앞으로 일본의 잘못 시정하겠다 하면서 유감의 뜻 표시했다. 그러면서 동 이사회 한국학살사건 공개 좀 보류해 달라 부탁했다. 그리고 만세사건 일년 전부터 총독정치 개선방안 연구해 논 사실도 알렸다. 그런데 이 Cable 원문을 이 이사회 의장 William I. Haven 그리고 서기 Sidney L. Gulick 이름으로 "Report on situation in Korea" 서문에 실었는데 Senator McCormick 제안으로 이 "Report"를 *Congressional Record*–Senate, 66th Congress 1st Session, July 17, 1919, pp. 2697~2698에 실었다.

보라: "Report on situation in Korea"

Hardy

3·1운동 때 총독부 내무국장과 세 차례 회의에 선교사 측으로 참석한 목사이다.

보라: Exhibit II

Haven, William I.

이 사람 본래 Secretary of the American Bible Society 또 Federal Council of Churches of Christ in America의 Commission on Relations with the Orient의 Chairman 으로 3·1 운동 때 조선에 있던 미국선교사들 보고한 일본의 만행 이 사람과 이 위원회 서기 Sidney L. Gulick 이름으로 발표했다. 이 보고서는 "Report on situation in Korea"라 해 *Congressional Record*–Senate, 66th Congress 1st, July 17, 1919, pp. 2697~2717에 Senator McCormick 의 제안으로 발표됐다. 또 이 사람 3·1운동 진상 Armstrong 목사에게서 보고 받은 세 사람 중 하나였다. 다른 두 사람: Dr. Arthur J. Brown과 Dr. Frank Mason North였다.

보라: "Report on situation in Korea"

Hawaii–House Resolution 96

이건 하와이 미 영토(territory) 상원 결의안으로 하와이를 빠른 시일 안에 미국의 한 주로 편입해 줄 것 건의한 거데 이 결의안에는 또 하와이에서 난 2세들에게 미국 시민권 주잔 안도 포함됐다. 이 결의안 1945년 4월 18일 그때 하와이 지사(Governor of the Territory of Hawaii) Ingram M. Stainback 결재했다. 그런데 이 결의안과 더불어 이른바 "Senate Concurrent Resolution 2" 있는데 여기에 한인에게 하와이 거주권 따로 주자 결의했다. 이 두 결의안 원본 *Congressional Record*-Senate, 79th 1st, May 14, 1945, pp. 4501~4502에 실었다.

Hawaii-Senate Concurrent Resolution 2

이 하와이 영토 상원 결의안은 그때 하와이 영토 지사 Ingram M. Stainback 1945년 4월 18일에 결재한 건데 이 결의안 유독 한인 2세를 위한 걸로 그들을 하와이 territory의 거주권 주자는 안이다. 그런데 이 결의안 중요한 건 미국 이민법 개정해 한인들에게 미 시민권 주자 미 의회에 건의했으며 또 이 결의안의 사본을 미국 대통령, 상・하원 의장, 내무대신과 그리고 미 의회 하와이 대의원에게 각각 따로 전달했다. 이걸 *Congressional Record*-Senate, 79th 1st Session, May 14, 1945, pp. 4501~4502에 실었다. 한인에게 시민권 주어야 된단 이유는 한인은 일본사람 미워하며 대일전쟁에 일반 미국 시민권자보다 미국을 지지하기 때문이라 했다.

His Imperial Majesty's Commissioner printed card

보라: Yuan Shih-kai

Horace M. Allen

보라: Allen, Horace M.

Horrors in Korea

"Horrors in Korea-Charged to Japan – Presbyterian church makes official report of murders and torture-Christian towns burned-investigations tell of at least 30 men done to death in a church."

이 기사는 *New York Times*, July 13, 1919에 실린 건데 3・1운동 때 조선에 대한 일본의 극단적 잔인성 독자 분개케 하고 피 끓게 할 거라면서 담 10개 항으로 소개했다. 1."Torture of political suspect", 2."Horrors in Korea", 3."The ordeal of a young patriot", 4."A missing under suspicion", 5."Many cases of torture", 6."Revolting treatment of women", 7."Christian village wiped out", 8."Horrors in Korea-Charge to Japan – only

a little disturbance", 9."Thirty killed in church", 10."The burning of Tyungju church"
보라: Presbyterian church makes official report of murder and torture
또 보라: *Congressional Record*, July 15, 1919, pp. 2597~2602

House Resolution 96
보라: Hawaii-House Resolution 96

Holderoff, J.G., Rev. (허대전)
서울에 있던 장로교 목사인데 3·1운동 때 길 가다가 일본관헌에 붙잡혀 문초받았다 했다.
보라: Exhibit II

Hulbert, Homer Bezaleel
고종황제 개인비서(Personal advisor of the Emperor of Korea)이다. Senator King 그의 연설에서 1905년 한일보호조약 때 국무대신이던 Elihu Root 고종의 밀사 Hulbert 만나기 피한 사실 Hulbert의 말 인용했다.
보라: King Senator

Hurrah for Korea
'독립만세'란 말이다.

Hyon, Sun (현순)
북미조선인민민주주의전선의 의장이다.
보라: Korean R. P. USA Branch

Independence news
3·1독립운동 때 돌린 3·1독립만세 선언문 영어로 이렇게 썼다.
보라: Presbyterian church official report of murder & torture

Independent state
보라: Definition of sovereign and independent state
또 보라: Unerring test of a sovereign and independent state

Indignities to missionaries

3·1독립만세 사건 때 일본경찰에 곤욕 치른 외국 선교사 이름 밝힌 건데 문초받은 두 사람, 감금당한 사람 두 사람, 얻어맞은 사람 한 사람이다. 얻어맞은 사람은 북경주재 영국 동양선교회 선교사로 강계에서 붙잡혔다. 그리고 선천에 있던 선교사들 집 수색 당했다 했다. 이 Exhibit I: "The Disturbances in Korea" 그리고 "Report on situation in Korea", *Congressional Record*-Senate, July 17, 1919, p. 2700에 나온다.

Inflated

보라: Yuan Shih-kai

Injustice in Korea

보라: *Congressional Record*, Oct. 9, 1919, pp. 6611~6612

International jurist

보라: Vassal sovereignty and sovereign sovereignty

Insidious conduct of China, The (중국음모)

The King knows only too well the object of the insidious conduct of China towards his country: aside from the this, he cannot be induced or intimidated into admitting a national fallacy. It is quite true that the question was forced to the front, not by the King and his advisors but by the tyranny and oppression of China largely through the conduct of Commissioner Yuan.

보라: "China and Korea" pp. 15~16

임금 조선에 대한 중국 음모의 목적 너무나 잘 알고 있다. 이건 이렇다 하고, 나라를 망치게 하는 이런 헛된 수작과 협박에 임금 말려들어 갈 수 없다. 이는 중국 강제로 일으킨 거다. 임금 또는 그의 신하들 한 것 아니라 중국 감독관 원세개 펼친 중국의 폭정과 억압에서 온 거다.

Instructions to Yuan (원세개에 보낸 이홍장 지령)

The only document which could be tortured into anything like the (*Mainichi Shinbun*) articles, is the following telegraphic instructions from the Viceroy to

Commissioner Yuan, about the 5th of November last. 1st. – "After arriving at his post the Korean representative has to call at the Chinese Legation to ask the assistance of the Minister and to go with the Korean representative to the Foreign Office to introduce him, after which he may call where he likes. 2nd. – If there happen to be festivities at the court, or an official gathering, or any dinner, or the health of someone is drunk, or in meeting together, the Korean representative has always to take lower place than the Chinese representative. 3rd. – If there happens to be any important or serious question to discuss, the Korean representative has first to consult secretly with the Chinese Minister, and both have to talk over the matter and think together: this rule is compulsory, arising from the the dependent relations. … But notwithstanding the above command the King did not "order his representatives to act accordingly." "China and Korea" p. 13
"조선공사 외국파견 세 가지 조건"이란 *마이니찌 신문* 기사, 이건 지난 11월 5일 원세개에 보낸 이홍장 전문 담 지령 곡해한 거다. 첫째: – 서울 도착하면 조선정부대표 중국공관에 와 중국공사에게 뭘 도울까 묻고 조선대표 안내로 조선 외무성에 가 자기 소개한 담 자기 맘대로 어디나 예방한다; 둘째: – 만일 궁궐에 연회, 공식 모임, 만찬, 축하연 있으면 조선대표 반드시 중국공사보다 낮은 자리에 앉는다; 셋째: – 만일 중대한 외교문제 생기면 조선정부대표 먼저 비밀리에 중국공사와 의논한다; 이는 속국으로서 꼭 지켜야 할 필수 규칙이다. 그러나 조선임금 이 규칙 따르라 지시 안 했다.

Internal sovereignty

보라: Definition, sovereignty and independence

International intercourse, annals

보라: Yuan's conduct

International jurisprudence

보라: Definition of sovereign and independent state

또 보라: Wheaton, Henry

International law

보라: Wharton's (Francis)

J. P. Morgan & Co.

1922년 3월 21일 Senator King 연설에 그때 국무대신 Elihu Root와 또 차관이었던 Robert Bacon 한국 불행 장본인이라 비난했다. Bacon 그때 미국 금융계의 총수였고, 미국의 경제 도탄에 빠지게 한 J .P. Morgan 회사의 일원이라 했다.

보라: King, Senator

Jaisohn, Philip (서재필)

1922년 와싱톤에 있던 Korea Mission의 Vice Chairman으로 있었다. Chairman은 Syungman Rhee.

보라: Korea Mission

James River

보라: "Relation with Corea", 1878, Speech by Senator Sargent

Japan Advertiser, April 28, 1919

3·1운동 때 기독교인촌 불타 없애 버렸단 기사 동경서 발간된 이 영자신문에 담 제목으로 보도됐다. "Christians murdered and burned by Japanese soldiers." 이 기사에 경기도 부원 근방 팔단에서 기독교인촌 불에 탄 H. H. Underwood 목격담 실었다.

Japan–Korea treaty of February 1876

보라: Declaration of Independence of Korea

Japan's iron policy in China

보라: *Congressional Record*, Oct. 13, 1919, pp. 6796~6797

Japan's 21 demands

보라: *Congressional Record*, Oct. 13, 1919, pp. 6800~6804

Japanese atrocities in Korea

보라: "Report on situation in Korea"

또 보라: Senator Norris

Japanese cherry tree

보라: Korean cherry tree

Japanese Colonial system, The

일본의 식민정책 독일식(Prussian)이요, 영국식이 아니라면서 가혹한 무단정책으로 인권 무시한 정책이라 했다. 고문과 착취를 일삼고 조선은 일본사람에겐 천국이라고 했다. 이 제목 Exhibit I: "The Disturbances in Korea"의 한 부분인데 이는 "Report on situation in Korea"로 *Congressional Record*–Senate, 66th Congress 1st Session, July 17, 1919, p. 2698에 실려 있다.

보라: Exhibit I

Japanese cruelty in Korea. *Congressional Record*, June 30, pp. 2593~2597

Japanese Reform Tendencies

1918년 9월에 일본 평민내각 Hara 총리되자 조선 무단정치에서 문인정치로 바꿀 계획할 때 3·1독립만세 터졌다 했다.

이 제목으로 Exhibit I: "The Disturbances in Korea"에 실려 있는데 이 Exhibit "Report on situation in Korea", *Congressional Record*–Senate, 66th Congress 1st Session, July 17, 1919, p. 2698에 실려 있다.

보라: Exhibit I

Jennings, Ralph H.

Kansas city에 있는 The First Presbyterian Church 목사인데 그는 1943년 5월 13일 편지로 Senator Capper에 한국 임시정부 승인 "Resolution 49" 상원에 내달라 요청한 사람이다.

보라: "Recognition of Provincial Gov't of Korea"

Joint Resolution S.R. No.24

상하원 공동결의안으로 상원의원 Sargent 제안한 건데 그의 연설에 조선은 1876년 조-일 조약으로 완전 독립국으로 승인받았다고 한 담 미 대통령에게 조선과 한-미 우호조약 맺는 권한 부여하자 했고, 이 권한 대표하는 변무관을 임명, 일본 도움받아 통상조약 체결할 것 종용했다.

이에 필요한 경비 5만 불 지출코 또 필요하다 인정되면 다른 비용도 예산에서 부담한다 했다. 또 이때 조선인구 1천 2백 만에서 2천 만이 된다 했고 이와 같이 인구 많은 나라이니 그 중요성 크다 했다.

이 "Resolution" Sargent 의원 연설인 "Relation with Corea"(April 8, 1878)에 실려 있고 이 건의안을 상원 외교분과위원회(Committee on Foreign Affairs)에 보내기로 동의했다 그해 4월 17일 같은 연설 마지막에 지적했다.

보라: *Congressional Record*-Senate, Vol.7, Rt 3 45th Congress 2nd Session, April 8, 1878, p. 2324

또 보라: "Relation with Corea" and Sargent, Senator

Kalnoky, M.

Austro-Hungarian Minister of State이었는데 O. N. Denny 논문 "China and Korea"에 인용했다. 그는 이제 19세기에 조공국(Vassal) 말하는 건 시대착오라 "A vassal state in the nineteenth century is an anachronism" 했다.

Kang, Yong Ie (강용예)

경기도 덕산 사람으로 36살이었는데 3·1운동 때인 3월 25일 덕산서 독립만세 부를 때 거리에서 다리에 총 맞아 다리가 부러졌다 했다. 세브란스에서 치료받았다.

보라: Duksan

Kanggye (강계)

영국 동양선교회 목사 John Thomas 3월 20일 만세사건 때 잡혀 일본사람에게 많이 얻어맞은 곳이다. Thomas 자신 보고서 "Exhibit VI"에 실려 있는데 여기에 강계 일본 이름으로 Kokei라 했다.

보라: Exhibit VI

Kewts

보라: Ta-Fung

Kim, Diamond (김강)

조선민족혁명당 미국지부 Chairman으로 1943년 2월 13일에 Senator Gillette에게 "Korean Student Bill"과 "Senate Resolution No.91" 제출해 줌에 감사 편지 냈다.

보라: 조선민족혁명당 미국지부

Kim, Kuk (김국)

북미조선인민민주주의전선 서기

보라: KRPUSA Branch

Kim, Kwang Un (김광운)

72살 난 황해도 안악 사람이었는데 5~6백 명에 끼어 3·1운동 때 독립만세 불렀다. 그곳 헌병대장 욕하면서 해산 요구했으나 듣지 않았다 했다. 군중이 몰려 일본 대장에게 대들면서 왜 사람을 때리는가 항의했고 미리 잡혀간 사람 내놓으라고 요구했다. 이때 일본과 조선헌병 각각 총 쏴 세 사람 죽고 20여 명 부상당했다 했다. 이래 군중 돌 던져 헌병 담 뒤에 숨어 계속 총을 쐈다 했다. 이때 이 노인 어깨에 총 맞아 부상당해 서울로 가 치료코자 진남포 갔으나 잡혀 고문당하고 얻어맞고 일본 병원에 가라 했으나 안 갔다 했다. 세브란스에 와서 치료받았다. 예수교인이었다고 한다.

보라: Exhibit VII

Kim, Nam San (김남산)

경기도 파주에 산 27살 청년으로 Kong Ung(어딘지 모르겠다) 3·1운동 때 장터에 갔는데 벌서 천여 명 모여 독립만세 불렀다 했다. 이때 26명의 일본순사와 2명의 조선순사 진압차 왔는데 일본순사 총 쏴 네 사람 죽고 이 사람 포함 세 사람 부상당했다 했다. 이 사람 어깨에 총 맞아 쓰러졌다. 자기는 종교와 관계없다고 했다. 세브란스에서 치료받았다.

보라: Exhibit VII.

Kim, Ok Kiun (김옥균, 1851~1895)

O. N. Denny 그의 "China and Korea"에 청나라 특사 원세개 일본에 망명한 김옥균의 양도 일본에 끈질기게 요구했다면서 김옥균 임금 모반한 모략 꾸몄다 했다.

Kim, Won-bong (김원봉)

해방한 담 서울에 세운 인민공화당 위원장이었다. 이 당의 전신 조선 민족혁명당(중국 남경에 있던)이었다.

보라: 조선민족혁명당 미국지부

Kim, Yong-Nok (김영록)

북미 조선인민 민주주의전선 부의장

보라: KRPUSA Branch

King deserves the sympathy. The (임금 마땅히 동정받아야 함)

Those who are in sympathy with Western progress are, as a rule, without influence or following, while those who possess both adhere to the traditions of the past with a loyalty worthy of better things. Under these circumstances the King of Korea surely deserves the sympathy and support of all good people.

보라: "China and Korea" p. 23

"서양 진보에 찬성한 사람들 다 영향 못 끼쳤고, 그들 따르는 사람도 없다. 이와 반대로 지나간 관습 고집하는 사람들에겐 더 좋은 걸로 보답된다. 이런 현실이므로 왕도 어찌할 수 없다. 동정할 뿐이다."

King, F. H. Dr. Science

1911년 *Farmers of 40 centuries or permanent agriculture in China, Korea and Japan*란 책 쓴 사람이다. 본래 위스칸신대학 농과교수로 미 정부 농림성 토양관리국장이었는데 그가 쓴 위의 책 *Congressional Record*-Senate, 67th Congress 2nd Session, July 8, 1922, pp. 10072~10074에 인용했다. 그 당시 이 세 나라 낮은 농업생산, 임금, 그리고 농사사정과 농민생활 썼다. 조선에 관해선 따로 쓰지 않고 일본과 중국 말하면서 곁들여 말했다.

King, far strong. The (임금 강직)

His Majesty is far too strong in character to suit those whose purposes it serves not to have it so. It must be borne in mind also that His Majesty has no kingdom to gain through an arrogant exhibition of strength, but he has one to lose through an exhibition of weakness or fear.

보라: "China and Korea" p. 23

"임금 강직 않단 소문 낸 사람들 말에 맞지 않게 폐하의 성격 아주 강직하다. 또 알아둘 건 폐하 자신 자기 권력 거들먹거려 이익될 것 없고 그리고 나약함과 겁 나타내 얻을 것 없는 것 안다."

King ignored the three compulsory rule

보라: Instructions to Yuan

King knows the insidious conduct of China

보라: Insidious conduct of China

King, Samuel W.

하와이 미 의회 상원의원으로 1942년 2월 27일 와싱톤 디씨 Lafayette Hotel에서 열린 Korean Liberty Conference에서 한국 위해 연설했다. 그는 이승만 박사와 친구라 말하면서 하와이에는 이때 2000명 한인과 5000명 미 시민권자 한인 살고 있다 했다. 그러면서 일본의 야욕 자기 안다면서 한인 동정하는 연설했다. 그는 이 연설에서 이 회의 하와이 대표인 Dr. Pyeng Yo Cho와 Mr. Won Soon Lee 참석 못했음 유감으로 생각한다 했다. 그의 연설 하원의원 John M. Coffee 의원 소개로 의사록에 실렸다.

보라: Appendix to the *Congressional Record*, 77th Congress 2nd Session, May 1942, pp. 1817~1818

1922년 3월 21일 상원에서 한일보호조약 때 국무대신이던 Elihu Root 일부러 조선을 일본에 먹히게 한 장본인이라 고발했다. King 규탄한 긴 연설했다. 뿐만 아니라 Root "1882년 한-미 조약 없던 걸로 한다" 일본에 말했다 했다. 일본 3·1운동 때 평양과 수원 등에서 기독교인 포함 조선사람 학살한 사실 등 일일이 보고했고 또 그때 일본과 중국에 있던 미국 선교사들의 평 인용(Rev. Edward W. Thwing의 말 인용)하면서 조선사람들 이런 조직력과 용기와 지력 있는 줄 전에 몰랐다 하면서 3·1운동 칭찬했으며; 그리고 일본에 있던 선교사(Rev. Albertus Pieters) 그의 글에서 일본 냉혈적으로 고의적으로 조선인 학살 짓 규탄했는데 특히 그는 일본사람들의 도덕적 책임감 물었다. 그러나 일본 사람 누구 하나 일본의 만행 규탄하지 않았다면서 남의 나라에 못할 짓 한 것에 대한 일본사람 무감각 규탄했다(p. 4186). 이 연설 전문 *Congressional Record* –Senate, 67th Congress 2nd Session, March 21, 1922, pp. 4182~4186에 실려 있다. 또 이 King 연설에 Henry Chung의 *The Ease of Korea* (Gleming H. Revell Co.) 인용했다.

King, weak and vacillating, The (임금 나약 우유부단)

Upon this point, two years' experience as His Majesty's Foreign Advisor and Vice President of the Home Office (Privy Council) should enable me to speak advisedly; for during that time some of the most trying phases of the Korean problem have presented themselves for solution, and through them all the King has shown a firmness, cheerfulness and patience worthy of a ruler of a great nation. Often his language and bearing have indicated great anxiety but never weakness or anger. … the ministers were ordered to leave for their respective post, against the ultimatum of the Pekin Government and the positive conditions prescribed by the Viceroy, as well as in the face of the blustering conduct and diplomatic antics of Commissioner Yuan, supplemented by the persistent efforts of a few cowardly Korean officials, whose well-beaten track between the palace and the Chinese legation indicates the character of their patriotism as well as their devotion to their King.

보라: "China and Korea" p. 23

"이 문제에 한한 내가 폐하의 외교고문으로 그리고 내무성(중추원) 부총재로 지난 2년 동안 재직했기에 분별 있게 말할 수 있을 것 같다. 왜냐면 이 기간 조선문제 해결책 제의된 가장 시련기로 이때마다 어느 강대국 통치자 못지않게 임금 확고부동, 기운찬 그리고 인내심 보였다. 때론 임금의 말과 태도에 근심 나타냈으나 결코 나약해서 아니었고 또 분노하지도 않았다. … 이홍장의 분명한 최후통첩 있음에도 그리고 원세개의 야단 법석 대는 그의 망칙한 외교 광대 짓 눈앞에 두고 거기다 중국 공사관 드나들며 끈질기게 수작하는 몇 비겁한 조선관리와 중국정부 위협 무릅쓰고 공사 임지에 부임토록 명했다."

King was threatened repeatedly

보라: Yuan threatened the King

King's habit, The (임금 습성)

His habits are those of perfect sobriety and industry, and being progressive in his nature, he is constantly seeking information which will aid him in directing his subjects into those paths that lead to the higher plains of civilization which have done so much to humanize and Christianize the Western World.

보라: "China and Korea" p. 23

"임금습성 천성으로 더할 나위없이 절제, 근면, 진보적이다. 그는 백성을 문명된 높은 경지로 이끄는 데 도움될까 늘 지식을 구한다. 마치 서양을 더 고상하게 기독교화한 것처럼."

King's kindness, The (임금 다정다감)

The King's character for universal kindness may have been mistaken for weakness. Even some of his subjects say His Majesty is too kind for the good of the public service.

보라: "China and Korea" p. 23

"임금의 성격 다정다감 이를 두고 나약하다 오해 산 것 같다. 백성들 가운데도 공익장사에 너무 후하다고도 한다."

King's letter to the US President, May 15, 1882, The (조선왕 미 대통령에 보낸 1882년 5월 15일 편지)

The following is a correct translation of the King to the President of the U.S.: "His Majesty, the King of Chosen, herewith makes a communication. Chosen has been, from ancient times, a state tributary to China, yet hitherto full sovereignty has been exercised by the Kings of Chosen in all matters of internal administration and foreign relations."

보라: "China and Korea" p. 9

이 편지 정확한 번역 담과 같다. "조선왕 담과 같은 편지 씁니다. 오랜 옛적부터 조선 중국조공국가였습니다. 그러나 내정과 국제교류에 관한 모든 일에 있어 역대 조선왕 완전 주권 행사했습니다."

King's letter (Memorial) to the Chinese Emperor, The (중국 황제에 보낸 조선 왕 편지)

The trouble seems to arise from this: the language used by the King to express his tributary relations, is persistently and erroneously interpreted to mean vassal relations by China and her supporters.

보라: "China and Korea" p. 15

"문제 여기서부터 시작한 것 같다. 임금 한 말 가운데 조공관계 비췬 것 중국 측과 이의 추종자들 속국관계 말한 걸로 끈질기게 그리고 틀리게 해석한다."

Knox, Senator

1921년 12월 13일 *New York Herald editorial*에 미국의 대한 정책과 한국에서 1912년 공관 철수한 것 큰 잘못이라 지적한 Knox 의원 연설 *Congressional Record*–Senate, 66th Congress 3rd Session, Dec. 13, 1921, p. 252에 실었다.

Ko, Myen Man (고면만)

황해도에 살던 25살 청년인데 3·1운동 때 3월 23일 자기 군청소재지에 가 몇백 군중과 군청 앞에서 독립만세 불렀다 한다. 이때 일본헌병과 순사가 몽둥이를 휘둘러 군중을 쳤고 또 총 쏴 적어도 세 사람 죽고 20명 이상 부상당했다 했다. 이 사람 이때 허벅다리에 총 맞았는데 일본사람 병원에 가는 것 거절 그 담날 24일에 세브란스 병원에 가 치료 받아 효과 있다고 했다.

보라: Exhibit VII

Kokei

강계의 일본말

보라: Kanggye

Kong Ung

경기도 파주 근방 장 서는 곳이라 했는데 어딘지 모르겠다. 여기서 3·1운동 때 천여 명 모여 독립만세 불렀고 네 사람 죽고 세 사람 부상당했다 했다.

보라: 파주

Koo, Nak Saw (구낙소)

신원 알려지지 않은 사람인데 3·1운동 때 사지가 찢어지도록 심한 부상을 받아 세브란스 병원에서 치료받았으나 죽고 말았다 했다.

보라: Exhibit VII

Koo, Chun Myun (구춘면)

34살 난 농부였는데 3·1운동 때인 3월 27일 6백 넘는 군중에 끼어 경기도 광주읍에서 만세 불렀다 했다. 이때 일본헌병이 쏜 총에 세 사람이 죽고 많은 사람 부상당했다 했다. 이 사람 총에 맞아 턱 떨어져 나갔다 했다. 세브란스 병원에서 치료받았다.

보라: Exhibit VII

Korea a nation of helpless children

보라: Yuan's scheme

Korea and Japan (on agriculture), by F.H. King

보라: *Congressional Record*, July 8, 1922, pp. 10072~10074

Korea and the Crisis in the Orient

Extension of Remarks of Hon. John M. Coffee of Washington in the House of Representatives. Thursday, May 21, 1942.

보라: Appendix to the *Congressional Record*, 77th Congress 2nd Session, pp. A1877~1878

이것은 Coffee 의원 세 번째 그리고 한국에 대한 마지막 연설이다. 여기 1942년 2월 27일 와싱톤 디씨에서 열린 The Korean Liberty Conference에서 한 연설 실은 건데 여기 이승만 박사 연설문도 포함돼 있다.

보라: 각 항

Korea Extension of Remarks of Hon. John M. Coffee of Washington in the House of Representatives, Tuesday, May 19, 1942

여기 Coffee 의원 두 번째 연설 실은 거다. 여기에 1942년 2월 27일 와싱톤 디씨에서 열린 The Korean Liberty Conference에서 Samuel W. King 하와이 대의원의 연설문도 실려 있다.

Korea has long been Vassal state

보라: Preamble to the treaty of the Overland trade

Korea Mission to the Conference on the Limitation of Armament

Washington, D.C.에 있는 Continental Trust Building에서 Jan. 25, 1922에 열린 세계군축회의(Conference on the Limitation of Armament)에 조선의 독립 호소하기 위해 이 기구 조직됐다. 이 'Korea Mission' 호소문 전 Senator Thomas(Colorado) 의원 등 서명했는데 이를 Senator Norris 의회의사록 *Congressional Record*–Senate, 67th Congress 2nd Session, Jan. 26, 1922, pp. 1747~1748에 실었다. 이 Mission 임원으로 Chairman: Syungman Rhee; Vice Chairman: Philip Jaisohn; Secretary: Henry Chung; Counselor: Fred A. Dolph; Special Counsel: Charles S. Thomas. 또 이 Mission 1922년 2월 10일자로 한민족에게 보내는 Mission의 메세지 원문 전부 Senator Norris 의원 제안으로 *Congressional Record*–Senate, 67th Congress 2nd Session, Feb. 26, 1922, pp. 3057~3058에 실었다.

이 '메세지' 세 번이나 이 군축회의에 보냈건만 반응 없었다 했고 일본에 사실상 동양의 실권 내준 이 군축회의 원망했다. 그러나 조선민족 굴하지 아니할 거라 했다. 또 마지막 진정서에 한국 본토 52단체 이 Mission에 보낸 Memorandum도 100부나 번역해 돌렸다고 했다.

Korea needs Chinese guardian

보라: Yuan's scheme

Korea never learn business

보라: Yuan's scheme

Korea, remarks of Rep. R. Walter Riehlman

보라: *Congressional Record*, Feb. 26, 1947, pp. A745~746

Korea, remarks of Rep. Thomas J. Lane

보라: *Congressional Record*, Aug. 8, 1948, p. A5115

Korea Republic

1919년 3・1운동 이후 미국에 조직된 기구인데 조선에서 한 일본의 만행 Norris 의원에게 보고했다.

보라: Norris, Senator

Korea's appeal to the Conference of Limitation of Armament

보라: Senate Document, No. 109, 1921, 22p. LCS.7989

Korea's road back-to peace, remarks of Rep. Clare B. Luce

보라: *Congressional Record*, July 29, 1946, pp. A4579~4580

Korea-American Council

이승만 박사가 주관한 The United Korean Committee와 공동으로 와싱톤 디씨에 있던 기관이다. 조선 임시정부 미국 승인 호소하기 위해 Korean Liberty Conference 1942년 2월 27일 개최했다. The United Korean Committee와 다른 점은 이 기구 한인과 미국인으로 구성된 단체라고 이승만 박사 이 Conference에서 밝혔다.

보라: Coffee, John M.

또 보라: 각 항

Korea-China treaty article 1

보라: Yuan continues the representative of China to Korea

Korea-Extension of Remarks of Hon. William P. Lambertson of Kansas

한 30년 동안 중국에 있는 Baptist College at Shanghai 총장으로 있었고 이때 (1943년) Upland, Calif에 사는 Frank J. White이란 목사 Lambertson 의원에게 한 편지를 Appendix to the *Congressional Record*, 78th Congress 1st Session, 1943, p. A1455에 실었다. 이 편지에 Hugh Byas라는 전 주일 미국기자 말한 한인은 자치할 능력 없다 한 건 사실 다르다면서 그 증거로 조선 정부는 일본보다 더 안정된 긴 역사 있다 반박한 편지다. Byas는 말하길 전쟁이 끝난(2차 전쟁) 담 조선은 자치할 능력 잃었다 했다. 그런데 이 Byas의 기사 어디에 났나 알리지 않았다.

보라: House of Representatives, Friday, March 26, 1943

Korea–Japan treaty of February 1876

보라: Declaration of Independence of Korea

Korea–Manchu treaty

보라: Tributary treaty of 1636

Korean appeals for independence, by Syngman Rhee

보라: *Congressional Record*, Feb. 26, 1922, pp. 3057~3058

Korean appeals for independence, by Syngman Rhee

보라: *Congressional Record*, Jan. 26, 1922, p. 1747

Korean Cherry tree

이승만 박사가 1943년 4월 8일 '대한공화국' 24주년 American Univ. 행사 때 한국 '벚꽃'을 이 대학에 심으면서 와싱톤에 심은 일본 벚꽃 본래 한국에서 간 거라 주장했다. 이때 하원의원 John E. Rankin 와싱톤에 심은 벚꽃 이름을 Japanese Cherry tree라 말고 Korean Cherry tree로 이름 고쳐야 한단 'Resolution' 의회에 냈다. 'Sakura'의 본산지 한국이라 일본 '백과사전'에 쓰여진 사실 이승만 박사 그의 연설에서 말했다. Rankin 의원 이 박사 이 연설을 Appendix to the *Congressional Record*, 78th Congress 1st, 1943, A3286~3287에 "Korean Cherry trees"란 제목으로 실었다. 참고로 1931년도판 *대일본백과사전*(동경, 평범사) 찾아보니 '사꾸라'의 원산지 불능도라 했다. 이익(1681~1763) *성호사설*에 본래 한국에는 없었다 했다는데 아마 우리나라 본토에는 없었던 꽃 아니었나 한다.

Korean Cherry Trees–Extension of Remarks of Hon. John E. Rankin of Mississippi in the House of Representatives, Monday, June 28, 1943

Rankin 의원 1943년 4월 8일 '대한공화국' 설립 24주년 기념식 때 와싱톤에 있는 American University에서 한 이승만 박사 연설을 Appendix to the *Congressional Record*–1943, A3286~3287에 실었는데 그 가운데 와싱톤에 심은 'Sakura' 본래 한국에서 일본으로 건너간 것이므로 이를 Korean Cherry라고 해야 한다면서 Japanese Cherry라 말고 Korean Cherry라 고치자 "Resolution" 의회에 제출했다.

보라: *Congressional Record*, June 28, 1943, pp. A3286~3287

Korean Commission

1942년 2월 27일에 와싱톤에서 열린 The Korean Liberty Conference에서 한 이승만 박사 연설에 자기 이 단체 대표로 연설한다 했다.

보라: 각 항

Korean Congress, The

Philadelphia에 본부를 뒀는데 이 기구 1919년 4월 14일 날짜로 미 정부에 일본의 만행 규탄하고 조선독립 청했다. 그 원문 *Congressional Record*-Senate, 66th Congress 1st Session, Oct. 9, 1919, p. 6612에 있다.

Korean election, remarks of Rep. Walter H. Judd

보라: *Congressional Record*, March 9, 1948, p. A1494

Korean first mission abroad (조선 첨 외국사절)

The King appointed a Minister to Japan Min Yong-jun, and afterwards the plenipotentiaries to Europe and America Sim Sang-hak and Pak Chong-yang, in order.

보라: "China and Korea" p. 12

일본 공사 민영준, 전권공사 유럽과 미국 각각 심상학과 박정양 순이다.

Korean geographical position (조선 지리적 조건)

Their geographical positions, under friendly intercourse, made them a source of strength to each other, while the fact that Korea has drawn largely upon China's population, language, religion, laws, education, arts, manner of customs, which have contributed so much to the sum total of Korean civilization.

보라: "China and Korea" p. 4

중국과 조선 지리적인 우호관계 서로 힘입었다. 중국이민 그리고 그들의 말, 종교, 법률, 교육, 예술, 예절과 풍속 중국에서 많이 받아들여 조선 문화 전반에 걸쳐 많이 공헌했다.

Korean Government denied vassalage (조선 속국설 부인)

"One of the most careless and inexcusable assertions in relation to this question is the one that the Korean Government admit vassalage without any qualifications whatever, for nothing is further from the truth. … His Majesty emphasized … his denial of this fallacious statement."

보라: "China and Korea" p. 12

"조선 속국문제에 가장 부주의하고 용납할 수 없는 주장의 하나 조선정부 아무 이의 없이 속국 받아들였단 거다. 이는 사실과 동떨어진다. … 폐하께서 이 터무니없는 설 강력히 부인하셨다."

Korean immigration and naturalization committee's views outlined by Walter Jhung, remarks of Rep. Joseph R. Farrington

보라: *Congressional Record*, June 7, 1948, p. A3592

Korean Liberty Conference, The

1942년 2월 27일 이승만 박사 주재한 Korean-American Council 주최로 The Korean Liberty Conference 와싱톤 디씨에 있는 Hotel Lafayette에서 열었다. 이 회의에 와싱톤 주 하원의원 John M. Coffee와 American대학 총장인 Douglass 박사 연설했는데 이 연설에 조선임시정부와 이 정부 정식대표 이승만 박사임 승인해 달라 호소했다. 그런데 이 회의에 참석한 이승만 박사 연설에는 (보라: Appendix to the *Congress Record*, 77th Congress 2nd Session, May 21, 1942, pp. A1877~1878) 이 회의 The United Korean Committee와 Korean-American Council의 공동주최라면서 이 두 기구 공동으로 미국에 대한공화국 임시정부 승인 요청했다.

보라: 각 항

또 보라: Douglass & Coffee

Korean Mission to the Conference on the Limitation of Armament Petition

이 '진정서' Korean Commission(와싱톤 디씨에 있었음) Chairman 이승만 1922년 1월 와싱톤에서 열린 세계군축회의(Conference on Limitation of Armament)에 낸 건데 이 회의에 참가한 미국대표 이와 비슷한 진정서 이미 냈으나 아무 반응 없어 그걸 다시 교정 각국 대표에게 낸 거다. 골자: 이 회의에 한국의 입장 호소할 수 있는 기회 달라 한 거다. 이 진정서에 중국 산동성 일본 지배와 시베리아에 대한 의정 택했음에도 이보다 더 긴박한 한국문제는 왜 들어주지 않는가 하고 호소했다. 이 진정서 원문 Senator Norris *Congressional Record*, 67th Congress 2nd Session, June 26, 1922, pp. 1747~1748에 실어 소개했다.

1922년 2월 20일 이 문서 1922년 정월에 와싱톤에서 열린 군축회의에 한국문제 상정건 미국과 회의국에 세 번이나 냈으나 다 실패한 사실 이 회의가 끝나자 그 경과 동포들에게 알리기 위해 Korean Mission 이름으로 보낸 거다. 이 원문 Senator Norris *Congressional Record*에 실었다.

보라: Korean Mission to the Conference on the Limitation of Armament

Korean National Revolutionary Party

United States of America Branch, 곧 LA에 본부 둔 조선민족혁명당 미국지부(KRPUSA Branch)인데 이 Party 이름으로 1943년 2월 12일 Senator Gillette에게 감사문 보냈다. 그 내용: 이른바 Senator Gillette의 "Korean Student Bill"로서 1941년 12월 7일 이전에 도미한 한국 유학생 추방을 막았고 또 "Senate Resolution No.91" "Atlantic Charter"를 미국 채택토록 한 것에 대한 감사 편지다. 이 편지에 서명한 사람: Diamond Kim, Chairman; Lowell Kwahk, Secretary; D.S. Shynn, Political Council Chairman; James Penn, Public Relations Chairman; N.Y. Choi, Treasurer다. 그런데 이 정당 1937년 중국 남경에서 결성된 조선민족혁명당인 것 같고(*조선년감* 1947, p. 332); 해방한 담 서울에 와 인민공화당(*조선년감* 1948, p. 442)으로 바뀌고 그 위원장은 김원봉이었다. 그런데 또 미국에 사는 1945년 12월 북미 조선인민 민주주의전선 결성됐는데 이 조선민족혁명당과 그 취지 비슷하다. 그러나 그 임원진 달라 이 두 단체 어떻게 다른가 모르겠다. *조선중앙년감*(1950, p. 257, 평양) 보면 이 전선의 간부 의장 현순; 부의장 김영록; 서기 김국; 중앙위원 변준호, 리사민, 박상엽 외 15명이라 했다. 이분들 한국전쟁 일어난 해(1950)부터 미국 FBI에서 수사받아 재판에 회부됐고 박상엽씨 월북한 걸로 안다.

Korean officials threatened the King

보라: Yuan threatened the King

Korean partition develops torchy fuze to new war, remarks of Rep. George H. Bender

보라: *Congressional Record*, June 24, 1947, p. A3282

Korean Provisional Government

1942년 2월 27일 와싱톤에 있는 American대학 총장 Korean Liberty Conference에서 연설하면서 미국 이승만 박사를 이 임시정부 정식대표임 승인해 줄 것 호소했다.

이 회의에서 마지막 연설한 이승만 박사 이 임시정부를 The Provisional Government of the Republic of Korea라 했다. 중국 장개석처럼 미국 이 임시정부 승인해 달라 요청했고 이래야 2,300만 조선동포에게 용기 주며 또 이래야 무기를 가지고 떳떳이 일본과 싸울 자격 갖춘다 했다.

보라: Coffee, John M.

또 보라: 각 항

Korean question-statement of Fred A. Dolph, The. Counselor of the Public of Korea, submitted to the Senate by Senator Spencer

보라: *Congressional Record*, Sept. 19, 1919, pp. 5595~5608

Korean situation: Authentic accounts of recent events, The

이 책 Sidney L. Gulick 이름으로 105 East 22d St. New York에 본부 둔 Commission on Relations with the Orient of the Federal Council of the Churches of Christ in America(Gulick 이 위원회 Secretary)서 1919년 8월 출판했다(125p). 25￠. 이는 3·1독립운동 때 일본의 만행 기록한 미국 선교사들의 보고서인데 이걸 McCormick 상원의원 제안으로 *Congressional Record*-Senate, 66th Congress 1st Session, July 17, 1919, pp. 2697~2717에 실었다.

보라: "Report on situation in Korea"

그런데 이 commission의 총무 Sidney L. Gulick 이 책 서문(p. 5)에 자긴 이 책 출판 안 하려고 했는데 압력에 못 이겨 했다고 한다(이 책에 Brown Pamphlet로 알려있다). 여자 옷 벗기고 고문한 일본의 만행 등 Senator Norris *Congressional Record*에 소개했다. pp. 6822~6825

Korean Student Bill

Senator Gillette 1941년 12월 7일 이전에 미국에 온 한국 유학생 추방 방지코자 낸 안이다. 왜냐면 이때 한인 일본인으로 등록됐고 일본정부 여권 갖고 있기에 원수나라 백성으로 취급된 것 방지한 안이다. 조선민족혁명당 미주지부 Senator Gillette에게 1943년 2월 13일 감사문 보냈다.

보라: 조선민족혁명당 미주지부

Korean-American Treaty of 1882

보라: 한미조약

Koreans lack training, unready for self-rule, remarks of Rep. George H. Bender

보라: *Congressional Record*, June 24, 1947, pp. A3330~3331

Kwahk, Lowell

조선민족혁명당 미국지부 Secretary였다.

보라: 조선민족혁명당 미국지부

Lafayette Hotel

와싱톤 디씨에 있던 호텔로 1942년 2월 27일 Korean Liberty Conference 이곳에서 가졌다.

보라: Korean Liberty Conf.

Lambertson, William P. of Kansas in the House of Representatives

Lambertson 의원 Frank J. White 목사가 자기에게 보낸 1943년 3월 9일 편지를 "Appendix to the *Congressional Record*", 1943, p. A1155에 실어줬는데 내용은 White 목사 조선사람은 자치할 능력 없다 한 Hugh Byas를 반박한 거다.

보라: 각 항

Lansing-Ishii agreement, The

보라: *Congressional Record*, Oct. 13, 1919, pp. 6798~6800

Law of nations, The

미국 공법학자 Henry Wheaton 쓴 책인데 조선 국제법상으로 완전 독립임을 증명키 위해 Senator Mitchell 그의 연설에 이 책 참고했다.

보라: *Congressional Record*-Senate, 50th Congress 1st Session, Aug. 31, 1888, pp. 8135~8140

또 보라: Wheaton, Henry

또 보라: Vassal or dependent relations

League of Nations

Norris 상원의원 그의 연설에 그때 대두된 국제연맹에 미국 가입문제로 연설하면서 만일 미국이 가입조약을 맺게 되면 독일관할이었던 중국의 산동성을 일본에 양도 허락해주는 거며 뿐만 아니라 미국의 일부 자주권을 국제연맹에 양도하는 결과 가져오며, 또 금지된 국제비밀외교 방법을 부활시키는 결과된다 했다. 왜냐하면 영국과 후란스 비밀리 일본과 협약코 산동성을 일본에 주고, 후란스 독일이 점령한 Alsace와 Lorraine을 찾고, 영국 Equator 이남 차지한다는 거다. 이와 같이 소위 문명한 나라들 잔인하게 약한 나라를 나눠 가진다면서 국제연맹 부조리 지적했다. 그리고 Norris 의원 1919년 3・1 운동 때 일본 조선서 저지른 잔악한 탄압 열거하면서 똑같이 중국에서도 이와 같은 짓 할 거라 했다(만일 미국 국제연맹 가입하면 이런 국제 부조리를 승인하는 거라 했다). 이에 관한 그의 긴 연설 *Congressional Record*-Senate, 66th Congress 1st Session, July 15, 1919, pp. 2593~2602에 있다.

Lee, Won Soon

하와이 한인으로 1942년 2월 27일 와싱톤 디씨에서 열린 Korean Liberty Conference에 참가 못한 것 하와이 대의원 King(Samuel) 유감이라 말했다.

보라: King, Samuel W.

Lehman, Herbert H.

그는 UNRRA Director-General였는데 Sino-Korean Peoples League 와싱톤 대표 Kilsoo K. Haan 1943년 11월 15일 호소문 이 사람에게 보내 한국을 독립국으로 유엔에 가입시켜 일본과 싸우게 해 달라 했다.

보라: 각 주

Letter from Rev. Ralph H. Jennings

Kansas City에 있는 The First Presbyterian Church 목사인 Jennings씨 1943년 5월 13일 Senator Capper에게 한 편지다. 이 편지에 "I would urge you to enact 'the Resolution 49' providing for the recognition of the Provisional Government of Korea"라면서 "대한 임시정부 승인 결의안 49"를 내주도록 건의했다.

이 편지 Coffee 의원 소개로 Committee on Foreign Relation으로 Refer됐고 *Congressional Record*-Senate, 78th Congress 1st Session, May 27, 1943, p. 4912에

담 제목으로 실었다.
보라: Recognition of Provisional Government of Korea-Letter from Rev. Ralph H. Jennings

Letter from the Korean National Revolutionary Party, United States of America Branch

1943년 2월 12일 "Korean Student Bill"과 "Senate Resolution No.91"을 상원에 제출해 준 데 대한 Gillette 의원에 보낸 감사편지다. Gillette 의원 Senate Foreign Relations Committee의 member로 한국독립운동에 많이 협조했다. 이 편지를 *Congressional Record* -Senate, 78th 1st, Feb. 18, 1943, p. 1084에 실었다. "Korean Student Bill"은 1941년 12월 7일 이전에 미국에 온 한인 추방을 면하게 해 줬고 "Senate Resolution No.91"은 한국과는 직접 관계없으나 한국 유엔가입과 독립에 기틀되는 "Atlantic Charter"를 미국이 정식으로 그리고 법적으로 지지한단 결의안이다. 그리고 이 편지 서명한 사람: 미주 Korean National Revolutionary Party의 Chairman: Diamond Kim; Secretary: Lowell Kwahk; Chairman: Political Council D.S. Shynn; Public Relations Chairman: James Penn; Treasurer: N.Y. Choi다.
보라: 각 항

Li Chung Tang

보라: Denny

Ludlow

세브란스 의사였는데 3·1운동 때 부상당한 사람들 치료한 외과의사였다. 그때 이 의사이 병원 Avison의사와 부상자 치료 도맡아 한 것 같다.
보라: Exhibit VII

Mainichi Shinbun

보라: Three requisites for dispatching Korean Ministers abroad

Mainichi Shinbun, Nov. 17, 1882

보라: A Convention on the appointment by Corea of Minister's in foreign countries

Manchu-Korea treaty

보라: Tributary treaty of 1636

Mandarines gunboats and power politics & Owen Nickolson Denny and the international rivalries in Korea, by Robert R. Swartour, The University Press of Hawaii, 1980, 192p(Asian Studies at Hawaii, No.25. LC call no. DS3 As A82 & no. 25)

Martin, Newel

일본의 부당한 중국과 한국 침략 그리고 3·1운동 일본 탄압에 관한 글(Article) 썼는데 이걸 Senator Norris *Congressional Record*–Senate, 66th Congress 1st Session, Oct. 13, 1919, pp. 6822~6826에 실었다. 이 사람 전 북경 Chinese Imperial University 총장이었던 Rev. W. A. P. Martin의 아들로 중국에서 태어났다. Milford Connecticut에 살았다.

Martin, W.A.P. Rev.

전 Chinese Imperial University 총장

보라: Martin, Newel

Martin's Article

보라: Martin Newell

Massacres

보라: *Congressional Record*, March 21, 1922, pp. 4184~4186

Maungsan

보라: 맹산(Maengsan)

McCormick, Senator

보라: "Report on situation in Korea"

Memorial

보라: Letter(Memorial) of the King

Mi, Syun Myung (미선명)

성 이(Ni)의 잘못인지 모르겠다. 3·1운동 때 33살 난 사람으로 Tukum이란 곳에서(서울 뚝섬이 아닌지 모르겠다) 한 5백 명 군중에 끼여 만세 부른 정미업자였다 한다. 이때 일병의 총에 맞아 한 사람 죽고 여덜 사람 부상당한 사람으로 두 다리에 총 맞았다 했다. 예수교나 천도교 신자 아니었다 한다. 세브란스 병원에서 치료받았다.

보라: Exhibit VII

Military instructions for Corea. House Executive Document, No. 163, 1885, 2p. LCS 2302

Min, Yong Ik (민영익), Prince, 1860~1914

O. N. Denny 그의 "China and Korea"에 민영익 원세개와 결탁 고종과 대원군 그리고 김옥균 등 제거음모에 가담했다 했다. 민은 친청파였다.

Min Yong-ik plot

보라: Yuan's recent treasonable conduct

Min, Yong-jun

Minister to Japan

보라: Korean first mission abroad

Minister to America

보라: Korean first mission abroad

Minister to Europe

보라: Korean first mission abroad

Minister to Japan

보라: Korean first mission abroad

Misnomer, A.

보라: China's appellation of vassal, a misnomer

Misnomer and subterfuge "Residency"

보라: Yuan Shih-kai Commissioner

Missionaries

3·1운동 때 경찰에 잡혀가 문초당한 미국 선교사들이다.

보라: Exhibit I. "Indignities to Missionaries"

Mitchell, Senator

Mitchell 상원의원 Sargent 상원의원과 더불어 조선 완전 독립국가임 강조했는데 그들의 연설 상원 의회의사록에 실려 있다. Mitchell 의원의 연설: "Disturbances in Corea"란 제목으로 *Congressional Record*-Senate, 50th Congress 1st Session, Aug. 31, 1888, pp. 8135~8136에 있는데 여기에 또 Mitchell 상원의원 의회에 제출한 건의안, "Resolution"도 포함돼 있다. 이 건의안 1888년 8월 22일 제출한 걸 다시 수정한 거다. 1888년에 조선서 이른바 'Baby eating' 곧, 백인 어린애 잡아먹는단 소문 퍼져 러시아, 후란스, 미국군 동원된 사건 일어났는데 여기에 대한 서류를 의회에 제출해 달라 미 대통령에게 낸 건의안이다. 그런데 이 소문 조선을 다시 중국 속국으로 만들려는 모략으로 꾸민 거라 지적코 Mitchell 의원 이 건의안에 조선 완전 독립국가임 국제법에 비춰 강조했다. 또 1876년 한-일 조약에 조선 완전 독립 국가임 시인한 것 상기시켰다. 공법학자 Wharton의 글 참고했다고도 했다. 특히 1888년 고종의 고문이었던 O. N. Denny 논문 "China and Korea"도 이 연설문에 첨가, 그 원문 소개했는데 이는 pp. 8136~8140에 실려 있다.

Moffett, S.A., Dr.

평양 숭실학교 교장 지낸 마포삼열 목사 3·1운동 때 일본 관헌의 잔인한 조선인 처벌 목격담 선교사와 일본 측과의 회의 때 Usami(총독부 내무국장)에게 말했다. 또 그는 영자신문(*Seoul Press*) 편집인 Yamagata도 단독으로 만나 일본의 잔인성 말하자 Yamagata도 이를 인정했으나 신문에는 일본의 공식 발표만 냈다 했다.

보라: Exhibit II

Monocacy, USS

1882년 여름에 한국에서 반일폭동 났을 때 미국의 권익 보호한다는 구실로 Commander

Cotton 한국에 왔다. 이는 그때 주중 미국공사 John Russell Young의 요청으로 온 거다.
보라: 각 항

Morgan, Edwin V.

미 주한 마지막 공사로 1905년 그가 한국 떠나 한미 외교영사조약(1902) 사실상 상실됐다. 공관 1912년 완전 철수됐고 그 뒤론 영사사무만 보았다. 그는 1905년 주한 미 공사였는데 그때 한일보호조약 흉계 잘 알고 또 미 정부에 이 조약 무효란 고종의 탄원서 미국 정부에 전달하는 데 동의했다 한다.
보라: Norris, Senator

Most favored nations, The

보라: treaty of the overland trade regulations

Mowry, E. M. Rev.

한때 평양서 숭실전문 교장 지낸 미 장로교 선교사인데 3·1운동 때 자기 집에서 독립선언서와 불온문서 삐라 등사시켰다 경찰서에 연행 문초받았다.
보라: Exhibit II

Nam, San Syen

보라: San Syen Nam

New York-Herald, Dec. 13, 1921

이날 논설에 1912년 미국 주한공관 완전 철수한 것 미국의 "가장 큰 실수(The most serious mistake)"라 했다. 이 기사 Senator Knox 그의 상원 연설에 소개했다.
보라: Knox, Senator

New York Times, Dec. 3, 1915

여기에 Homer B. Hulbert 기고한 "Roosevelt and Korea-Japan's attack compared to the German invasion of Belgium" 실었는데 이 글 Thomas 상원의원 *Congressional Record*-Senate, 64th Congress 1st Session, Aug. 29, 1915, p. 13325에 전재했다. Thomas 상원의원 1905년 일본의 침범 조선왕 자기에게 호소한 걸 일부러 못들은 척한 루스벨트

전 대통령, 윌슨 대통령 독일 중립국인 벨지움을 침범 아무 조치 않는 것 루스벨트 대통령이 비방한 것에 대한 불공정함 탓한 거다. 다시 말하면 조선은 벨지움보다 더 미국이 보호할 의무가 국제조약으로 맺어졌어도 이걸 일부러 무시한 사실 든 거다.
보라: 각 항

New York Times, July 13, 1919

Norris 상원의원 그의 국제연맹 미국가입 반대 연설에 3·1운동 때 일본의 만행 보고한 *New York Times*기사 소개했다. Norris 상원의원 지적하길 독일 관할 중국 산동성을 일본차지하면 그들이 조선서 한 것처럼 중국서도 만행할 거라면서 그 예로 3·1운동 소개했다. 이 기사 "Horrors in Korea–Charged to Japan–Presbyterian Church makes official report of murders and torture–Christian town's burned–investigation tell of at least 30 men done to death in church"다. 여기에 담 조항 들어 있다. "Torture of political suspects"; "Horrors in Korea"; "The Ordeal of young patriots"; "A Missionary under suspicion"; "Many cases of torture"; "Revolting treatment of women" 등이다. 이 기사 *Congressional Record*–Senate, Vol. 58, pt3, July 17, 1919, pp. 2597~2600에 소개됐다.

Ni, Syang Myeng (이상명)

덕산 사람으로 32살인데 3·1운동 때 다리에 총 맞아 세브란스 병원에서 Dr. Ludlow에게 수술받았다 했다. 정신에 이상 생겨 면담할 수 없었다고 했다. 종교는 없었다고 한다.
보라: Exhibit VIII

Niwa

서울에서 발행한 영자신문 *Seoul Press* 기자로 3·1운동 때 총독부와 세 차례 모임에 참석한 이 신문사 세 사람 가운데 하나다. 다른 두 사람: Sekiya와 Yamagata이다.
보라: Exhibit II

No, Chong Yun (노종윤)

평안도 안주에서 산 61살 농민으로 3·1운동 때인 3월 2일에 일본 헌병에게 바른 쪽 다리에 총 맞아 부상당했다. 3월 5일에 세브란스 병원으로 옮겨 치료받았다. 종교 없는 이였다.
보라: Exhibit VII

Noble

3·1운동 때 총독부 내무국장과 세 번 회의했는데 이때 참석한 목사다.

보라: Exhibit II

Norris, George W. Senator of Nebraska

Norris 상원의원 국제연맹 미국 가입 반대하는 연설에, 만일 미국이 국제연맹에 가입하면 미국도 일본, 영국, 후란스처럼 약한 나라를 억압하는 나라로 비난받아도 변명의 여지없다 했다. 그는 일본, 영국 그리고 후란스가 제1차 대전 전 독일 영토를 서로 갈라가지려고 비밀조약 서로 맺은 것 예 들면서 특히 일본 중국 산동반도 차지함은 마치 일본이 조선에서 한 탄압정책을 중국에서도 되풀이할 징조라면서 1919년 3·1운동 때 일본의 잔인성 소개한 *New York Times*, July 13, 1919에 실린 기사와 미국 선교사 보고서 *Congressional Record*-Senate, 66th Congress 1st Session, July 15, 1919, pp. 2597~2602에 실었다.

보라: 3·1운동

Norris 의원 Korean Mission to the Conference on the Limitation of Armament에서 작성한 "Petition"(1922년 1월)과 "To the people of Korea"(1922년 2월) 발표문 *Congressional Record*에 그 원문 다 실어 줬다.

보라: Korean Missions of the Conf. on the Limitation of Armament

그는 또 열강의 부당한 중국 정복 통박하는 의회 연설에 일본 열강의 동의로 조선 합방시킨 경로를 일본과의 국제조약 원문 인용하면서 일본 규탄했다. 뿐만 아니라 미국 1882년 한-미 조약 첫째 조항에 서로 돕기로 한 것 상기시키면서 미국정부의 무성의 탓했으며; 1905년 10월 대한 황제 미국 원조 청원한 서류 원문 소개했다. 이것은 Norris 의원에게 H. B. Hulbert 제공한 거다. 참고로 이 고종 비밀편지에 국제모략도 있었으나 조선 자신의 잘못으로 나라를 이 꼴 만든 것 시인했다. 이 편지 1905년 10월 20일 미 대통령 Roosevelt에게 보낸 편지인데 H. B. Hulbert 그해 11월 17일에 와싱톤으로 갖고 온 거다. 이걸 그 달 21일에 국무대신 Elihu Root에게 손수 전했다.

Norris 의원 상원 연설에서 일본이 조선 먹은 건(Gobble it up이라 했다) 강제(force)로 했기에 부당하게 차압된 재산 같아 다시 회복할 수 있는 사건으로 'Replevin suit(압수 또는 차압물건 회복소송)'과 같은 거라 했다. 뿐만 아니라 그는 이 연설문에 한일보호조약 무효 천명한 고종황제 전보를 미국정부에 내도록 H. B. Hulbert에게 보냈는데

Hulbert 1905년 11월 21일에 그때 국무차관인 Robert Bacon에게 전달했다고 했다. 이는 그때 미국공사 E. V. Morgan의 양해 얻어 했다고도 했다. 또 Norris 의원 3·1만세사건 자세히 보고하면서 Kaiser가 무색할 만큼 일본 선량한 조선사람 학살했다고 했다. 그리고 미국에 Korean Republic이 조직됐다면서 여기서 온 편지 가운데 일본 탄압한 것 소개했다. 또 미국, 구라파, 그리고 러시아에 있는 조선 유학생들 일본 Visa 가지고 있기에 귀국 못하니 협조해 달라는 전보 온 것도 여기 소개했다. Norris 의원 이 연설에서 임금의 개인 고문(personal advisor of the Emperor of Korea)인 H. B. Hulbert 자기에게 보낸 편지 인용 일본의 부당한 조선점령 불법이라 했다. 그는 더 나아가 일본이 조선에서 20여 년간(1919년까지) 만행했는데 조선사람 아주 온순하고 문화인이며 그 부녀자의 미덕 미국과 같고, 일본이 따르지 못한다 했다.

p. 6815에: "As I said a while ago, it is quite important to know what Japan has done with Korea while she has had her during practically these 20 years. What has Japan done in Korea? What kind of a government, after she robbed the people of the sovereignty of their nation, has she given them? I want in passing to read an extract from Japan's own report about crime in Korea. There is not a more peaceable people on the face of the earth than are the Koreans, who are absolutely unarmed, with a civilization older than the Christian era, older than that of Japan, but without any military spirit; a fine class of people. I will have occasion later on to comment somewhat upon the women of Korea and their ideals and to show that they correspond with what we in our age in America believe ought to be womanly attributes, but that those ideals are absolutely contrary to every Japanese conception of modesty or of virtue." 이 연설 *Congressional Record*–Senate, 66th Congress 1st Session October 13, 1919, pp. 6813~6826에 다 실었다.

North China Star

북경에 있던 영자신문인데 3·1운동 진상을 제일 많이 보도한 세 신문의 하나다. 다른 둘: *Peking–Tientsin*과 *China Press*이다.

보라: Exhibit II

North–China Daily News

보라: Chinese Emperor's sanction

North, Frank Mason, Dr.

Secretary of the Board of Foreign Missions of the Methodist Episcopal Church of the United States, 미 감리교선교회 총무로 1919년 4월 중순 첨으로 3·1독립사건 진상 캐나다 목사 A. E. Armstrong에게서 보고받은 사람이다.

보라: FCCCA

또 보라: "Report on situation in Korea"

Not unduly exacting in Korea Part I: Remarks of Rep. Clare Boothe Luce

보라: *Congressional Record*, Nov. 27, 1945, pp. 5148~5149

Not unduly exacting in Korea Part I: Remarks of Rep. Clare Boothe Luce. Part Ⅱ

보라: *Congressional Record*, Nov. 28, 1945, pp. A5161~5162

Occupation of Korea by Japan. Senate Document, No. 342, 1906, 11p

Olney, Secretary

미 국무대신으로 1882년 한-미 조약 문구 'Good offices'의 해석 한국 측과 달리한 사람이다. 도의적 그리고 법적으로 외국(일본)의 침략받을 때 미국 'Intervention'해야 한단 한국 측 해석과 달리 그런 말 아니라고 Olney 해석했다 Haan Kilsoo 그의 연설에 언급했다.

Open door policy in China. House Document No. 547, 1900. LCS no.3995

Oriental Missionary Society

영국 동양선교회다. 3월 20일 운동 때 강계에 있던 이 회 선교사 한 사람 일본헌병에 잡혀 심하게 얻어맞았다. 그 목사 John Thomas인데 자기 영국여권 일본 헌병에 보여줬으나 땅에 내동댕이쳤다. 이 기사 Exhibit I: "Indignities to missionaries"에 나온다.

보라: Exhibit VI

Our Korean policy, remarks of Rep. Donald L. Jackson

보라: *Congressional Record*, July 14, 1948, pp. A4533~4534

Our Vassal state

보라: Preamble to the treaty of the Overland trade

Overland trade regulations, The (조중 육로 통상 약정)

Under the first article China has dispatched her Commissioner with diplomatic powers to Seoul, and consuls to all the open ports to guard the interests of Chinese merchants. The Second article yields to China extra-territorial privileges for her subjects, similar to those enjoyed by the citizens and subjects of the most favored nations; In the text of this treaty there is not only no reference to vassalage or dependency, but the demands and concessions made exclude the existence of such relations at the time it was concluded. "China and Korea" p. 7 이 조약 제1조에 따라 외교와 중국 상인 보호한다. 개항 영사로 중국 감독관 서울에 파견됐다. 제2조항에 오직 최혜국 국민에게만 허락한 치외법특권 중국사람에게도 양보했다. 이 조약문엔 속국에 관한 조항 없을 뿐더러 이 조약에 강요 또는 이권에 관한 것 없다.

Pak, Chong-yang, Minister Plenipotentiary America

보라: Korean first mission abroad

Pak, Sang-yop (박상엽)

북미 조선인민 민주주의전선 중앙위원

보라: KRPUSA Branch

Pak, Yun Nak (박연낙)

경기도 고양군 지도면에 살던 25살 난 청년으로 예수교인이었는데 3·1운동 때 동네사람들과 동네 돌며 만세 불렀다 했다. 이때 서울서 경마 순사 와 해산하고 집에 돌아가라 했으나 말 안 들었다 한다. 5일 후에 다시 일본헌병 와서 집집마다 수색, 만세 부른 사람 찾았는데 이때 이 사람 만세 부른 것 시인코 해산하라 해서 해산했다고 대답했다 한다. 이 사람 포함 다른 사람도 잡혀 서울로 이송돼 몸에 상처 나도록 매를 맞았는데 30대씩 두 번 60대 매맞았다 했다. 세브란스 병원에서 치료받았다 했다.

Pal Tan

경기도 부원근방(팔단?)이란 기독교촌인데 남자교인만 다 회당에 모아 놓고 총과 칼로 죽이고 또 회당과 동네 다 불살랐는데 H. H. Underwood와 Curtice 인력거로 가서 사진도 찍고 또 살아 있는 사람과 면접했다. 이걸 Norris 상원의원 *Congressional Record* –Senate, 66th Congress 1st Session, July 15, 1919, p. 2599에 소개했다.

Peking–Tientsin Times

3・1운동 진상 많이 보도한 중국 세 영자신문 가운데 하나다. 다른 둘: *North China Star* 와 *China Press*이다.

보라: Exhibit II

Penn, James

Public Relations Chairman of the Korean Revolutionary Party USA Branch였다.

보라: KRP USA Branch

People of Korea, The

1942년 2월 하순 라디오방송 연설에서 미 대통령 Roosevelt 한인을 미국의 적인 일본사람과 구별하기 위해 이렇게 불렀다. 이해 2월 27일에 와싱톤에서 열린 Korean Liberty Conference에서 이승만 박사 이는 한인을 독립된 민족과 국민임 시사한 거라 기뻐했다.

보라: 각 항 참조

Perry, Commodore

보라: "Relation with Corea", 1878

Persecution of the church in Korea, by Elihu Root, author of the misfortunes of Korea *Congressional Record*, March 21, 1922, pp. 4182~4184

Pieters, Albertus, Rev.

이는 일본에 있던 목사로서 그의 "The moral failure of Japan in Korea–Responsibility of the Japanese Government and nation"란 글에 일본인의 냉혈적 조선사람 살인한 것 규탄코 (3・1운동 때) 일본사람은 도대체 도의(moral)가 있는 백성인가 물으면서 어느 일본

사람 가운데 단 한 사람도 조선에서의 일본의 만행 듣고도 이를 항변한 사람과 일본 정당 왜 없나 물었다. Senator King 그의 연설에 이 목사의 글 요점만 인용했는데 *Congressional Record*–Senate, p. 4186에 있다. 몇 가지 인용하면,

"Tokyo is the nerve center of the Empire, the home of meeting and demonstrations of every kind. I looked and hoped for some expression of indignation from the Japanese people originating here, but nothing happened; no indignation meeting, no burning protests in the press, no denunciation by any political party, no evidence of any king of concern for the welfare of the Koreans. … The trouble with the Japanese is that they lack the capacity for moral indignation at wrongs done to others."(p. 4186)

Ping Yang (평양)

보라: "China and Korea" by O. N. Denny

Plenipotentiaries

보라: China's appellation of vassal, a misnomer

또 보라: Korean first mission abroad

Position of Korea, The. Remarks of Rep. William W. Blackney

보라: *Congressional Record*, April 22, 1947, pp. A1845~1846

Preamble to the Overland trade regulations (조중 육로 통상 약정 서문)

This extraordinary preamble renders as follows: ---"Korea has long been one of our vassal states, and in all that concerns rights and observances there are already fixed prescriptions which requires no change." "China and Korea" p. 7 이 서문에: 조선 오랫동안 우리 속국이었다. 속국의 권한과 이행에 관한 모든 것 이미 고정된 규정으로 변경할 여지없다.

Presbyterian church official report of murder and torture

3·1운동 때 기독교인 일본군경에게 고문 학살 방화당한 미 장로교의 공식보고다. 이를 요약 10개항으로 나눠 *New York Times*, July 13, 1919에 소개했는데 그 기사 "Horrors in Korea-charged to Japan-Presbyterian Church makes official report of murders and torture-Christian town burned-investigation tell of at least 30 men done to death in a church"란 제목으로 발표됐다.

이 *New York Times* 기사를 Norris 상원의원 그의 국제연맹 반대연설에 인용한 것 *Congressional Record*-Senate, 66th Congress 1st, July 15, 1919, pp. 2597~2600에 소개했다. 그런데 이 보고에 증언한 선교사는: 감리교 선교사 Beck 목사(남감리교 선교사); 북감리교 선교사 Noble 박사; H.H. Underwood, Mr. Curtice 등이다. *New York Times* 말고 3·1운동 보고한 신문 *Seoul Press*(April 13, 1919)인데 *Seoul Press* 일본의 조선 탄압 동조했다. 이 *New York Times* 보고엔 주로 평안도에서 일어난 사건을 취급한 걸로 특히 평북 정주 한 마을 교인 30명을 교회에 모아 불 태워 죽인 사건 실었다. 그런데 이 신문에 독립선언서를 "Independence news"라 했다. *New York Times* 일본의 조선탄압 진상 독자들의 분개심 일으키고 피를 끓게 하는 사건이라 했고, 이 장로교 보고서가 길기 때문에 다음과 같은 조항(10개)으로 요점만 소개한다 했다. 곧, "Torture of political suspects", "Horrors in Korea", "the ordeal of a young patriots", "A missionary under suspicion", "Many cases of torture", "Revolting treatment of women", "Christian village wiped out", "Only a little disturbance", "Thirty killed in a church" and "The burning of Tgungju church."

특히 부녀자 고문하고 벌거벗겨 사람들 앞에 내세우는 것 아주 야만적이라 했다. 서양과 조선 풍속에 여자 벌거벗는 것 가장 부끄러운 일인데 일본 그 나라 풍속에 이걸 아무렇게나 생각지 않으니 그들 야만이라 했다. 기독교인 학살한 것 기독교를 없애려는 일본의 본심이라 했다. 또 이 보고서에 인용한 자료는 *Japan Advertiser*(April 29, 1919)인데 여기에 H. H. Underwood와 경기도 부원근방 팔단에서 살아남은 사람과 면접한 기사 있다.

Price, Willard

Haan Kilsoo 연설에 한국에 언급한 이 사람의 글 인용했는데 그 출처는 말하지 않았다. 곧, 그는 말하길 동양의 미래를 알려면 지금 조선 당하는 것 교훈으로 삼아야 할 거라는 뜻으로 말했다.

보라: Haan Kilsoo

Principle of sovereignties

보라: Vassal sovereignty and sovereign sovereignty

Problem in Korea–opportunity in Japan, remarks of Rep. Edward H. Jenison
보라: *Congressional Record*, Feb. 27, 1948, pp. A1211~1212

Prohibiting the immigration of Japanese & Korean laborers to the U. S. House Resolution, House Bill 18790, 1908, 17p

Pyon, Chun-ho (변준호)
북미 조선인민 민주주의전선 중앙위원
보라: KRPUSA Branch

Pyon, Eung Kwan (변응관)
함흥에서 3·1운동 때 소방대 갈고리에 머리 맞아 많이 다쳤다 한다.
보라: Exhibit IV

Rankin, John E. of Mississippi
Rankin 하원의원 1943년 6월 와싱톤에 심은 Japanese Cherry tree를 Korean Cherry tree라 불러야 한단 결의안 의회에 냈는데 이는 벚꽃은 한국이 원산지라고 이승만 박사가 주장했기 때문이다. 이 결의안과 이승만 박사 연설 "Korean Cherry tree" Appendix to the *Congressional Record*, 78th Congress 1st Session, 1943, A3286~3287에 실었다.

Recognition of Provincial Government of Korea–Letter from Rev. Ralph H. Jennings
Kansas City 제일장로교회 목사인 Jennings 상원의원 Capper(Committee on Foreign Relations)에게 한 편지인데 그는 대한 임시정부 미국의 승인 요청한 상원 "Resolution 49" 내달라 간청했다.
보라: *Congressional Record*–Senate, 78th Congress 1st Session, May 27, 1943, p. 4912

Recognize Korea: Extension of Remarks of Hon. John M. Coffee of Washington in the House of Representatives, Monday, May 11, 1942, pp. A1713~1715
1942년 2월 27일 와싱톤 디씨에서 열린 The Korean Liberty Conference에서 한 Dr. Paul F. Douglass의 연설문 Coffee 의원 제안으로 실었다.

Recognize Korea, remarks by Rep. John M. Coffee. *Congressional Record*, May 11, 1942, pp. A1713~1715

Recognize Korea, remarks by Rep. John M. Coffee. *Congressional Record*, May 19, 1942, pp. A1817~1819

Reference to vassalage and dependency
보라: Preamble to the Treaty of the Overland trade regulations

Regulating the admission into the U.S. of Japanese, Korean. House Bill 14126, 1911, 2p

Regulations for the Consular courts of the U.S. in Korea. Senate Executive Document, No. 104, 1892, 31p

Relation with Corea
이 제목 첫 번째 글 Senator Sargent의 연설로 *Congressional Record*–Senate, 45th Congress 2nd Session, April 8, 1878, p. 2324에 실려 있는데 여기에 조선과 통상조약 교섭 위해 변무관 임명코 예산 5만 불 책정하자는 이른바 “Joint Resolution No. 24” 대통령에게 건의했다. 또 이 글에 조선사람 일본사람보다 우수하다 했으며, 일반적으로 교육받은 백성이라 했다.
보라: “Joint Resolution No.24”
또 보라: Sargent, Senator; *Congressional Record*–Senate, 45 Congress 2nd Session, April, 1878, p. 2324

두 번째로 *Congressional Record*–Senate Vol.7, pt 3, 45th Congress 2nd Session에 실렸는데 첫 번째 건 April 8, 1878, p. 2324에 있고 담 건 April 17, 1878, pp. 2599~2601에 나온다.
보라: Sargent, Senator

이 글 Senator Sargent의 두 번째 조선에 관한 연설로 주로 일본 페리 제독에 의해 문호 개방한 1854년 이후 1878년 이전까지의 조선의 대외관계 가운데 주로 서방과의 관세를 일본이 페리제독에 의해 문호 개방한 1854년 이후부터 소개했다.

곧, Commodore Perry에 의한 일-미 조약(March 31, 1854)으로 나약하고 미신적이요, 이상한 풍속이 있고 그리고 공예에는 뛰어난 걸로만 알려 있던 일본 드디어 문호개방 문명국의 일원됐다면서 이는 일본을 문명국으로 만든 것 아니라 본래 그런 소질 일본에 잠재해 있었던 거라 했다.

그리고 조선 중국의 속국 아니라고 했다. 1876년 조-일 조약 제8조에 일본과 친교 맺은 나라 조난선 다 친절히 대우한단 조항 있어 보호를 받게 됐다고 했다. 통상 일본과만 하며 중국사람 조선에 사는 것 허락 안 했다. 1866년 후란스 신부 조선 법 무시하고 조선 내륙에서 선교하다가 잡혀 사형당한 일 있다. Colorado Senator Chaffee 조선의 종교 뭔가 물었는데 Sargent 불교라 대답했다. 그는 이어 말하길 같은 해(1866)에 미국선장 지휘한 General Sherman호 대동강에 올라갔다가 조선사람들이 불살라 선원(거의 중국사람)과 세 외국사람(한 사람은 후란스 사람) 죽었다. 이때 일본 근해에 있던 미국 해군 배 Wachusett호 Shufeldt제독의 지휘 아래 이 사건 추궁키 위해 조선에 파송됐다. 이때 Wachusett호 대동강에 와 General Sherman사건 때 산 사람 있으면 인도해 달라 했고 작년에 미국 배 조난당한 선원 후대에 고맙다는 서한 조선왕에게 보냈다. 이 원문 여기 실려 있다.

그런데 이 영어 원문 한문으로 번역 조선왕에게 보냈는데 자기 주소 Wachusett포구라 적었고 날짜는 1867년 1월 24일이다. 이때 Wachusett 포구 Ta-Fung에 있다 했는데 이는 Kewts섬에 있다 했다. 조선왕의 회답 주중 미국 공사에게 전했는데 이는 다시 Capt. Febinger에 의해 Shufeldt에게 전해졌다. 조선왕의 서신 영문 번역문도 여기 실려 있는데 한 가지 흥미로운 건 이만한 문구로 편지 쓸 수 있다면 조선 과연 문명국임 증명한다고 했다. 이 회답에는 최(Tsuy)라는 후란스 사람의 고집으로 평양까지 올라가려 했고(여기서는 Ping Tang강이라 했지만 평양강 즉 대동강임) 평양감영 관리를 배에 잡아둔 것 등으로 조선사람을 흥분시켜 Gen. Sherman호 불태웠다고 했다. 최(Tsuy)는 후란스 사람 아니고 영국 선교사 Thomas다. 이 조선왕의 회신 미 해군성에 묻혀 있는 걸 Senator Sargent 찾아냈는데 이렇게 미 정부 조선왕의 회신 묵살한 사실에 그는 놀랬다 했다. 이때로부터 5년 뒤인 1871년에 측량한단 핑계로 Rodgers제독 조선에 갔는데 왜 이와 같이 남의 나라 내륙에 그 나라 법 어기면서 갔나 물었다. 만일 다른 나라 미국 James강에 와 측량한다면 미국 어떻게 하겠는가 물었다. 조선왕 편지에 러시아와 중국 그들의 독립 엿봄으로 이와 같이 쇄국정책을 쓴 거라 변명했고 그들 독립 옹호키 위해 Rodgers군함에 경고로 대포 쏜 걸 미 해군 이를 폭격으로 맞섰다 했다. 이 사건으로 조선사람 몇백 명 죽고 미국 측도 세 사람 죽고 후퇴했다 하는데 아무 효과 없는 짓 왜 했는가 물었다. 이렇게 미국 조선의 호의와 인정에 배반했다고까지 했다. 뿐만 아니라 조선항만 측량 1877년에 벌써 다 돼 있고 또 이 지도 미 국무성에 비치되어 있으니 측량 명목으로 남의 나라 침범한 것 명분 안 선다 했다.

조선과의 통상 미국에 유익하며 조선, 일본 담 미국에 가까운 동양이라 했다. 조선과의 통상 중국통상에도 이로우며 또 러시아의 동방진출도 막을 수 있는 기회라고 강조했다. 이때 이미 러시아의 동방진출 걱정한 건 일본에 위협 주기 때문이라 했다. 지금과 비슷한 정책으로 참고된다.

Relation with Corea, remarks of Senator Sargent

보라: *Congressional Record,* 1878, April 7, pp. 2599~2602

Relief of Sino-Korean people-Extension of remarks of Hon. Guy m. Gillette of Iowa in the State of the United States, Monday, November 22(legislative's day of Thursday, Nov.18) 1943

1943년 11월 15일 Sino-Korean Peoples League(와싱톤 대표 Haan Kilsoo K.) 이름으로 한국을 유엔 일원인 독립국가로 일본과 싸우게 해 달라는 요청서다. United Nations Relief and Rehabilitation Administration(UNRRA)의 Director General이었던 Hon. Herbert H. Lehman에 낸 공문을 Senator Gillette의 요청으로 Appendix to the *Congressional Record*, 78th Congress 1st Session, 1943, A5006~5007에 실었다. 이 호소문에 강대국 한국 독립 간청 받아주지 않았는데 이런 태도는 이른바 Atlantic Charter의 Four Freedom과 또 이 헌장의 War and Peace Declaration 약소국 한국엔 해당 안 되는 것인가 하면서 만일 이 문제 지연되고 또 이를 피한다면 그리고 곧 해결 못 보면 큰 피해될 거라 강력히 말했다. 그리고 그는 한국을 45번째의 UN 가입국으로 받아 달라 간청했다. 한국 농업 생산 많고 4,270년 역사 가졌으나 이렇게 외면당하는 이유 물었다. 구라파의 적은 나라들 Belgium, Holland, Denmark, Czechoslovakia, Austria, Hungary, Switzerland, Portugal 다 가입시키면서 왜 한국 안 받아 주나 했다.

Renaissance

3·1운동 조선과 일본의 르네상스 계기될 거라 했다. 이 말 3·1운동 때 목격한 선교사의 보고서 "Exhibit I, Indignities of missionaries"에 나온다.

Replevin Suit

압수 또는 차압물 회복소송이란 말: 상원의원 Norris가 그의 상원 연설에서(1919년 10월 13일) 일본 총칼로 협박 조선을 강제(Force)로 삼켰으니(Gobble it up) 이는 'Replevin Suit'으로 법률상 대한의 독립 찾을 수 있다 했다.

보라: Norris, Senator

Report on situation in Korea

Senator McCormick의 제안으로 *Congressional Record*–Senate, 66th Congress 1st Session, July 17, 1919, pp. 2697~2717에 실렸다. 이 긴 보고서 1919년 3·1독립운동 만세사건을 그때 조선에 있던 미국 선교사들에 의해 방방곡곡의 참상 증거물과 함께 The Federal Council of Churches of Christ in America에 보고한 거다. 특히 조선 부녀자 발가벗겨 모욕한 것 들어 일본의 만행 폭로했다. 이 보고서 서문 Council Chairman인 William I. Haven과 이 이사회 Secretary Sidney L. Gulick "The Japan–Korean situation" 곧, 이 두 사람 이름으로 썼는데 이는 "Commission on Relation with the Orient of the Federal Council of the Churches of Christ in America"에 보고한 거다. 모두 34조항으로 나눠 3월 21일~5월 25일(1919) 사이 일본의 만행 폭로했는데 각 항 "Exhibit"이란 제목 밑에 소개했다. 한 가지 여기 말해 둘 건 위에 말한 Gulick 서기는 이 보고서 발표 반대했고 일본의 조선통치를 정당화한 사람인데 선교사들의 압력으로 발표한 거다.

이 보고서 또 책으로도 출판됐는데 Gulick 이름으로 New York에서 1919년에 발행했다. 이 책 *The Korean situation*으로 전부 125p이다. 또 이 사람 *The Winning of the Far East*란 책도 썼는데 이 책 제6편 pp. 80~90에 조선에 대한 글에 일본의 조선정책 지지했다. 이 책 New York에서 1923년 출판(185p)했다. 여기 내용 소개하면,

1. 서문 (Forward)

Haven과 Gulick 명의로 썼는데 여기엔 당시 일본 수상이었던 Hara Takashi의 전문 실었다. 이 전문에 3·1운동 학살사건 진상 물은 1919년 6월 26일 전문에 대한 회답으로 이 이사회 7월 10일 받은 거다. 내용 이번 사건 유감 표시했고 일본의 대한정책 개선할 것 다짐했다. 만세 사건 일 년 전부터 조선정책 개선책 고려 중이었다고 피력했다. 또 이 전문에 부탁하길 조선인 학살보고서 공개 말아 달라 부탁했다. 또 이 이사회가 그해 4월 20일 뉴욕 일본 총영사 Yada 통해 일본 외무상 Uchida에게 사건 경위 문의했는데

이에 대한 회답전문 그해 5월 15일 했다. 받은 것 "Report on situation in Korea"에 실려 있고 그 내용 Hara의 전문과 비슷한 거다.

2. 한일사정 (The Japan-Korean situation)
이도 역시 위 서문처럼 Haven과 Gulick 발표한 거다. 여기엔 한일사정 어떻게 이 이사회에 보고되었나 그 경로 적은 거다. 곧, 3월 초부터 조선서 독립운동사건 일어난 소식 상해와 천진에 전해 일본의 잔인성 알게 됐다 했다. 그런데 4월에 들어와서 그 진상 이 이사회에 오기 시작했다 했다. 또 이때 현장 직접 보고 그 진상 보고서 가지고 맨첨 온 사람 캐나다 장로회선교부 총무 A. E. Armstrong 목사로 그는 4월 중순 뉴욕에 와 일본의 조선 인민 학살사건 미 선교부에 보고했다 했다. Armstrong 목사 그때 마침 중국과 만주와 조선 시찰 끝나 일본 Yokohama에 와 집으로 돌아오는 참인데 조선서 만세사건 나 캐나다 본부의 지령으로 다시 3월 16일 조선에 돌아와 조사했다 했다.
하여간 뉴욕에 바로 온 Armstrong 목사 미 장로교 선교부 총무 Arthur J. Brown 박사, 미 감리교선교부 총무 Frank Mason North 박사 그리고 미 성서학회 William I. Haven 박사에게 이를 보고했다. 이들 신중 기하기 위해 그리고 일본의 감정 건드려 불리한 결과 피하기 위해 뉴욕에 본부를 둔 Federal Council of the Churches of Christ in America에 이의 처리를 맡기고 또 뉴욕에 있는 믿을 만한 일본인 단체와도 의논해서 처리하기로 했다. 그런데 3·1운동에 대한 보고서가 방대해(1,000p 이상 된다고) 여기서 요점만 골랐다 했는데 어떤 보고서는 1114p에 이른 것도 있었다 했다(참고로 이 보고서 원문 어디 있나 모르겠다).
하여간 Commission of Relations with the Orient 이 보고서 주관했는데 이 위원회에서 이 보고서의 공개 두 가지 이유로 결정했다 했다. 첫째: 이를 공개함으로써 일본에 압력 주는 것; 담: 일본에 있는 진보적 반군국주의자들에게 용기 주기 위해서였다 했다. Hara 같은 자유주의자 첨 일본 수상이 됐기에 일본에 너무 자주 압력 안 주려 했다 했다. 왜냐면 강경파 정적이 있으므로 그의 입장 어렵게 만들지 않기 위해서였다고 했다. Hara 내각 드디어 그의 암살로 넘어졌다.

3. Exhibit I: The disturbance in Korea, March 21, 1919
이 제목 밑에 담 8개 제목으로 3·1운동 전후의 세계와 조선정세 설명코 고종의 국장과 3·1운동 계획과 운동 전개 등 자세히 설명했다. 특히 그때 일본의 무력 조선통치를 독일의(Prussia) 벨지움에서 한 탄압에 견줬고 영국식 통치방법이 아니라 했다.

1."The Disturbance in Korea"; 2."The Japanese Colonial system"; 3."Japanese Reform tendencies"; 4."The Genesis of the Korean independence movement"; 5."Demonstrations begin"; 6."Demonstrations outside of Capital"; 7."Police atrocities"; 8."Indignities to missionaries"
보라: 각 항

1. The Disturbance in Korea: 1919년 3월 21일 날짜 보고서인데 일본의 비인간적 만행을 마치 독일이 벨지움에서 한 것과 같다 규탄한 거다.
2. The Japanese Colonial system: 1908년 한일보호조약 거쳐 1910년 합병한 담 조선의 문란한 정치와 행정 그리고 위생 등 일부 개혁한 사실 인정하면서 그 방법에 있어서 독일의 식민 정책 본받아 칼을 찬 권위를 내세워 언론, 출판, 그리고 집회의 자유 등 박탈했다 했다. 조선은 일본사람에게는 천당이라고 했다.
3. Japanese reform tendencies: 일본의 조선통치 무관통치였으나 Hara 문관내각 이때 들어서 유화정책 펼치려 했으나 군대의 반대가 많았다.
4. The Genesis of the Korean independence movement: 여기에는 3·1운동 나기 전 해인 1918년 11월에 세계 1차 대전이 끝나 미국 Wilson 대통령 민족자결 주창과 일본의 문민정권 들어섬에 힘입어 만세 일어났다 했다. 3월 1일 전후의 국내사정 소개하면서 특히 고종 이왕의 일본 여인과 결혼 앞두고 1월 20일 죽은 것 의아한 일이라 했다.
5. Demonstrations begin: 3월 1일 토요일인데 만세사건 파고다 공원에서부터 비폭력 시위 시작했다 했고 담날 일요일엔 소동 없었다 했다. 3월 1일부터 5일까지 일어난 운동을 날짜별로 보고했다.
6. Demonstrations outside of capital 주로 평양과 함흥에서 일어난 사건 들면서 3·1운동이 잘 조직된 운동이었다 했다.
7. Police atrocities: 일본의 고문하는 방법 등 열거했는데 이럼에도 불구하고 조선 청년과 딸들은 굴하지 않고 떳떳이 반항했다 했다.
8. Indignities to missionaries: 3·1운동은 기독교 선교사의 사주에 의한 거라 해 일본이 감금한 평양, 선천 그리고 강계에 있는 선교사 몇 사람 이름 밝혔다. 결론으로 말하길 일본 남의 백성 착취 자기 이익만 채운다면서 자기들과 다른 문화 가진 백성에게 자기문화 강요한 거다 했다. (*Congressional Record*–Senate, pp. 2798~2800)

Report on situation in Korea–the report of the Federal Council of Churches of Christ in America on the Korean atrocities, remarks of Senator McCormick

보라: *Congressional Record*, July 17, 1919, pp. 2697~2718

Report on the war of ideas in Europe and Asia, remarks of Rep. Judd

보라: *Congressional Record*, June 19, 1948, pp. A4555~4557

Report on trade condition in Japan & Korea. Senate Document, No. 485, 1906, 5p

Representative of China

보라: Yuan Shih–kai

Republic of Korea determined not to surrender to communistic totalitarianism, remarks of Rep. Joseph H. Farrington

보라: *Congressional Record*, May 18, 1949, pp. A3093~3094

Requested the President to transmit to the Senate the correspondence relations to Korea Senate Resolution

보라: Senate Resolution 103, 1906, 1p

Requested the Secretary of State to inform the Senate as to situation in Korea

보라: Senate Resolution 101, 1919, 1p

Resolution directed to transmit the Senate official correspondence between Dept. of State & Corea. Senate Mis. Document, No. 185, 1888, 1p

보라: LSC no.2517

Resolution 49

Senator Capper 제출한 대한 임시정부 승인요청 Senate 결의안이다. Kansas시에 있는 Ralph H. Jennings 제일장로교회 목사 Capper 의원에게 1943년 5월 13일 편지로 이 결의안 내달라 요청한 것이다. *Congressional Record*–Senate, 78th 1st, May 27, 1943, p. 4912에 실려 있다.

Resolution in reference to the disturbances in Corea

Senator Mitchell 1888년 8월 22일에 상원에 제출한 결의안인데(3일 전 비슷한 결의안 제출했음) 이는 그해 6월 10~25일 동안 서울에서 유포된 서양사람들 어린애 잡아먹는단 "Baby eating excitement" 소문 터져 미국, 러시아, 후란스 군인 동원된 사건 있었는데 이에 대한 국무성에 보낸 서울주재 미공사의 보고와 이에 대한 정부문서 상원에 제출해 달라 미 대통령에게 건의한 거다. 그런데 건의안 통과 안 됐고 pending이었다. 이 어린애 먹는 소문 서양배척운동으로 중국 천진에서 한번 써먹은 건데 이걸 조선서도 유포한 중국의 농간이었다. 한-일 조약과 한-미 조약으로 조선이 완전 독립됨을 시기 다시 조선을 속국으로 복원하려는 술책이었다. 이 사건으로 주조선 미국공사와 고종의 고문이었던 O. N. Denny가 조선은 완전 독립국임 국제법으로 해석 조선 중국의 속국 아님 증명했다. 이런 사실 안 Senator Mitchell 그의 연설 "Disturbance in Corea" 통해 조선의 독립을 두둔했으며 O. N. Denny 논문 "China and Korea"를 자기 연설과 같이 *Congressional Record*–Senate 50th Congress 1st Session, Aug. 31, 1888, pp. 8135~8140에 발표했다.

보라: "Disturbance in Corea"

Resolution to change the name of the so-called Japanese Cherry trees in this city to that of Korean Cherry

이 Resolution 하원의원 John E. Rankin 1943년 6월에 제출한 건데 와싱톤에 심은 Japanese Cherry tree를 Korean Cherry tree라 부르자 건의한 거다. 왜냐면 이승만 박사의 연설에 일본사람 자신도(*대일본백과사전*에) 'Sakura'는 본래 한국서 왔다고 한 걸 인용해서 고증했기 때문이라 했다. 1943년 4월 8일에 대한공화국 24주년 기념 연설 이승만 박사 American University에서 했는데 이 연설에 Sakura의 기원 말했고 또 이를 기념키 위해 이 대학 그때 총장이었던 Paul Douglass와 같이 Korean Cherry를 심었다. 그때 와싱톤 신문에도 보도됐다.

보라: "Korean Cherry trees–extension of Remarks of Hon. John E. Rankin." Appendix to the *Congressional Record*, 78th Congress 1st Session, 1943, pp. 3286~3287

Resolved that the House express its sympathy with the aspiration of the Korean people

보라: House Resolution 35, 1921, 1p

Resolved that the Senate express its sympathy with Korean people

보라: Senate Resolution 200, 1919, 1p

Resurrection of dependency scheme

보라: Yuan Shih-kai

Rhee, Syngman(이승만), 1875~1965

1922년 와싱톤에 있던 Korea Mission의 Chairman이었다.

보라: Korea Mission

1943년 4월 8일에 와싱톤에 있는 American University에서 열린 대한공화국 (The Korean Republic) 24주년 기념식에서 연설했고 또 기념으로 벚꽃 심었다. 1915년대 와싱턴에 심은 일본 Sakura는 Japanese Cherry tree라 하나 이는 잘못으로 Korean Cherry tree라 불러야 한다 주장하면서 *대일본백과사전* 증거로 Sakura는 한국이 원산지라 했다. 이 Korean Cherry tree 이름 변경하는 결의안 하원의원 John E. Rankin 1943년 6월에 의회에 제출했다.

보라: Korean Cherry tree Appendix to the *Congressional Record*, 78th Cong, 1st Session, 1943, A32867

1942년 2월 27일에 와싱톤 디씨에서 Korean Liberty Conference 열었는데 이때 연설한 American대학 총장 Douglass 박사 이승만 박사 소개하길 그는 미국에서 첨으로 철학박사 학위받은 한국사람이요, Princeton대학 총장 Woodrow Wilson 박사 제자라 했으며, 그는 1919년 4월 Republic of Korea의 President로 당선됐다 했다. 그리고 미국이 조선 임시정부와 이승만 박사가 이 정부의 정식대표임 승인해 달라 호소했다.

보라: Douglass, Paul F.

이 Korean Liberty Conference의 마지막 연사로 나온 이 박사 그의 연설에 자기는 Korean Commission 대표로 이 회의에 참석한다고 했고 또 이 회의는 The United Korean Committee와 Korean-American Council 공동주최라 했다. 그는 이 연설에서 1919년 3·1운동 대한의 첫 번째 혁명이라 한다면 1942년은 두 번째 혁명이 될 거라 큰 기대를 가졌다. 그러면서 대한공화국 (Provisional Government of the Rep. of Korea)을 승인해 달라 호소했는데 이래야 우리도 정식군대를 가질 수 있기 때문이라고 했다. 또 그는 그때 기초 중인 유엔 창설 헌장 서명에 가담할 수 있도록 미국에 간청했으나 국무성의 회답 못 받았다 했다. 이 회의 때 Roosevelt 대통령 일부러 조선사람을 일본사람과 가르기 위해 The People of Korea라 그의 방송에서 말한 것 크게 감명받았다 했다. 또 이 연설에서 한인들이 분파 많은 것 아니고 이 회의 증명하듯 그런 일 없다면서 일본사람들이 일부러 선전한 거라 했다. 이승만의 이 연설 Coffee 의원 Appendix to the *Congressional Record*, 77th Congress 2nd Session, May 21, 1942, pp. A1877~1878에 실었다.

보라: also Coffee

Ri, Chun Sai (이춘세)

3·1운동 때 21살 난 청년으로 박연낙과 같은 사정이라고 했다.

보라: Exhibit VIII

Ri, In Ok (이인옥)

평안도 안주 19살 난 학생인데 3·1운동 때 왼편 다리 총탄에 맞았다. 3월 2일 4천여 군중과 학생들 평화적으로 시위 만세 불렀는데 이때 일곱 일본헌병 총질을 한 거다. 이때 8명 죽고 20여 명 부상당했다. 이때 누구하나 돌 던지지 않았고 몽둥이와 무기도 가지지 않은 무저항 시위였다. 이 학생 지방병원에서 치료받았으나 낫지 않아 서울 세브란스병원으로 옮겨 수술받아 좋아졌다. 이 학생 기독교 신자 아니었다.

보라: Exhibit VII

Ri, Kai Tong (이개동)

Duksan(덕산)인 서울서 3, 4마일 떨어진 곳에 살던 27살 난 청년으로 3·1운동 때인 3월 25일 일본헌병이 쏜 총에 다리 맞아 부상, 세브란스병원에서 치료받았다.

보라: Duksan

Ri, Nam Kee (이남기)

경기도 파주사람으로 3·1운동 때 22살 난 사람으로 일본 순경에게 몽둥이로 얻어맞아 사지가 찢겼는데 세브란스에 3월 29일에 입원했다가 담 일요일 오후에 죽었다 한다.

보라: Exhibit VII

Ri, Tol Sa (이돌사)

서울서 3, 4마일되는 곳인 덕산(Duksan이라 했다)에 살던 23살 난 청년이었는데 3백여 명 군중과 함께 독립만세 시위했다. 이때 군중 헌병대 앞에까지 와 태극기 흔들고 독립만세 불렀는데 이때 조선통역시켜 해산하라 했으나 응하지 않았다. 이러자 서울서 일본 헌병 자동차로 왔는데 갑자기 헌병 15명 나와 총을 쐈다. 이때 한 사람 죽고 열두 사람 부상당한 걸로 안다 했다. 이 사람 발에 총 맞았다. 조선사람 헌병도 껴 있었는데 그들 총 쐈나 모르겠다 했다. 담날 3월 26일 세브란스 병원에 와 치료받았다. 이도 역시 종교와 관계없는 사람이었다.

Roberts, Stacy L., Rev.

반 아편 운동가로 국제적으로 알려진 북경에 있던 목사인데 3·1운동 때 E. W. Thwing 목사와 함께 조선에 왔다 헌병에 끌려갔다 곧 풀려나왔다 한다.

보라: Exhibit I. "Indignities to Missionaries"

Rodgers, Adm.

이른바 1866년 General Sherman호 사건 문초키 위해 조선에 온 Rodgers 제독인데 그가 이끈 미국함대 강화도 폭격 2백여 명 조선사람 죽인 것뿐이고 아무 효과 없는 원정했다며 Senator Sargent 그의 글 "Relation with Corea"(April 17, 1878)에 지적했다. 그리고 만일 미국정부가 1866년 Shufeldt에 보낸 조선왕의 회답에 관심 뒀으면 이런 사건 일어나지 않았을 거라면서 이 조선왕의 편지 아무도 모르게 미 해군성에 묻혀 있었다며 미국의 무성의 폭로했다. 강화도 사건 우리 신미양요라 한다.

보라: Relation with Corea, 1878, Speech by Senator Sargent, p. 2607

Root, Elihu에게 보낸 고종 비밀편지

1905년 Roosevelt 대통령 때 국무대신이다. 고종황제 Roosevelt에게 보낸 비밀편지 백악관에서 받지 않아 Hulbert 통해 직접 전달했다. 왜냐면 그때 미 국무대신이던

Root, Hulbert 만나는 것 일부러 피했기 때문이며 일부러 한일보호조약 체결된 담에야 Root 그 서류받아 일본의 조선합방 도운 사람이다. Root 비난한 Senator King 그는 조선 불행 장본인이라 했다. "Elihu Root is arraigned now for having been the principal author of the misfortunes of Korea."(p. 4182) *Congressional Record*–Senate, 67th Congress 2nd Session, March 21, 1922, pp. 4182~4186.

뿐만 아니라 Root 1882년 한-미 조약 없는 걸로 하잔 일본의 요구 승낙한 자라 했다. 곧, "But the worst of it was the Japan got the consent apparently of Mr. Root to scrap the treaty of 1882," p. 4183.

보라: Norris, Senator

Roosevelt, Franklin

1942년 2월 말 라디오 방송에 첨으로 미 대통령 자신 한민족을 "The People of Korea" 라 해 일본사람 아님 밝혀 한인의 긍지 살렸다고 이승만 박사 The Korean Liberty Conference 마지막 연설에 지적했다.

보라: 각 항

Roosevelt, Theodore, 1858~1919

26대(1901~1909) 미 대통령으로 구한말 우리나라 운명에 크게 영향 끼친 사람이다. 외부의 침범당했을 때 서로 돕는다는 1882년 한-미 조약 있음에도 1905년 일본 한국보호조약 강요할 때 고종 그에게 호소했건만 일부러 고종의 친서를 보호조약 맺은 48시간 뒤에야 받아 이미 때가 늦었다(too late) 핑계, 조선을 일본에 넘겨줬다. 이와 같이 조선을 저버린 사람이 1915년 독일이 중립국인 벨지움을 침공, 미 대통령 윌슨, 이를 묵인하자 루스벨트 윌슨 대통령의 이런 처사 비방했다. 고종의 고문이었고 또 고종의 비밀서신을 루스벨트에게 친히 전하고자 하다 실패한 Homer B. Hulbert 루스벨트의 이런 모순 반박하는 글(Dec. 3, 1915) Thomas 상원의원 *Congressional Record*–Senate 64th Congress 1st Session, Aug. 29, 1915, p. 13326에 소개, 전재했다.

보라: "Roosevelt and Korea-Japan's attack compared to the German invasion of Belgium."

Hulbert 겨우 미 국무대신 만나 고종의 편지 전할 때 그가 "당신은 미국이 일본과의 분쟁에 말려들어가는 것 원치 않겠지요(Do you want us to get into trouble with Japan)" 했다면서 이는 비겁한 짓(Cowardly state of mind)이요, 루스벨트, 윌슨 대통령 독일문제 처사에 말할 자격 없는 사람이라 했다. 그야말로 국제문제에 소심(International timidity)했다 했다.

Roosevelt and Korea-Japan's attack compared to the German invasion of Belgium

위에 말한 Homer B. Hulbert 1915년 12월 3일 *New York Times*에 기고한 글 그가 살던 Springfield, Massachussetts에서 쓴 거다. 이 글 신문에 기고한 까닭 1915년 독일 중립국인 벨지움 침공할 때 그때 미 대통령 윌슨 이를 묵인한 정책 썼는데 이에 대하여 루스벨트 전대통령 윌슨 대통령의 이런 처사 비방했던 것에 자극받고 쓴 거다. Hulbert, 루스벨트 자신 1905년 대통령으로 있을 때 벨기에보다 더한 사정 있었고 또 미국 조약으로 조선을 보호할 의무가 있음에도 일본이 조선보호조약 강제했어도 이를 묵인했고 또 이런 사실 조선왕 루스벨트 대통령에게 호소했건만 고의로 조선왕의 편지 접수 않고 서울서 보호조약이 끝난 24시간 뒤에야 이를 접수시켜 이미 때가 늦었다고 말한 사실 들어 비난은 윌슨 대통령 받을 것 아니라 Theodore Roosevelt 자신 우유부단하다 했다. 이 원문 *Congressional Record*-Senate, 64th Congress 1st Session, Aug. 29, 1915, p. 13326에 실려 있다. 일본 러시아를 누르고 조선 침략했고; 독일 후란스 치기 위해 벨지움 침공했고; 일본 조선 독립을 보장하고도 이를 깨뜨렸고; 그리고 일본 독일보다 나쁜 건 조선을 멸망시켰기 때문이라 했다. 그리고 Hulbert 루스벨트 대통령의 배신 힐난했다.

Rumors in 1888

Buying, Selling Children to Westerners(Westerners eating Korean Children)

보라: “China and Korea” by O. N. Denny

Russia

보라: Relation with Corea, 1878, Speech by Senator Sargent

Samil Undong Tangsi (3·1운동 당시)

서양선교사 더러 감금당했으나 일본 순사에게 얻어맞은 사건은 영국 동양선교회 목사 John Thomas 강계에서 당한 것뿐이다.

보라: Exhibit VI

San, Syen Nam (산선남)

남산선 아닐까 한다. 경기도 포천군 산면 선달리에 살던 27살 난 사람인데 근방 솔무장날에 2백여 명 군중에 껴 3·1운동 때 독립만세 불렀다. 헌병 해산하라 했으나 말을 안 듣자 조선사람 헌병은 하늘에 대고 총 쏘고 일본헌병 군중에 총 쐈다 했다. 이 총에 맞아 아홉 사람 죽고 많은 사람 부상입었다. 이 사람 다리에 맞아 세브란스병원에 옮겨 치료받았다. 종교 없다 했다.

보라: Exhibit VIII

Sargent, Senator from California

Sargent 상원의원 "Relations with Corea"란 제목으로 두 번에 나눠 의회의사록에 조선에 관한 그의 연설 실었는데 첫 번째는 1878년 4월 8일에 "Joint Resolution No. 24"를 건의했고 일주일 지난 4월 17일엔 한-미 조약 중요성 역설한 거다. 곧, *Congressional Record*–Senate Vol. 7, pt 53 45th Congress 2nd Session, April 8, 1878, p. 2324와 April 17, 1878, pp. 2599~2602이다.

Sargent 상원의원 1882년 한-미 조약 체결 4년 전인 1878년에 "Joint Resolution No.24"라는 상하원 공동결의안을 의회에 제출했는데 이 건의안에 조선과의 통상조약을 추진키 위해 'Commissioner'를 임명할 것과 이 조약 추진비용으로 5만 불 비용 줄 것 미 대통령에게 건의한 거다. 그는 이 건의안 제출 연설에 1876년 조-일 조약으로 조선 완전 독립국임을 승인받은 나라라 했다. 또 조선사람은 몸 생김과 힘 일본사람보다 우수하며 옷은 중국사람과 비슷하나 머리 깎지 않고 변발 안 한다 했다. 일반적으로 교육받아 책 읽기와 노래와 춤 좋아한다 했다.

두 번째 글 "Relation with Corea"엔 1878년까지 조선의 대외관계 설명했는데 1854년 3월 페리 제독에 의해 일본 문호 개방한 담 동양에서 일어서게 됐고; 1876년 조선과 조약 맺어 조선에 진출했으며; 1866년 조선내륙에서 후란스 신부 처형당한 사실과; 이의 문초로 General Sherman호 대동강에 올라가 불살음당했고; 만일 다른 나라 미국 강(James River)에 와 측량한다면 우리 어떻게 하겠는가 물었다. 그런데 Sargent 의원의 이 조선 두둔설 많이 알려져 있지 않다. 또 조선에 관한 그의 지식 두 백과사전에서 얻었다고 했다.

곧, *Zell's Encyclopedia Dictionary* 와 *Appleton's Encyclopedia*다. Senator Mitchell 그의 연설 "Disturbances in Corea"에 1878년 Sargent 의원 연설 "Relation with Corea"에 첨으로 조선사람의 성격, 생산품, 지리 등 소개했다 했다.

보라: "Joint Resolution No.24"
또 보라: "Relation with Corea" and *Congressional Record*-Senate, 45th Congress 2nd Session, April 8, 1878, p. 2324; and April 17, 1878, pp. 2599~2601

Schufeldt, Robert
보라: US-Korea treaty

Sekiya
서울서 발행한 영자신문 *Seoul Press* 기자인데 그의 동료 Niwa와 Yamagata와 더불어 3·1운동 때 총독부 내무국장과의 세 차례 회의에 참석한 사람이다. 이때 이 자 Avison 의사와 Welch감독에게 지금은 온건히 다루지만 앞으로는 엄하게 독립운동 다룰 거라 했다 한다.
보라: Exhibit II

Senate Concurrent Resolution 2-to grant the privilege of citizenship to Koreans
보라: *Congressional Record*, May 14, 1945, pp. 4591~4592
또 보라: Hawaii Senate Concurrent Resolution 2

Senate Resolution No. 91
Atlantic Charter 미국정부 승인 채택하잔 결의안인데 Senate Foreign Relations Committee의 Gillette 의원 낸 거다. 이 건의안 한국관 관계없으나 이 헌장 정신 약소국 독립과 관계있어 미주에 있던 한인 지도자들 이 헌장에 많은 기대 걸어 한국 독립 승인 UN과 미국 정부에 탄원했으나 허사였다. 조선 민족혁명당 미주지부에서 Senate Gillette에게 이 건의안 낸 데 대한 고마운 편지 1943년 2월 13일에 냈다.
보라: 조선민족혁명당 미주지부

Senator, Arthur Capper
보라: Capper, Arthur Senator

Senator, France
보라: France, Senator

Senator, McCormick
보라: McCormick, Senator

Senator, Mitchell
보라: Mitchell, Senator

Senator, Norris
보라: Norris, Senator

Senator, Sargent
보라: Sargent, Senator

Senator, Thomas
보라: Thomas, Senator

Seoul Press
서울서 나온 영자신문이었는데 친총독부 신문으로 3・1운동 때 무저항 독립 데모를 폭동이라 했고 고문과 학살 없다고 보도했다. 그러나 이 신문 편집국장이었던 Yamagata 개인적으로 마포삼열 목사와 회의할 때 일본 관헌의 포학한 짓 인정했고 신문에는 공식 발표한 것뿐이라고 했다.
보라: Exhibit II
여기에 "Christian church burned"란 제하에 평북 정주에서 4월 9일부터 11일 사이에 기독교회당 불사른 사건 보도하면서 이는 기독교인들이 저지른 걸로 일본이 안 했다고 했다.
이 기사 내용 Norris 상원의원 그의 연설 *Congressional Record*–Senate, 66th Congress 1st Session, July 15, 1919, p. 2600에 소개했다.

Severance Hospital
3・1운동 당시 부상자 주로 서울에 있는 세브란스 병원에서 치료했다.
보라: Exhibit VII

Severance Union Medical College Hospital

3・1운동 때 일본 관헌에게 총과 칼과 몽둥이로 부상당해 치료받은 사람과 미국 선교회와의 면담 Exhibit VII과 VIII에 있다. 세브란스 병원장 Avison의사였고 수술 담당 외과의사 Ludlow였다.

Sharrocks, E. J.

안동에 있는 장로교 선교사로 3・1운동 때 총독부 내무국장과 세 차례 회의했는데 그때 참석한 사람이다.

보라: Exhibit II

Shosen Shinmun

*서선신문*인 것 같다. Exhibit III에 3・1운동 봉기에 대한 일본 측 잔인한 처사를 변명한 본보기로 이 신문기사 인용했는데 이 신문에 3・1운동 미국 선교사 유령들의 장난이라고 했고 미개한 나라인데 조선에 미국 민주주의와 자유주의 씨 뿌린다 했다. 그리고 John Thomas 일본관헌에 얻어맞은 것 당연하며 사과할 것 하나도 없다 했다.

Schufeldt, Captain

1867년 1월 24일 대동강 입구(Wachusett Bay라 했음)에 와 조선왕에게 낸 그의 서신 영어원문 "Relation with Corea"라 담처럼 실었다.

발신인: U.S. Steamer Wachusett

Wachusett Bay, Near Mouth of River Tai-Tong, Jan. 24, 1867

수신인: To his majesty the King of Corea

Schufeldt, 미군함 Wachusett 함장(Commodore), 1866년 General Sherman 사건 때 살아남아 있는 사람 있으면 돌려 달라 1867년 1월 24일 날짜로 한문으로 된 공문 조선왕에게 전달했다. 이 한문원문에서 영어로 번역한 것 Sargent 상원의원 그의 연설 "Relation with Corea" *Congressional Record*-Senate, 45th Congress 2nd Session, April 17, 1878, p. 2600에 실었다. 이 편지에 1866 미국상선 조난 미국 표류민에 대한 조선의 후대 감사한다 했다. 이때 Wachusett호 대동강 입구에 정박했는데 아마 진남포인 듯 이곳을 Wachusetts만이라 했다. 이곳 Ta-Fung(다풍)항이라면서 Kewts섬의 근처라 했다. 어쨌든 추운 1월이기에 강 얼어붙을까 무서워 곧 떠났기 때문에 왕의 회답 못 받았으나 북경에 있는 미국공사에게 회답 보냈고 이때 북경에 와 있던 Captain Febinger에게 전해 미국정부에 전달됐다.

Shynn, D.S.

Chairman, Political Council, Korean National Revolutionary Party USA Branch
보라: KNRP USA Branch

Sim, Sang-hak, Minister Plenipotentiary Europe

보라: Korean first mission abroad

Sino-Korean Peoples League, The

이 기구 와싱톤주재 대표 Kilsoo K. Haan이었다. 그는 이 동맹 대표로 1942년 5월 22일 한-미 조약 60주년 기념 라디오 방송했다. 또 그는 1943년 11월 15일 UNRRA에 한국을 독립국으로 유엔에 가입시켜 일본과 싸울 권리 달라 호소했다. 이를 Senator Gillette "Appendix to the *Congressional Record* 78th 1st, 1943, pp. A5006~5007"에 실었다.
보라: Haan, Kilsoo K.

Slave (중국 노예)

China's friend and ally Korea desires to be, but her voluntary slave she never will consent to become.
보라: "China and Korea" p. 11

"조선 중국 우방되길 원하지 중국의 노예되는 것 결코 있을 수 없다."

Smith, Egbert, Dr.

3·1운동 때 총독부 회의를 세 번 가졌는데 마지막 회의인 세 번째 회의 때 다른 선교사와 함께 참석한 사람이다.
보라: Exhibit II

Song, Si Ung (송시웅)

경기도 포천 사람으로 47살 때인 3·1운동 때 독립만세 불러 머리에 총 맞았다. 세브란스 병원 Dr. Ludlow 그의 머리에서 총알 빼냈다고 한다.
보라: Exhibit VIII

Song, Yun Park (송윤박)
Exhibit VII에 똑같은 사람으로 Song Yun Pok이라고도 나온다.

Song, Yun Pok (송윤복)
경기도 덕산에 살던 21살 난 청년으로 3·1운동 때 일본 헌병 쏜 총 얼굴에 맞아 세브란스 병원에서 치료받았다. Song Yun Park이라고도 나온다.

Sovereign rights of state
보라: Tributary state of China

Sovereign sovereignty
보라: Vassal sovereignty and sovereign sovereignty

Sovereign state
보라: Definition of sovereign independent state
또 보라: Definition of sovereignty and independence;
Unerring test of a sovereign and independent state

Speech by Senator Mitchell, Sept. 22, 1888
그의 연설 원문
보라: "Disturbances in Corea"

Spencer, Senator
Homer B. Hulbert가 미 대통령에 보낸 서신과 자기의 공한인 "Affaires of Korea", 또 "What about Korea" *Congressional Record*-Senate, 66th Congress 1st Session, Aug. 18, 1919, pp. 3824~3926에 실었다.

Stainback, Ingram M.

1945년 하와이 Territory Governor로 그는 하와이주 상원 결의안 이른바 "Senate Concurrent Resolution 2"를 1945년 4월 18일 결재한 사람인데 이는 미 의회와 대통령에게 한인에게도 미 시민권을 줘야 한단 결의안이다.

보라: Hawaii-Senate Concurrent Resolution 2

Stevenson, Henry

1931년 Washington Naval Conference 때 미 국무대신으로 영국의 반대로 일본의 군비확장과 만주침공 막지 못했다고 했다.

보라: Coffee, John M.

Stories of wounded Koreans in Severance Hospital

이건 Exhibit VII의 제목인데 3・1운동 때 부상당해 세브란스 병원에 입원한 21명과 직접 면접 그 부상 경과 소개한 거다.

이 보고서 날짜 1919년 3월 29일이다.

보라: Exhibit VII

Subterfuge "Residency"

보라: Yuan Shih-kai Commissioner

Suffering of Korean Christians

보라: *Congressional Record*, Oct. 13, 1919, pp. 6812~6826

Sunan Mining Co's hospital

보라: 순안광업회사 병원

Sung, Yong (성용)

16살 난 어린 나이로 Hyum Sung Li(또는 Hun Sang)란 어느 강가에 있는 동리의 학교 3학년이었는데 3・1운동 때인 3월 23일 독립만세 불렀다 했다. 이때 헌병 총칼로 배를 찔려 상처 입어 세브란스병원에서 치료받았다 했다. 할머니는 예수 믿으나 그 어머니는 안 믿었다 한다.
보라: Exhibit VII

Sungdok

함흥근처라 했는데 숭덕, 성덕, 흥덕, 신덕 어딘지 모르겠다. 여기서 3·1운동 만세 때 네 사람 총에 맞아 죽었다 한다.
보라: Exhibit IV

Superintendent of Trade for the Northern Port (북양대신 이홍장)

보라: Yuan continues the representative of China to Korea

Suzerain and Vassal

조선 중국의 속국 아님 국제법에 의해 첨으로 해설한 건데 Wharton's *Digest of International Law of the US* (Vol.1)에 나온 기사 아닌가 한다.

Swartour, Robert R.

An American Advisor in late Yi Korea: the letters of Owen Nickolson Denny(University of Alabama Press, 1983) 쓴 사람이다. 이 책 LC Call No. DS915.9.0219다. 그는 또 *Mandarins gunboats and power politics: Owen Nickolson Denny and the international rivalries in Korea*[Hawaii, Asian Studies Program University of Hawaii. The University Press of Hawaii, 1980, 192p(Asian Studies at Hawaii, 25)] 썼다. LC Call No. DS3A2A82, no.25

Ta-Fung

Capt. Schufeldt 이끈 Wachusett호 머문 대동강 입구 항구로 Kewts섬에 있다 했다.
보라: Relation with Corea, 1878

Taiden

어딘지 모르겠다. 평북 강계에서 기차 닿는 곳이라 한다. Exhibit VI에 동양선교회 목사 John Thomas 강계서 봉변당하고 순사들이 돌려보낸 곳이다.
보라: Exhibit VI

Telegraphic instructions from the Viceroy

보라: Instructions to Yuan

Thomas, Charles S.

1922년 와싱톤에 있던 Korea Mission에 Special Counsel로 있었다. 본래 Colorado 상원의원이었다.

보라: Korea Mission

Thomas, John, Rev.

영국 동양선교회 (Oriental Missionary Society) 목사로 3·1운동 때 강계에 있었는데 헌병에게 잡혀 심하게 얻어맞고 영국 여권마저 무시받았다 한다. 이에 대한 보고 Exhibit I "Indignities to Missionaries"에 나온다. 또 Exhibit III에 *Shosen Shinmun* (*서선신문*) 기사에 이 사건 사과하라 하니 일본관헌 말도 안 된다면서 그가 얻어맞은 것 당연하다 했다. Exhibit VI엔 Thomas 목사 목격담 전문 실렸다. 여기에 자기는 동양선교회 한국책임자라고 밝혔다.

Thomas, Robert Jermain, 1839~1866

崔蘭軒 또 Tsuy로 알려 있다. 영국 기독교 선교사로 1866년 미국 배 General Sherman호 타고 상해서 대동강 상류까지(평양 근처) 올라왔는데 그때 평양감사 그를 후대했음에도 평양감사 관원 가두고 언덕에 모여 있는 군중들에게 총을 쏘는 등 횡포 부려 군중이에 격분 배와 함께 그를 불살라 죽였다. 이 사건의 경위 밝힌 글 Commodore Schufeldt 편지에 회답한 왕의 편지에 잘 나타나 있다. 이 회답 *Congressional Record* –Senate, 45th Congress 2nd Session, April 17, 1878, pp. 2599~2601에 실려 있다. 여기에는 Tsuy라고만 했다. 그리고 이 문제로 미 의회에서 연설한 Senator Sargent에 따르면 조선의 이런 행위 정당한 것이었다 조선을 두둔했다. 그의 연설 "Relation with Corea"에 나와 있다. *Congressional Record*–Senate, 45th Congress 2nd S., 4'17'1878, pp. 2599~2601에 실렸다.

보라: Sargent, Relation with Corea, Shufeldt, General Sherman

Thomas, Senator

1915년 중립국인 벨지움을 독일 침공할 때 윌슨 미 대통령 이를 묵인했는데 전 미 대통령 루스벨트 윌슨 대통령의 이 처사를 이때 비난했던 거다. 루스벨트 이런 처사를 Thomas 상원의원 비방하여 말하길 자기는 1905년 대통령으로 있을 때 조약으로 보장한 조선의 보호는 고의로 피해 일본에 조선을 넘겨주었으면서도 이제 독일 벨기에 침공에 대해서는 항의한다며 *New York Times*(12월 3일, 1915)에 실린 Homer B. Hulbert 기사 소개코 루스벨트 잘못 폭로했다. Hulbert 기사 "Roosevelt and Korea–Japan's attack compared to the German invasion of Belgium"으로 이 글 전문 *Congressional Record*–Senate, 64th Congress 1st Session, Aug. 29, 1915, p. 13326에 실렸다.

Three compulsory rule

보라: Instructions to Yuan

Three requisites for dispatching Korean Minister (조선공사 외국파견 세 가지 조건)

A correspondent of the *Mainichi Shinbun*(Japanese journal) writing to that paper on the 17th of November last, seems to have fallen a victim to one of these, for he says: "It appears that a convention on the appointment by Korea of Ministers to foreign countries has been concluded between her and China and that it consists of the following three articles. 1st. – The Korean Minister of State shall before sending a Minister abroad, ask advice of the Chinese Minister in Korea. 2nd. – Should the Korean Minister abroad have occasion to communicate with the representative of any other foreign power in the same country on a matter of business, he shall consult with the Chinese Minister in that country. 3rd. – The Korean Minister of State shall, no matter what the official rank of a Minister appointed by them to a foreign country may be, not allow him to take precedence over the Chinese representative in the same country." … The only documents which could be tortured into anything like the above articles is the "Instruction from the Viceroy to Commissioner Yuan."

보라: "China and Korea" p. 12

일본 *마이니찌 신문* 기자 지난 11월 17일 신문에 풍문에 쏠린 듯 말하길 "조선 외교관 임명 조선과 중국 사이 체결한 다음 세 가지 재래 관례에 따른 것 같다. 1 – 조선 공사 외국 보내기 앞서 주조선 중국공사에게 알려야 하며, 2 – 조선공사 주재국 당국에 공문 보낼 땐 같은 주재국 중국공사와 상담하며, 3 – 외국 간 조선공사 신분 여하 막론하고 같은 주재국 중국공사 앞에 안 설 것" 이 억지로 꾸며낸 기사와 비슷한 문건 또 하나 있는데 이는 "총독(이홍장) 원세개에 보낸 지령"이다.

Thwing, Edward W. Rev.

아편 반대 운동가로 북경에 있던 국제적으로 유명한 목사인데 3·1운동 때 Stacy L. Roberts 목사와 조선에 왔다 경찰서로 헌병에 끌려갔다 곧 풀려나왔다 한다.

보라: Exhibit I. "Indignities to missionaries"

미국 Boston 사람으로 중국 북경에 있는 The International Reform Bureau at Peking의 총무(Secretary)로 있으면서 1919년 3월 평양 갔다 3·1독립만세사건 목격담 그해 북경에서 4월 3일에 발표했는데 이걸 Senator King *Congressional Record*에 소개했다. 이 글에 조선사람 조직력과 용기 있는 거사에 감탄했다 했고 특히 평양근방 일본사람들의 잔인성 지적했다(p. 4184).

To authorize the admission to the U.S. under a quota for Koreans

보라: House Bill 1586, 1906

To authorize the admission to the U.S. under a quota for Koreans

보라: House Bill 4940, 1944

To authorize the admission to the U.S. under a quota of Koreans

보라: Senate Bill 730, 1944

To authorize the naturalization of Koreans

보라: House Resolution, House Bill 1901, 1906, 2p

To permit Korean students to remain temporarily in the U.S.

보라: House Bill 7399, 1939, 2p

To permit Korean students to remain temporarily in the U.S.

보라: House Bill 2870, 1939, 2p

To permit Korean students to remain temporarily in the U.S.
보라: Senate Bill 1086, 1941, 2p

To prohibit the coming of all Japanese and Korean persons to D.C.
보라: House Bill 8975, 1905, 3p

To prohibit the coming of Japanese and Korean laborers to the U.S.
보라: House Bill 3160, 1905, 1p

To provide for the recognition by the U.S. Gov't of the National Gov't of Korea
보라: House Joint Resolution 332, 1942, 1p

To provide for the recognition by the U.S. Gov't of the National Gov't of R.O.K
보라: House Joint Resolution 109, 1943, 1p

To provide for the recognition by the U.S.A. of the provisional Gov't of the provisional gov't of the Rep. Korea
보라: House Joint Resolution 17, 1945, 1p

Treasonable conduct of Yuan
보라: Yuan's recent treasonable conduct

Treaty between the United States of America and the Kingdom of Chosen
보라: 한미조약

Treaty imperils mission
보라: *Congressional Record*, Oct. 9, 1919, p. 6612

Treaty of Peace, Amity, Commerce and Navigation signed between the USA and Korea
보라: 한미조약

Tributary relations

보라: Letter (Memorial) of the King

Tributary state of China (조선 중국 조공국가)

Korea is a tributary state of China, but … does not effect, much less destroys, the sovereign rights of a state

보라: "China and Korea" p. 9

조선 중국 조공국가다. 그렇다고 국가주권에 영향 있는 것 아니고 그리고 주권 없는 것 아니다.

Tributary treaty of 1636 (조공조약)

It has been suggested that Korea signed a treaty in 1636 wherein vassalage was acknowledged. This however is a mistake, as that treaty was also a tributary one, and even then it was in no sense a treaty with China. It was a treaty of capitulation made with a Chinese subjects, a Manchu Prince, who was in open rebellion against the Chinese Government and against whom Korea fought on the side of the last Chinese Emperor of the Ming Dynasty, as in 1636 the Mings were still Emperors of China, and no treaty of vassalage was ever signed with them. It was not until 1644, eight years later, that the Manchu ascended the throne at Peking, since which time no vassalage treaty has been signed or agreed to by Korea.

보라: "China and Korea" p. 10

1636년 병자호란(만주) 때 조선 서명한 조약에 조공국 인정한 걸로 알려 있다. 그러나 이는 오해다. 설사 이 조약에 조공국이라 했다 치더라도 이는 중국과 맺은 조약 아니다. 조선 만주와의 주종관계다. 1636년 병자호란 때 남한산성에서 조선 만주 사이 맺은 조약이다. 그런데 이를 중국과 맺은 걸로 인식, 조선 마치 중국의 속국이라 주장하는데 이는 잘못이다. 조선 만주에 항복할 때 중국 명나라였으며 명나라 또한 만주에 항복했다. 그리고 1636년 땐 아직도 명나라(곧, 중국) 있을 때다. 1644년에 비로소 만주 북경에 도읍 청나라됐다.

Tribute (조공)

The tribute annually paid by Korea to China does not impair her sovereignty or

independence any more than the tribute now paid by the British Government to China on account of Burmah impairs the sovereign and independent rights of the British Empire.
보라: "China and Korea" p. 4
조공 매해 중국에 보냈다 해 조선의 주권과 독립 손상한 것 아니다. 이는 마치 영 제국 '미얀마' 영유 명목으로 중국에 조공했다 영국 주권과 독립에 손색없는 것처럼.

Tsuy
Wachusett함장 Commodore Schufeldt에 보낸 1866년 12월 조선왕 회답 보면 General Sherman호에 타고 온 서양사람 Tsuy 후란스 사람이라 했다고 했고 그 밖에 사람 영국 사람이라 했다. Tsuy 후란스 사람 아니고 영국 기독교선교사 Thomas로 그때 불살라 죽었다. 한자로 崔蘭軒이다.
보라: Thomas, Robert Jermain

Tulmichang
장터인데 덜미, 들미, 돌미 분명치 않다. 평남 순안군에 있는 곳으로 1919년 3·1운동 때 순안광업회사 병원 여기 있었다 했다.
보라: 순안

Tyranny and oppression of China
보라: Insidious conduct of China

Tyungju
평양북도 정주로 3·1운동 때 기독교인 학살당한 곳이다. 이곳 사건 영자신문 *Seoul Times*(April 13, 1919)에 보도된 걸 Norris 상원의원 그의 연설에 인용했는데 *Congressional Record*-Senate, 66th Congress 1st Session, July 15, 1919, pp. 2599~2600에 실려 있다.

Uchida Cable
Uchida 3·1운동 때 일본 외무대신이었는데 1919년 5월 15일 뉴욕에 본부를 둔 Commission on Relations with the Orient of the Federal Council of Churches of

Christ in America 그에게 3·1운동 때 조선서 벌인 일본 학살사건 묻는 전문에 뉴욕총영사 Yada를 통해 앞으로 총독정치 개선하겠다 대답했다. 이 회답 원문 *Congressional Record*–Senate, 66th Congress 1st Session, July 17, 1919, p. 2798에 있다.
보라: Report in situation Korea

UN Membership

1943년 11월 15일 한국을 45번째 UN 가입국으로 받아줄 것 한길수 UNRRA에 호소했다. 이 호소문에 "Atlantic Charter in Four Freedom" 환기시키면서 조선은 유럽 작은 나라들 그리고 Chile나 Philippine보다 인구로나 면적으로나 더 크며; 4200년 역사 있고; 미·영·중국 등 조약으로 우릴 독립국으로 인정했는데 왜 외면하느냐면서 강대국의 무관심에 항의했다. 조선에 대한 이런 처사 앞으로 무서운 결과 가져올 거라 경고했다.
곧: Since the pronouncement of the historic Atlantic Charter – "four freedoms" and its kindred war and peace declarations–26,000,000 Koreans have continually and persistently pled with and begged the UN to restore Korea as one of the member sovereign nations within the family of UN fighting our enemy, Japan. To date the question of Korea's freedom and independence has been evaded and pushed aside by the powers. Whether this attitude is due to political and military expediency, or whether the spirit of the Atlantic Charter and "four freedoms" does not apply to Korea and other small nations in the Far East, we cannot quite understand. Nevertheless this delay and evasion has done much harm and will do greater damage unless clarified soon(p. A5006).

UN Relief and Rehabilitation Administration (UNRRA)

1943년 11월 15일 Sino–Korean Peoples League 와싱톤 대표인 Kilsoo K. Haan 조선 독립국이니 UN에 가입시켜 달란 호소문 이 기관 Director–General Herbert H. Lehman에게 냈다. 이 호소문 Senator Gillette "Appendix" to the *Congressional Record*, 78th 1st Session, 1943, pp. A5006~5007에 실었다.

Underwood, H. H.

3·1운동 때(4월 16일) 경기도 부원근방 팔단에 Curtice란 사람과 같이 인력거 타고 가 일본 군인들 잔인하게 그 동네 기독교인 불사르고 총칼로 죽인 사건 목격하고 살아남아

있는 사람과 면접, 사진 찍고 기록했다. 이 내용 Norris 상원의원 그의 연설에 인용한 것 *Congressional Record*–Senate, 66th Congress 1st Session, July 15, 1919, p. 2599에 실었다.

Unerring test of a sovereign and independent state (주권과 독립의 확증)

Sovereignty is the supreme power by which any state is governed; this supreme power may be exercised either internally or externally. The unerring test, however, of a sovereign and independent state, is its right to negotiate, to conclude treaties of friendship, navigation and commerce, to exchange public ministers, and to declare war and peace with other sovereign and independent powers.

보라: "China and Korea" p. 2

주권이란 한 나라 다스리는 최고권력이다. 이 최고권력 국내외로 행사한다. 주권과 독립의 확증 다른 주권 국가와의 협정권; 우호, 항해 그리고 통상조약 체결권; 외교관 교환; 그리고 전쟁과 평화 선포다.

United Korean Committee, The

이승만 박사 주관한 대한독립운동기관으로 본부를 Hawaii와 Los Angeles에 뒀다. 1942년 2월 27일 와싱톤 디씨에서 The Korean-American Council과 공동주최로 The Korean Liberty Conference 열었다. 이 기관 미주 캐나다, 멕시코, 쿠바, 하와이에 있는 모든 한인 대표한 단체이며; Korean-American Council은 한인과 미국인으로 구성된 거라 이승만 박사 그의 연설에서 밝혔다.

UNRRA

보라: UN Relief and Rehabilitation Administration

US Governmen declined the demand of vassalage clause

보라: US-Korea treaty draft

US-Korea treaty (한-미 조약문 작성)

When the first of the Western treaties came to be negotiated, which was with America, the Viceroy was invited as the friend of the King, having the broadest experience in such important matters, to assist in the negotiations. Two drafts were submitted to that Convention for consideration, one by the Viceroy and the other by the special envoy, Robert Shufeldt who conducted the negotiations for the United States.

보라: "China and Korea" pp. 4~5

중국 우방국가로 그리고 경험 많기에 한-미 조약 협상 도와줄 것 이홍장에게 임금이 부탁한 초안이다. 미국 대표 Schufeldt 또 따로 조약문 마련했다.

US-Korea Treaty, article 1

보라: American reaction to

US-Korea treaty draft (한-미 조약 초안)

The very first clause in the Viceroy's draft was a demand for the recognition of vassal or dependent relations between China and Korea, which the agent of the U.S. Government declined to consider or even discuss further than to say that, as his mission was to make a treaty of commerce and friendship with an independent state, such a treaty he would make or none at all.

보라: "China and Korea" p. 5

초안 제1조에 쓴, 조선 중국의 속국이란 조항 이홍장 고집했다. 그러나 미국 대표 이를 거절했는데 그는 말하길 자기 임무 조선 독립국으로 인정 미국, 조선과 우호 통상조약 체결하는 건데 조약 체결 안 했으면 안 했지 받아들일 수 없다 했다.

US-Korea treaty signed (한-미 조약서명)

Signed at Chemulpo and concluded May 22nd, 1882. "China and Korea" p. 5

1882년 5월 22일 제물포에서 서명했다.

USAMI

宇仕美勝夫인데 3 · 1독립만세 때 총독부 내무국장이었다. 1910년 부임 1919년 8월까지 있었다. 이 자 3 · 1운동 때 선교사들과 세 차례 회의 가졌으나 선교사들의 '중립'주장으로 그의 뜻 이루지 못했다.

보라: Exhibit II

Vassal envoys

보라: China's appellation of vassal, a misnomer

Vassal or dependent relations (제후 속국관계)

"The only vassal or dependent relations recognized by the law of nations are those resulting from conquest, international agreement or convention of some kind…."

보라: "China and Korea" p. 3

국제법으로 제후와 속국과의 관계 인정받는 건 오직 정복으로, 국제승인으로, 그리고 어떤 협약에 따라 이뤄진다.

Vassal relations

보라: Letter (Memorial) of the King

Vassal sovereignty and sovereign sovereignty (조공국주권과 주권국주권)

The following language of Johann Kasper Bluntshli, a modern international jurist of great clearness, is forcibly applied here. He says: – "Inasmuch as sovereignty tends to unity, such distinctions between vassal sovereignty and sovereign sovereignty cannot subsist long." History shows us the truth of this principle.

보라: "China and Korea" p. 11

유명한 현대 국제법학자 '존 카스퍼 블런찔리' 지적한 담 글 여기에 적용된다. "아무리 주권에 일관된 경향 있다 하더라도 속국의 주권과 주권국가의 주권 서로 다른 것 아니다." 역사는 말하는데 이 원칙 진리다.

Vassal states' power (속국의 권한)

Vassal states have the power to create only consuls and commercial agents. No plenipotentiaries or ministers.

보라: "China and Korea" p. 15

속국 오직 영사와 통상사무만 관장하고 전권공사 임명할 권리 없다.

Vassalage

보라: Korean Government denied vassalage

Vassalage advocate

보라: Three requisites for dispatching Korean Ministers

Vassalage, void (속국무효)

The King has never admitted in documents or otherwise the existence of such relations (vassalage), anf further, if anything has been admitted by any official of the Government at any time which even implies vassalage, it is without authority and void.

보라: "China and Korea" p. 15

문서 또는 어떤 형식으로나 중국과의 속국관계 임금 시인한 바 없다. 만일 조선정부관리 한때 속국이란 언질 줬다면 이는 승낙 없이 한 일로 무효다.

Vattel

국제법학자. O. N. Denny의 "China and Korea"에 나온다.

Vengeance of the Viceroy

보라: Yuan threatened the King

Viceroy

총독 또는 태수다. 중국 천진(天津)에 있던 소위 북양대신이었던 이홍장(李鴻章 호는 中堂)을 O. N. Denny "China and Korea"에 이렇게 불렀다. 북양(北洋)이란 산동, 만주 그리고 조선 이 세 곳 가리킨 말이다.

보라: 이홍장

또 보라: Three requisites for dispatching Korean Ministers;
US-Korea treaty; US-Korea treaty draft

Viceroy of Chihli

보라: Denny

Visiting members of Korean Bar, remarks of Rep. Kenneth B. Keating

보라: *Congressional Record*, June 9, 1947, p. A2724

Wachusett호

Schufeldt 제독 이끈, 1867년 1월 추울 때 대동강 입구까지 온 미국군함으로 Ta-Fung 항(Kewts섬 근처)에 정박했었다. 이해 1월 24일 날짜로 조선왕에게 General Sherman 호 조난 때 살아남아 있는 사람 있으면 보내 달란 편지 내고 추워 물 얼까 무서워 회답 못 받고 떠나 버렸다.

보라: Schufeldt 조선왕에게 한 편지

Wachusett Bay

Commodore Schufeldt 1867년 정월 대동강 입구에 와 조선왕에게 서신 내면서 그 발신 처인 대동강 입구를 이와 같이 명명했다. 곧, 이 주소: Wachusett Bay, Near Mouth of River Tai-Tong이라 했다. 그런데 이 Ta-Fung항으로 Kewts섬 근처 대동강 입구 어딘지 분명치 않은데 조선왕 회답 보면 Wachusett호는 Chang-Tuen군(장정) 앞바다에 정박했었다고 했다.

Watanabe

일본 판사로 3·1운동 때 일본 측 대표로 세 차례 선교사와의 회의에 참석한 사람이다.

보라: Exhibit II

Water supply, Consulate-General, Seoul

보라: House Document, No. 1430, 1909, 2p

Watson, Senator from Georgia

일본 경계하라 그는 경고했다. 곧, 일본 중국과 한국에서 한 것처럼 태평양에서 우리에게도 같은 짓 할 거라 했다.

이 원문 담과 같다.

"we are to stand before the world afraid of Japan, afraid of England. Since when did we become afraid of any nation? Why should we be? Has the Leopard changed his spots? What Japan did to Korea and to China she will do to us in the Pacific

if she gets a chance. What England has done to her late allies she might do to us, if tempted and feeling secure, in the Pacific."(p. 4186)
보라: Senator King

Welch H. Bishop
그는 감리교 감독선교사로 서울에 있었는데 총독부 선교사와 세 차례 회의할 때 이 회의에 참석, 조선문제에 중립 지킨단 총독부와 선교사 사이 협약 상기시키면서 총독부에 협력할 수 없다 했다.
보라: Exhibit II

Wharton, Francis, 1820~1889
미국 공법학자 Mitchell 상원의원과 O. N. Denny 그의 *Digest of Int'l law of the United States* 인용 조선 독립국임 증명했다.
보라: *Congressional Record*-Senate, 50th Congress 1st Session, Aug. 31, 1888, p. 8138

Wharton's *Digest of International Law of the U.S.* (와톤 미국 국제법 요약집)
In paragraph 64, vol.1: "The existence of international relations between the two countries(the U.S. and Korea) as equal contracting parties, is to be viewed simply as an accepted fact," and "the independence of Korea of China is to be regarded by the U.S. as now established."
보라: "China and Korea" p. 9
제1권 64절에 "한-미 두 나라 사이 동등 동맹국가 국제관계 수립한 것 이는 기정사실이다." 그리고 "조선 중국에서 독립한 것 이젠 미국으로 말미암아 확실해졌다."

What about Korea
Homer B. Hulbert 쓴 조선에 관한 보고서인데 한일보호조약 맺은 담 조선에서 일본의 약탈 보고한 거다. 토지, 가옥, 상품 등 강탈했고 창녀 조선에 들여왔고 일본의 강탈 막기 위해 형식으로 동전 1전씩 주고 조선 사람 토지와 집 사 자기 이름 문패 붙여 일인의 약탈 막았다 했다.

Wheaton, Henry, 1785~1848

미국 공법학자였는데 그가 쓴 *the law of nations* Senator Mitchell 참고 국제법상 조선 완전 독립국이라 했다. 그리고 O. N. Denny도 그의 "China and Korea"에 Wheaton 많이 인용했다. Wheaton의 예속국 (Vassal)과 속국 (Dependent)설에 따르면 전쟁 또는 국제협약으로 주권 뺏기든가 또는 양도 안 했으면 한 나라에 복종 및 조공했어도 국제법상 속국 아니라 했다.

보라: Definition, sovereignty and independence

White, Frank J.

Upland, California에 사는 목사인데 그는 한 30년 동안 중국 선교사로 있었고 한때 Baptist College of Shanghai 총장으로도 있었다. 그는 1943년 3월 9일 편지로 하원의원 William P. Lambertson에 알리길 Hugh Byas라는 기자 조선은 자치능력 없다 한 말 이는 사실과 다르고 조선 자치한 일본보다 더 긴 역사 이 사실 증명한다 알렸다. 이걸 Lambertson 의원 "Appendix" to the *Congressional Record*, 78th Congress 1st Session, 1943, p. A1155에 실었다.

Whittemore, N. C.

서울에 있던 북장로파 선교사로 세 차례 총독부와의 회의에 참석한 목사다.

보라: Exhibit II

Why the Commissioner kept in Seoul? (왜 감독관 서울에 두나?)

Is it because China, desiring to take possession of Korea and having no excuse in the eyes of civilized nations for doing so … What must be the moral status of a government which insists on being represented at the a neighboring state by a smuggling, conspirator and diplomatic outlaw?

보라: "China an Korea" p. 19

중국 조선 차지하려 그러나? 문명 국가에서 보면 이는 용서할 수 없다. 한 나라의 도덕성이란 뭘까. 한 나라 대표로 이웃 나라에 온 건 밀반출, 음모 그리고 무법자 노릇하려 왔나.

Wilson, Woodrow, 1856~1924

그의 3·1운동에 영향 준 민족자결론으로 우리나라에 널리 알려진 28대 미 대통령이다.

1915년 독일이 후란스를 치고자 중립국인 벨지움 침공하자 그때 미 대통령으로 있던 그는 미국의 대외중립 정책 내세워 이를 묵인하자 전 대통령이었던 루스벨트 윌슨의 이와 같은 정책 비난했다. 그런데 일본이 조선을 먹으려고 1905년 보호조약 고종에게 강요하니 고종 친서를 그의 고문 Hulbert를 사신으로 루스벨트에 보내 일본의 이런 일방적 처사 규탄코 1882년 한-미 조약 상기시키면서 조선의 보호 호소했으나 루스벨트 대통령 고의로 보호조약을 맺은 뒤에 받아 일본의 조선정책 묵인했다. 이 사실 들어 Hulbert고문 루스벨트를 공박, 자기는 일본을 두둔 조선을 버리고도 이제 와선 윌슨 대통령 힐난하니 모순 아닌가 하는 내용의 글 *New York Times*(Dec. 3, 1915)에 기고했다. 이걸 다시 Thomas 상원의원 *Congressional Record*–Senate, 64th Congress 1st Session, Aug. 29, 1915, p. 13326에 전재하여 루스벨트 정책 비난했다.

보라: "Roosevelt and Korea–Japan's attack compared to the German invasion of Belgium"

Winning of the Far East; a study of the Christian movement in China, Korea and Japan, The

Sidney L. Gulick 목사 쓴 책으로 Chap. 6, pp. 80~90에 한국에 관한 것 있는데 친일적 입장에서 일본의 대한정책 칭찬코 두둔했다.

보라: Gulick, Sidney L.

WINX

와싱톤 디씨에 있던 Radio로 1942년 2월 27일에 열린 Korean Liberty Conference에서 한 하원의원 John M. Coffee의 연설 방송했다.

보라: Coffee, John M.

World Federation of Trade Union's Mission to Japan and Korea, remarks by Rep. George A. Dondero

보라: *Congressional Record*, June 12, 1947, p. A2827

Yamagata

영자신문 *Seoul Press*의 편집인이었는데 3·1운동 때 총독부 주관 세 차례 선교사와의 회의에 참석한 사람이다. 그는 Moffett 목사와의 단독회담에서 일본 관헌의 잔인한 진압사실 시인했는데 신문에 이와 반대로 난 건 총독부 공식 발표 따랐기 때문이라 했다.

보라: Exhibit II

Yangban class (양반 계급)

Then with the idle Yang Ban class(so-called gentlemen), which are now feeding upon and exhausting the labor of the country because it is considered dishonor able for them to do any work, compelled to earn the bread they eat, and the agricultural classes stimulated and encouraged by the protection of their surplus products from the squeezing and other illegal exactions now made upon it - sure to follow sooner or later under settled political conditions - Korea would then enter upon that era of prosperity which the natural wealth of the country so justly merits. "China and Korea" p. 22

일 안 하는 양반(이른바 신사) 나라의 생산물 먹고 살고 나라의 노력 김빠지게 하는데 이는 먹기 위해 일 하는 것 불명예로 알기 때문이다. 그러나 농민의 잉여 생산물 불법적 착취에서 보호하고 조만간 국내정세 안정됨에 따라 풍부한 나라의 천연자원 있어 조선 꼭 번영한 세대 맞을 거다.

보라: "China and Korea" by O. N. Denny

Yi, Han Dom (이한돔)

서울 동대문 안에서 3·1운동 때인 3월 23일에 무저항으로 몇백 명에 끼어 독립만세 부른 32살 난 사람이었다 했다. 일본 헌병 쏜 총에 맞아 세브란스병원에서 치료받았으나 한 눈을 잃었다 했다.

보라: Exhibit VII

Yi, Sa-min (리사민)

북미조선인민민주주의전선 중앙위원

보라: KRP USA Branch

Young, John Russell

1882년 여름 주조선 미국공사로 취임한 사람인데 한-미 조약 공포 이진이있으나 이해

8월 1일 전보로 조선의 평화 보호키 위해 군함 파견해 달라 미 정부에 요청 Cotton함장 이끈 Monocacy 군함 한국에 파견됐다 Haan Kilsoo 그의 연설에 언급, 그의 기지 칭찬 했다.

Yu, Yung Kun (유영근)

경기도 파주군 신산리에 살던 예수교인으로 42살 난 사람이었는데 약 천 명 되는 군중에 끼어 3·1운동 때 만세 불렀을 때 일본 헌병 쏜 총에 목 맞아 세브란스병원에 입원 치료 받았다. 이때 세 사람 죽고 세 사람 부상당했다 했다.

보라: Exhibit VII

Yuan

보라: "China and Korea" by O. N. Denny

또 보라: Instructions to Yuan

Three requisites for dispatching Korean Ministers

Yuan attempted to bring failure and ridicule

보라: Yuan's scheme

Yuan, representative of China, the (원세개 중국 대표)

In the face of this criminal record, Yuan continues the representative of China to Korea, in violation of the closing paragraph of the first article of the treaty between the two countries, which says: – "Should any such officer disclose waywardness, masterfulness or improper conduct of public business, the Superintendent of Trade for the Norther Port and the King of Korea respectively will notify each other of the fact and at once recall him."

보라: "China and Korea" p. 17

임금폐위음모로 한-중 두 나라 사이 조약 위반했음에도 원세개 아직도 중국 대표로 있다. 이 조약 제1조 마지막 항에 쓰길 – "한 나라 대표 공무 시행에 있어 제멋대로, 건방지게 또는 부당하게 군 행위 발견되면 북양대신(곧 이홍장)과 조선왕 각각 이런 사실 서로 알려 소환한다."

Yuan rides in his chair into the Palace (원세개 가마 타고 궁궐에)

To weaken the royal authority in the eyes of officials and subjects alike he has abused and trampled upon the long-established and sacred customs of the court by riding in his chair into the Palace almost up to the very entrance leading to the presence of the King, accompanied by his coolies, servants and horsemen, who at times have conducted themselves disorderly manner.

보라: "China and Korea" p. 16

국왕의 권한, 신하와 백성들 업신여기게 하기 위해 가마 타고 감히 궁중에 들어갈 수 없는 궁중의례 무시하고 자기 하인과 부하와 군대 동원 거의 임금 앞까지 들어갔다. 그런데 이 하인과 부하들 궁중에서 무례하게 굴었다.

Yuan Shih-Kai (원세개, 1859~1916)

이 자는 겨우 나이 23살인 1882년 이홍장의 휘하로 군사 거느리고 서울에 주둔 1894년 청일 전쟁 일으킨 장본인이다. 12년 동안 조선에 있으면서 갖은 모략과 행패와 전권 누린 자였다. 이는 총리 조선통상교섭사로 외교권까지 장악했고, 내정까지도 우리 임금 고종도 꼼짝 못했다. Denny 그의 "China and Korea"에 이렇게 된 건 양반과 사대부들의 무지와 몽매 그리고 원세개 둘러싼 이 나라 간신배들 때문이었다 했다. 그의 철부지 교만과 행패 탓하기 앞서 이런 현실 있게 한 우리 자신 반성케 한다.

Denny의 말 인용 그의 횡패 사실 적어둔다: 그는 가증스럽게도(Miserable) 교활한 수단으로(Subterfuge) 가칭(Misnomer) 조선주재(Residency) 총독의 직함 스스로 만들어 가장 불손하게(in the most insolent way) 조선왕에게 건의하고 왕을 지휘하고 쓸데없는 글로 임금께 아뢰고(in long-winded memorials), 공석에서나 사석에서나 주빈(host) 행세했다.

이와 같이 원세개 조선을 속국(Vassal)으로 간주한 건 한중육로장정(1882년 가을에 체결)에 의한 거라 주장했고 또 이 자가 흉계 꾸며 조선 다시 중국의 속방 꾀했다. O. N. Denny 또 말하길 중국은 포학(Tyranny) 그리고 억압(Oppression)으로 조선에 대했는데 이는 서울주재 원세개의 잔꾀(Petty scheme)에서 나온 걸로 그의 범죄행위(Criminality), 불법행위(Injustice) 그리고 잔인한 만행(Brutality) 국제사회 전례에 없는 짓이라 했다. 뿐만 아니라 원세개 중국 상인 시켜 조선의 상업 거래 망치게 했고, 백방으로 조선의 개혁 반대 조선 도탄에 빠지자 조선은 어찌할 바 모르는 어린애(Helpless children) 같아 장사도 할 줄 모르니 중국 보호해야 한다 했다.

원세개 밀수입으로 조선에 세금 내지 않아 이런 사실 Denny가 이홍장에게 시정해 줄 것 요구했는데 이홍장 말이 자기도 그가 그런 줄 안다면서 아직 나이와 경험 부족하기 때문이라 했으며, 그를 곧 조선에서 "퇴임시키겠다"고까지 했다 했다.
Denny 원세개를 허풍선이 거짓말쟁이(Braggadocio)라 하면서 임금을 번번이(Repeatedly) 위협했고(threatened) 무례한 하졸 거느리고 위법인 교자 타고 임금 앞까지 가는 당돌한 짓 했는데 이와 같은 짓 조선정부의 고관 협력으로 이뤄졌다 했다. 또 Denny 원세개를 평하길 거만한 행위(blustering conduct) 그리고 'Diplomatic antics(외교의 광대노릇)'로 조선서 행패 부리는데 이는 몇 사람 비겁한 조선관료(A few cowardly corean officials)와의 작당으로 이루어졌다 했다.
참고로 원세개에 대한 Robert R. Swartour가 쓴 담 두 책 추천한다. : *An American Adviser in late Yi Korea*: its letter of Owen Nickolson Denny(University of Alabama Press, 1983, LC Call no. DS9159.O219; *Mandarines, gunboats and power politics*: Owen Nickolson Denny and the international rivalries in Korea(The University Press of Hawaii, 1980, 192p, Asian Studies at Hawaii, No. 25, LC Call no. DS3A2A82, no.25

Yuan Shih-kai Commissioner (원세개 감독관)

Neither in the meanwhile was Commissioner Yuan idle, for it was about the time that he adopted as a title for his Legation that miserable misnomer and subterfuge "Residency."
보라: "China and Korea" p. 6
그 사이 원 감독관 가만 안 있다. 그는 중국 공관 명칭으로 조선 '주재'란 잘못된 명칭 속임수로 쓰고 있다.

Yuan Shih-kai directs the King (원세개 임금지시)

"… and in the most insolent way claimed to advise and even direct the King in long but empty memorials, and, upon public and official occasions, to assume the role of host instead of guest, on the flimsy pretext that he is 'a home' in Korea."
보라: "China and Korea" p. 6
"그는 쓸데없는 긴 글 임금께 올리고 건방지게 임금 지시하며 손님이면서도 주제넘게 마치 '제 집'처럼 국가 행사에 주인 행세한다."

Yuan Shih-kai inflated (원세개 우쭐)

Among "Diplomatic representatives" was the representative of China, with the title of "His Imperial Majesty's Commissioner." printed on his card, and who was appointed in pursuance of the treaty… the honor so suddenly thrust upon him … to have inflated him to such an extent that serious consequences might have resulted to him had not his indiscreet enthusiasm found vent in the resurrection of the dependency scheme.

보라: "China and Korea" pp. 5~6

조-중 조약에 따라 조선에 파견된 중국정부 대표에 지나지 않는데도 우쭐, 명함에 '중국 황제 감독관'이란 직함 찍고 분별없이 나대는데 다시 조선 속국음모 꾸미는 위험한 결과 가져올 것 같다 했다.

Yuan smuggled red ginseng out of the country

보라: "China and Korea" p. 16

Yuan threatened the King (원세개 임금 협박)

He has threatened the King repeatedly through certain Korean officials with the Chinese army and navy and with the vengeance of the Viceroy, in order to compel compliance with his wishes and demand. "China and Korea" p. 16

사욕 채우기 위해 그리고 중국 군대와 해군으로 하여금 이홍장 앙갚음 미끼로 몇몇 조선 고관 시켜 임금 협박했다.

Yuan's brutality

보라: Yuan's conduct

Yuan's conduct (원세개 품행)

The conduct of Commissioner Yuan, which, for petty schemes, criminally injustice and brutality has seldom, if ever, been equalled in the annals of international intercourse. "China and Korea" p. 16

국제교류역사에 거의 유례없는 원세개 행위 이 다 잔꾀와 범죄적 불의와 그리고 잔인성이다.

Yuan's extraordinary conduct

보라: Denny's protest with Viceroy the Yuan's extraordinary conduct

Yuan's injustice

보라: Yuan's conduct

Yuan's latest conspiracy

Denny's protest with Viceroy

보라: Yuan's extraordinary conduct

Yuan's plot to dethrone the King (임금폐위 음모)

But the culminating act of China's representative, for cold-blooded wickedness, lays in his plot, exposed in July last, to dethrone and carry off the King to make temporary room for a pliant tool. The execution of this diabolical business involved riot, arson, bloodshed and probable assassinations, … Every detail of this conspiracy is in possession of the King, and which would no doubt have been carried out but for the integrity and loyalty of Prince Min Yong-Ik, one of the ablest and truest of Korean subjects, who faithfully reported its different phases from time to time to His Majesty as well as myself, enabling us thereby to control and defeat it. Perhaps the most extraordinary part of this infamous business is the draft of it, which was to have been submitted to the Viceroy for approval or rejection.

보라: "China and Korea" p. 17

절정에 이른 중국대표 잔인한 음모 꾸몄다. 이는 지난 7월 발각됐는데 임금을 퇴위 유괴 고분고분 자기 말 잘 듣게 만들려 했다. 이 극악무도한 일 실시함에 있어 폭동, 방화, 유혈, 그리고 암살마저 하려 한다. 자세한 이 음모 임금 알고 있다. 말할 것 없이 이 음모 성공했을 거다. 그러나 아주 유능한 조선사람 가운데 하나인 민영익 공의 충성으로 이 음모 매 단계마다 폐하께 그리고 내게 보고했다. 이래 이 음모 분쇄할 수 있었다. 이 증오할 만한 사건 가장 해괴한 건 이 음모계획 초안을 이홍장에게 보내 가부 물은 사실이다.

Yuan's scheme (원세개 흉계)

With a view to placing the heel of China on the neck of Korea, he has not only opposed almost every effort which has been made in the direction of internal development but he has, through the mercenary brigade which he always keeps about him, attempted to bring failure and ridicule upon almost every effort the better class of Koreans have made to transact business for the government or themselves, in order to make it appear that the Koreans are but a nation of helpless children who can never learn business and who, for that reason, need a Chinese guardian over them.

보라: "China and Korea" p. 16

조선사람 마치 어린애 같아 장사할 줄 모른다는 등 이유 들어 중국의 보호 필요하다면서 조선의 목을 짓밟고 중국 주둔군 동원 위협, 나라의 발전 정책 방해하고, 뜻 있는 진보적 조선사람 활동 좌절시키고 비웃었다.

Yuan's treasonable conduct (원세개 반역행위)

The indisputable evidence of his recent treasonable conduct, when, to my amazement, the Viceroy coolly informed me that he knew all about the dethronement scheme; that while Yuan was in it, yet it was all the fault of Min Yong Ik, who laid the plot and induced Yuan to go into it, and that for his stupidity in letting himself be drawn into such a thing he had bee severely reprimanded. "China and Korea" p. 17

원세개 민영익과 짜고 고종폐위 음모한 반역사건 데니 이홍장 만나 의논한바 그는 이 사건 이미 알고 말하길 원세개 경험 없어 어리석게 민영익에게 끌려들어 저지른 거라면서 이미 호되게 원세개 꾸짖었다 했다.

Yum T. Chang (염택창)

또는 장윤택이다. 덕산(Duksan)에 살던 35살된 사람인데 3월 25일인 3·1운동 때 일본 헌병 쏜 총에 팔과 옆구리 맞아 세브란스 병원에 입원했다. 종교 없었다.

보라: Duksan

Zell's Encyclopedia dictionary

Senator Sargent의 조선에 관한 연설 "Relation with Corea"(*Congressional Record* –Senate, 45th Congress 2nd Session, April 17, 1878, pp. 2599~2601)에 *Appleton's Encyclopedia* 함께 이 책 인용했다.

제2부

우리말 안내

가마 타고 원세개 궁궐에 들어갔다

보라: Yuan rides in his chair into the Palace

강서 (Keng Syo)

3월 30일 일요일 미 선교사 이곳에서 일경이 행한 3·1운동 진압 처참한 꼴 봤다 했다.

보라: Exhibit V

강용예

경기도 덕산 사람으로 36살이었는데 3·1운동 때 가까운 거리에서 일본헌병 총 맞아 다리가 부러졌다 했다.

보라: Kang Yong Ie

고면만

황해도에 살았다고만 했는데 25살 난 청년으로 3월 23일 3·1운동 때 허벅다리에 총 맞아 부상입어 그 담날 24일 세브란스병원에서 치료받은 사람이다.

보라: Ko Myen Man

고양

경기도 고양으로 3·1운동 때 이곳에서 일본 헌병 총에 맞아 부상당해 세브란스병원에서 치료받은 사람 Cha Oh Kyun(차오균)과 An Tong An(안동안) 있다.

보라: 각 항

고종

조선조 26대 임금인데 조선의 주권과 독립 그리고 국제문제로 조선역사상 가장 어려운 시기였던 1865~1906년까지 근 41년 재위, 말년에 국정 쇄신한 분이다. 임진난 겪은 선조(1567~1608)와 같이 세 번째로 오래 나라 다스린 임금이다. 제일 오래 다스린 임금 영조(1724~1776) 52년, 그 담 숙종(1674~1720) 46년이다.

고종을 또 이태왕이라 했으며 1897년 황제로 즉위하고 나라의 연호를 '광무'라 했으며, 나라이름 조선에서 대한으로 고쳤다. 고종의 외교고문 그리고 지금 같으면 내무차관(Vice-President of the Home Affairs)으로 2년 동안(1888~1889) 있으면서 얻은 경험이라면서 Denny 말하길 고종 맘이 어질고 너무 착해 약하고 잘 흔들리는 weak and vacillating 군주로 알려져 있으나 이완 반대로 진취적이요, 결단성 있는 현철한 군주라 했다. 다만 비겁한 조선 간신배(a few cowardly Corean officials) 원세개와 놀아나 임금을 욕보인 거라 했다. "China and Korea"에 'The King of Corea'라 했다.

고종 미 대통령에게 보낸 편지

1882년 5월 15일로 된 미 대통령에 보낸 고종 편지인데 이 편지에 조선 옛적부터 중국의 조공국(tributary)이나 한-미 조약으로 모든 주권 조선왕 행사할 거라 한 내용의 편지 O. N. Denny 번역 그의 "China and Korea"에 실었다.

고종 장례

1919년 1월 20일 죽은 고종의 장례식 3월 3일에 있었는데 담날 4일까지 공휴일이었고 일본 의회도 장례비로 10만 원 통과시키고 조의를 표하기 위해 휴회했다 했다. 장례식 절차 Exhibit I: "Demonstrations begin: Report on situation in Korea", *Congressional Record*-Senate, 66th Congress 1st Session, July 17, 1919, p. 2699에 실려 있다.

고종 폐위 음모

원세개 민영익과 짜고 고종 폐위 음모한 반역, 이홍장과 Denny 의논한바 그는 이미 이 사건 알고 원세개 경험 없어 어리석게 민영익에게 끌려들어갔다면서 이미 호되게 꾸짖었다 했다.

보라: Yuan's recent treasonable conduct

고종 황제

즉위 33년째인 1896(개국 505년) 연호를 건양이라 고치고 담해 1897년 다시 광무로 고치고 황제로 호칭, 나라이름 조선에서 대한으로 고쳤다. 이조 519년 27대왕 중 세 번째로 오래 다스린 임금인데 이등박문 암살된 1910년 퇴위할 때까지 43년 다스렸다. 참고로 이조 때 가장 오래 다스린 여섯 임금 첫째, 영조 52년(1724~1776); 담 숙종 46년(1674~1770); 셋째 고종; 넷째 선조 41년(1567~1608); 다섯째 중종 39년(1506~1544); 여섯째 세종 32년(1418~1450)이다.

고종 황제 미국대통령 Roosevelt에게 보낸 비밀편지

그 골자:

1. 대한 교육에 이바지한 미국의 공 치하했고
2. 조선의 실정 알렸고
3. 일본의 시정 개혁조치 받아들이겠다 했고
4. 일러전쟁 때 국익을 위해 일본에 협조한 이유 들었고 그러나 그들 이기주의자였다 비난했고
5. 이 국가 존망시기에 미국의 도움 바란다 했다.

그런데 이 비밀편지를 Roosevelt에게 전하는 과정 H. B. Hulbert 자세히 설명한 것 Sen. Norris 그의 상원 연설에 인용했다. 미국 고의로 일-한 보호조약 체결 후에 이 비밀편지받으려고 Roosevelt, Hulbert 만나주지 않았다.

보라: Norris, Senator

고종 황제 미국정부에 보낸 한-미 조약 이행 청원 편지(1905년 10월)

Senator Norris H. B. Hulbert 번역한 이 편지 *Congressional Record*–Senate, 66th Congress, 1st Session, Oct. 13, 1919, p. 6814에 소개했다.

고종 황제 비밀편지

보라: 조선황제 미 대통령에게 보낸 비밀편지

고종 황제의 외국은행 예금

보라: 대한황제

구낙소

3・1운동 때 몸에 심한 상처입어 세브란스병원에서 죽었다 한다.

보라: Koo, Nak Saw

구춘면

경기도 광주사람으로 34살 난 농부였는데 3・1운동 때 일본헌병 쏜 총에 턱 맞아 떨어져 나갔다.

보라: Koo, Chun Myun

국가행사에 주인 행세

보라: 원세개 건방지게 군다

국내주권

보라: 주권과 독립의 정의

국제교류역사

보라: 원세개 품행

국제법

보라: 제후 또는 속국관계

국제법학자

O. N. Denny 그의 “China and Korea”에 인용한 국제법학자 Wheaton, Wharton, Austin 그리고 Bluntshli 네 사람이다. 이 밖에도 Austro-Hungarian Minister of State M. Kalnoky, Grotius와 Vattel 이름도 나오나 그들 글 인용 안 했다.

보라: Wharton, Francis; 위톤, 헨리; 조공국주권과 주권국주권; 주권과 독립국가 정의

국제연맹

보라: League of Nations

기독교인 박해사건

3·1독립운동 때 일제로부터 한국 기독교인 박해 본 대로 미국 Federal Council of the Churches of Christ in America 발표했는데 Senator Norris 이를 *Congressional Record*–Senate, 66th Congress 1st, Oct. 13, 1919, pp. 6818~6826에 실었다.

김광운

황해도 안악에 살던 72살 난 예수교인으로 3·1운동 때 독립만세 불러 일본헌병 쏜 총에 어깨 맞아 세브란스병원에서 치료받았다.

보라: Kim, Kwang Un

김남산

경기도 파주에 살던 27살 청년이었는데 3·1운동 때 일본순사가 쏜 총 어깨에 맞아 쓰러져 세브란스병원에서 치료받았다.

보라: Kim, Nam San

남한산성 항복

보라: 1636년 조공조약 맺은 곳

네 가지 자유

후란클린 루스벨트 대통령 1941년 1월 6일 제안한 기본 인권이다. 의회 연차 행정보고에 대통령 언급하길 이 네 가지 자유란: 언론과 표현의 자유; 신앙의 자유; 가난에서의 자유; 그리고 두려움에서의 자유다. 좀 있다 그해 많은 부분 '대서양헌장'에 포함시켰는데 이는 세계 평화 목적한 영국과 미국 합동선언이다. 이 네 가지 자유 실질적 정치노선으로 삼기엔 좀 막연하다 일부에선 비평했다.

보라: Four freedom

노예

보라: 중국 노예

노종윤

평안도 안주 61살 농민으로 3·1운동 때 바른 쪽 다리 총에 맞아 세브란스병원에서 치료받았다. 로마자로 No Chang Yun이다.
보라: No, Chang Yun

대동강

보라: Relation with Corea, 1878

대서양 선언

보라: 네 가지 자유

대외주권

보라: 주권과 독립 정의

대한 공화국 임시정부 승인

1942년 2월 27일 와싱톤 디씨에서 열린 The Korean Liberty Conference에서 대한공화국 임시 정부와 이 정부 미주대표 이승만 박사 승인해 달라 미국정부에 요청했다. 이때 승인 요청한 미 의회의원 세 사람 John M. Coffee, Samuel W. King, Paul F. Douglass였고 이승만 박사도 그의 연설에 요구했다. 이게 "Recognition of Korea as a independent State and then Provisional Gov't of the Republic of Korea"이다. 이승만 박사 밝히길 이 요구서 정식으로 국무성에 냈지만 국무성 처리하지 않았다 했다. 이 요구서 'The Korean Commission'과 'The Korean-American Council' 이름으로 냈다 한다.

대한 임시정부 승인

상원 "Resolution 49"로 대한 임시정부 승인 요청한 Kansas 시 제일감리교회 목사 Ralph H. Jennings의 편지다. 이를 Senator Arthur Capper *Congressional Record*-Senate, 78th Congress 1st Session, May 27, 1943, p. 4912에 실었다.

대한제국 영국정부에 보낸 비밀편지

1906년 6월 22일 고종황제 비밀리에 일본과의 보호조약 무효임 알려 영국의 원조 청했다. Hulbert 이를 발송했다.
보라: 대한황제 미국정부에 보낸 비밀편지

대한황제 미국정부에 보낸 비밀편지

1906년 6월 22일 날짜로 황제의 도장 찍힌 이 편지 그때 황제의 고문이었던 Homer B. Hulbert 통해 미 대통령 Theodore Roosevelt에 보낸 편지다. 그 골자: 1905년 한일보호조약 칼끝에(The point of the sword) 협박(Extorted)받아 체결한 것이기에 무효라 했으며(Null and void); 그리고 절대로(never) 이에 동의한 것 아님 미국정부에 알려 조약국으로서의 협조 바란 거다. 그런데 이 편지 전하고자 Hulbert 와싱톤에 와 미 대통령 면회 청했으나 만나주지 않고 국무성에 가 보라 했다. 국무성은 그를 이틀이나 만나주지 않고 만나줄 때는 이미 한일보호조약 성립된 뒤로 국무성 그때야 이 편지받고 이미 때가 늦었다(too late) 했다. 이는 미국, 황제의 편지 내용 이미 알고 조선 보호조약 성사시키기 위해 조약 서명될 때까지 일부러 피했다. 이 편지 원문과 Hulbert의 억울한 경과보고 *Congressional Record*–Senate, 66th Congress 1st Session, Aug. 18, 1919, p. 3926에 있다. 이 기사 읽고 생각났는데 장면 정부 넘어질 때 이곳 와싱톤 한국대사와 공사 전권으로(Plenipotentiary) 미 국무성에 군사혁명 반대조치 진정했으나 국무성 대답, 이런 진정 한국대통령 직접 해야 한다면서 그들의 진정 받아주지 않았다. 장면대통령 숨어 있었기에 진정서 못냈다. 장면 씨 진정했다 해도 위 황제 편지처럼 "too late"이라 하지 않았을까 한다.

대한황제 미국정부에 보낸 전문

고종황제 Homer B. Hulbert에게 지시 미국정부에 보낸 전문(1906년 6월 22일)으로 일본의 감시 피해 중국 Cheefoo에서 보낸 거다. Hulbert 이 전문 국무성에 갔다 줬는데 국무차관 손수 받고 말하길 철해두겠다고만 했다 한다. 미국의 보호 호소했건만 미국 본체만체했다. 이 억울한 사연 Hulbert 썼는데 이것 *Congressional Record*–Senate, 66th Congress 1st Session, Aug. 18, 1918, pp. 3925~3926에 실렸다.

대한황제의 외국은행 예금

상해 독일 아세아은행(Deutsch Asiatic Bank)에 고종황제 개인 예금 고문 Homer B. Hulbert에게 위임한 1909년 10월 20일 날짜 위임서 영어로 번역한 것 *Congressional Record*–Senate, 66th Congress 1st Session, Aug. 18, 1919, p. 3926에 있다. 또 이 예금 액수 확인한 은행 지배인 J. Buses 증명서 원문도 여기에 실려 있다. 이 은행 증명서에 23금괴(575ounces)와 일본은행권 15만 원인데 금 판 담 이 사실 황제 개인 재산 관리국에 보고할 거라 했다. 그리고 전액 독일증권에 투자할 거며 이 돈 대한황제 맘대로 처분할 수 있다 증명했다. 그런데 Hulbert 걱정한 것처럼 1909년 일본 독일에 압력 일본 이 예금 찾아갔는데 그 액수는 10만 원이라 했다. Hulbert 말하길 이 돈 일본 도적질해(Theft) 간 것이므로 어느 때 가서는 일본 이 돈 변상해야 한다 했다. 그래 그 증거로 이에 관한 서류 지금까지(1919) 자기 보관하고 있다 했다.

덕산

Duksan이라 표기했는데 서울서 3, 4마일 된 곳으로 3월 25일 3백 넘은 군중 모아 독립만세 불렀다 했다.

보라: Duksan

덜미장

보라: Tulmichang

데니 (德尼)

Denny 황제폐하 요청으로 직례총독 이중당(이홍장) 추천 조선 세관 검열관으로 1885년 7월 초대받았다. 임명받기 전 조선세관 이미 중국세관 관할 밑에 있었다.

보라: "China and Korea" p. 1

독립국가

보라: 주권과 독립국가 정의

독립만세

미 선교사들 기록에 독립만세를 영어로 "Hurrah for Korea"라 했다.

독립의 확증

보라: Unerring test of a sovereign and independent state

독일 아세아은행

상해(Shanghai)에 있던 Deutsch Asiatic Bank인데 고종황제 예금한 은행이다.

보라: 대한황제의 외국은행 예금

동아일보, 5/11/84

이날 신문에 "閔泳翊 한글편지 발견", "홍콩 亡命中 선교사 알렌에게 보낸 것"이란 기사 실었다. 또 김원모 교수 *근대 한미 교섭사*엔 이 편지 뉴욕 공공도서관에 있는 알렌일기에서 발견했다 했었다. 내용인즉 1888년대 중국 조선의 자주권 다시 뺏으려 하는 모략 경고한 편지다.

루스벨트, 프랭클린 대통령

보라: 네 가지 자유

리복윤

보라: Ri, Pok Yun

마건충

1882년 군함과 군인 인솔 원세개와 함께 임오군란 일으켰다.

마이니찌 신문 기사

보라: 원세개에 보낸 이홍장 세 필수규칙

또 보라: 조선공사 외국파견 세 가지 조건

만주와의 조약

보라: 1636년 조공조약

맹산 (Maungsan)

3월 만세사건 때 이곳에서 56명 마당에 가둬 놓고 일본 현병대 담장 위 올라가 총 쏘아 다 죽이고 세 사람만 살아남았다 한다. 살아난 한 부인 며칠 동안 걸어가 이 사건 선교사들에게 알렸다 했다.

보라: Exhibit V

명나라

보라: 1636년 조공조약

명미선

보라: 미선명

모의리 (牟義理)

보라: Mowry, E.M.

미 국무성 조선정책

미국, 영국의 입김에 못 이겨 조선을 일본에 넘겨줬다 했다. 1905년 한일보호조약 때 미 국무대신 Elihu Root으로부터 해방될 때까지 미 국무성 한국문제에 무성의 묵살했다. 여러 미 의회의원 조선 도울 것 미 정부에 건의했으나 미 국무성 실무자들 귀 기울이지 않았다.

미 의회의원으로 한국문제에 관심 가진 네 사람

Senator: Norris와 King

Congressmen: Coffee와 Gillette

사회인사: Paul F. Douglass

미국 강화산성 점령사건

보라: 신미양요

미국공사

보라: 박정양

또 보라: 조선 첨 외국사절

미국 안 한인 단체(1945년 이전 의회의사록에 나온):

1. Sino-Korean Peoples League
2. Korean National Revolutionary Party USA Branch
3. Korea-American Council
4. United Korean Committee
5. Korean Commission

미국 안 한인 외국인 등록 인정

1942년 2월 27일 와싱톤 디씨에서 열린 The Korean Liberty Conference에서 한 미의회 하와이 대의원 Samuel W. King 연설에 한인 적성국민 아님 미국정부 인정한 것 발표했다. 한인 일본사람으로 등록되었기 때문이다.

보라: King

미국 이홍장 세 가지 규칙에 대한 반응

보라: 이홍장 세 필수규칙

미국 조선 속국 조항 거절

보라: 한-미 조약 초안

미국 주한공관

1905년 떠난 Edwin V. Morgan 미국 공사 마지막으로 한국과 외교사무 끊었다. 미국공관 서울서 완전 철수 1912년이다.

보라: Knox, Senator

미선명

이선명이 아닌지 모르겠다. 3·1운동 때 33살로 정미업자였는데 서울 뚝섬(Tukum이라 했다)에서 독립만세 불러 두 다리에 총 맞아 세브란스병원에서 치료받았다 했다. 로마자로 Mi Syun Myung이라 했다.

보라: Mi, Syun Myung

미얀마

보라: Burmah

민영익 한글편지 발견

홍콩 망명 때 미 선교사 알렌에게 보낸 민영익 편지로 1984년 5월 11일 *동아일보*에 소개한 기사다. 이는 뉴욕 공공도서관에 있는 알렌편지 김원모 교수 발견한 것 소개한 것인데 그 내용인즉 중국이 조선의 독립 방해, 다시 중국 속국 만들려는 모략 알렌에게 알려 도움 청한 거라 했다.

1882년 "China and Korea" 쓴 O. N. Denny에게 자료 제공했다 조선서 쫓겨나 알렌 홍콩에 망명했다 *동아일보* 기사에 지적했다.

민영준

보라: 일본공사

또 보라: 조선 첨 외국사절

박연낙

고양군에 살던 25살 난 청년으로 3·1운동 때 잡혀 서울로 이송돼 60대의 곤장 맞아 세브란스에서 치료받았다 했다.

보라: Pak Yun Nak

박정양

보라: 전권공사 미국

또 보라: 조선 첨 외국사절

반석

3월 만세사건 때 일본 군인 이곳 교회당 종각 헐고 성경과 찬송가 찢어버렸다 한다. 다섯 남자와 한 여자 벌거벗겨 때리고 성냥불로 지지기도 했다 한다. 50~60살 난 한 남자 평양까지 끌려가 매 맞고 죽었다 한다. 3월 24일 다시 일본 군대 이 동네 와 한 장로 찾았으나 없어 그의 부인을 옆 숲에 데리고 가 벌거벗기고 남편의 행방 물었으나 대주지 않아 많이 얻어맞았고 이 부인이 직접 선교사에게 이를 보고했다 한다.

보라: Exhibit V

변응관

보라: Pyon Eung Kwan

병인양요

보라: Rose; Pierre-Gustave

병자호란, 1636

보라: 1636년 조공조약

북미 조선인민 민주주의전선

평양서 나온 *조선중앙년감*(1950, p. 257)에 이 단체 1945년 12월에 창립했다고 했다. 조선민족혁명당 미주지부완 다르다. 이 전선 중앙지도기관: 의장 현순; 부의장 김영록; 서기 김국; 중앙위원 변준호, 리사민, 박상엽 외 15명이라 했다.

보라: 조선민족혁명당 미국지부

북양대신

북양이란 북쪽나라 만주, 산동성 그리고 조선 이 세 곳 가리킨 걸로 이곳 다스리는 관 북양대신 이홍장이다. 이와 같이 조선 중국의 속국이었다.

보라: Superintendent of Trade for the Northern Port

불란서

보라: 후란스

블런찔리

보라: 조공국주권과 주권국주권

산선난

27살 포천사람으로 3·1운동 때 일본헌병 총에 다리 맞아 세브란스병원에서 치료받았다고 했다. 영어로 San Syen Nan.

보라: San Syen Nan

삼일 (3·1운동)

국제연맹 미국가입반대 연설에 Norris 상원의원 3·1운동 때 일본 만행을 자세히 소개했다. 만일 일본 중국 점령하면 그들 조선서 한 것처럼 중국서도 똑같은 만행 반복할 거라 했다.

곧, "Horrors in Korea-changed to Japan-Presbyterian Church makes official report of murders and torture-Christian towns burned-investigations tell of at least 30 men do to death in a church"다.

보라: 각 항

삼일독립만세사건 보고

보라: "Report on situation in Korea"

삼일독립운동 만세사건

3·1독립운동 때 일인의 학살과 또 한국여자에게 한 잔인한 행동 Norris 의원 연설에서 폭로했다.

보라: Norris, Senator, p. 6818

또 보라: "Report on situation in Korea"

삼일만세운동

New York Times, July 13, 1919

삼일운동 강계에서 일어난 일

보라: Exhibit XXXIV

삼일운동 경기도에서 있던 일

보라: Exhibit VIII

삼일운동 계기로 일본 조선정책 변경

그때 일본수상 다짐하길 법 없이 조선 탄압에 가담한 자 처벌할 거며; 조선에 종교의 자유 보장할 거며; 조선사람도 일본 본토사람과 동등하게 취급할 거라 했다. 조선과 일본 같은 계열 민족이므로 영국이 애굽과 인도에서 하는 차별정책과 다를 거라 했다.

보라: Exhibit XXIX 5/17

삼일운동 독립만세운동 보고서

"Report on situation in Korea"라 해 뉴욕에 본부 둔 Federal Council of the Churches of Christ in America에 보고한 건데 Senator McCormick 제안으로 *Congressional Record*-Senate, 66th Congress 1st Session, July 17, 1919, pp. 2797~2717에 전문

소개했다. 또 이 보고서는 동 이사회 총무였던 Sidney L. Gulick *The Korean situation* 이란 이름으로 단행본으로도 발간했다. 이 보고서 3·1독립운동 때 일본의 만행 가장 정확히 그리고 총괄적으로 기록된 문서로서 만일 아직도 우리말로 번역 안 됐으면 번역 서둘러 우리사료 삼았으면 한다.

이 보고서 첨 가지고 온 사람 캐나다 장로회 선교 부목사 A. E. Armstrong이라 했고 그해 4월 중순 미 장로교선교 총무 Dr. Arthur J. Brown; 미 감리교선교부 총무 Dr. Frank Mason North; 그리고 미국성서학회(American Bible Society)의 총무 Dr. William I. Haven과 그들 목격담 미국으로 가지고 왔다 한다. 모든 일 신중히 하기 위해 이들 선교회에서 다루지 않고 Commission on Relations with the Orient of the Federal Council of Churches in America 이름으로 발표할 것 4월 16일 회의에서 결정했다.

보라: "Report on situation in Korea"

삼일운동 대구에서 일어난 일

보라: Brutalities at Taegu

삼일운동 때 문초받은 서양사람

Rev. Stacy L. Roberts; Rev. E.W. Thwing; Australian Presbyterian Mission 두 여자 선교사; Rev. John Thomas 선천에 있던 선교사들 집 수색당했다.

삼일운동 때 부상자 치료

보라: Exhibit XVII와 XXXIV

삼일운동 때 선교사와 총독부와의 회의

서양 선교사와 총독부를 대신한 Usami와 영자신문인 *Seoul Press* 기자들과의 회의 세 번 있었는데 선교사들 중립(neutrality)지켜달란 요구 총독부 들어주지 않아 아무 효과 못 보고 계속 안 했다. 회의에 참석한 선교사 측: Gale, Avison, Hardy, Noble, Sharrocks, Bernheisel, Gerdine, Moffet, Whittenmore, Welch 그리고 Egbert Smith; 일본 측: 총독부 Usami와 *Seoul Press* 기자 Sekiya, Niwa, Yamagata와 판사 Watanabe였다.

보라: Exhibit II

삼일운동 때 세브란스병원

보라: Statement concerning removal of wounded men from Severance Hospital, April 10

삼일운동 때 수색당한 평양에 있던 미국 선교사집

Mowry; Moffett; Moore, Spook or Snook, Miss; Gillis; McMurtrice; Reiner; Baird; Betts, Miss; Bernheise; Bayard; Salmon, Miss

보라: Statement on police methods

삼일운동 때 조선에 파견돼 있던 외국선교부

1. The Australian Presbyterian Church Mission
2. The Methodist Episcopal Church Mission
3. The Methodist Episcopal Church, South Mission
4. Mission of the Presbyterian Church in USA(Northern)
5. Mission of the Presbyterian Church in USA(Southern)
6. Mission of the United Church of Canada

삼일운동 목격 보고

Hulbert 보고에도 나온다.

삼일운동 부녀자 모독한 예

보라: The Demonstration at Tong Chaing

삼일운동 선천에서 있던 일

보라: Exhibit XXXIV

삼일운동 여학생 탄압 진상

보라: 서울, Experience of a Korean girl under arrest by the police

보라: 평양, Story of released girl prisoners

삼일운동 진상 일본정부 고위층에 낸 진정서(1919년 5월 10일자)

이 진정서 Exhibit XXXIII에 실려 있다. 모두 밑에 적은 12항으로 돼 있다. 조선에서 3·1독립만세운동 일어난 직접 원인만 지적한 걸로 간접적 원인인 윌슨의 민족자결론, 해외조선인 독립운동, 고종의 죽음 등 지적 안 했다. 이 진정서 조선 동정한 동경에 있는 한 미국선교사 제출한 거다.

I. 조선사람 일본에 동화시키는 것 불가능하고;

II. 경찰과 헌병과 가혹한 군부총독 정치란 제목 밑에 다시 6개로 나눠 그들의 무자비한 조선 탄압 예 들었다. 조선사람 무섭게 해 굴복시키려 한 것 일본의 조선정책이었다 했다.

III. 조선민족성 말살이란 제목으로 다시 3개로 나눠 역사, 인종, 사상, 풍속, 그리고 말다 일본과 다른데 교육 또 역사왜곡으로 민족성 말살코자 한다 했고;

IV. 조선사람 관직 안 준다면서 이를 다시 2개로 나눠 조선사람 관직에 있어도 일본사람 밑에 있고 또 교육 많이 못 받았고 장래도 없다 했다.

V. 조선인 차별 다시 4개로 나눠 월급과 학교 교육 차별했고 그리고 체형 오직 조선사람에게만 했다 했다.

VI. 언론 출판 집회의 자유 없고;

VII. 종교의 자유 제한됐고 – 다시 4개로 나눠 사립학교에서 종교교육 못하게 하며, 성경 못 가르치게 했고, 일본식 예식 강요하며, 그리고 크리스챤 귀찮게 했다.

VIII. 조선사람 외국유학 그리고 여행 금지한다 했는데 일본 외국유학으로 명치유신 이루어진 사실 조선사람 아는데 이를 조선에 허락하지 않았고;

IX. 조선 토지수탈: 공공토지 부친 사람에게서 토지 빼앗아 일본사람에게 줘 땅 잃은 조선사람 만주로 이주하게 했다 했고;

X. 조선에 사창제도와 아편 등 비도덕적 정책 일으켰다 했다.

XI. 만주로 이사 강요한 것 일본 농민에 땅 주기 위해 조선사람 만주로 쫓았다 했다.

XII. 조선에서 개선한 건 모두 일본사람 위해 한 거며 조선사람 위한 것 아니라 했다. 그 예로 전매(가령 목화와 비료 등) 등 모두 일본 위한 정책이었다 했다.

삼일운동 참변 현장 조사반

선교사 대표로 구성된 이 조사반 4월 16일 수원 제암리와 오산 근처 여러 촌에서 일본헌병 예수교인 예배당에 모아놓고 30~40여 명 총 쏘아 죽이고 한 40가구 불태워 버린 진상 조사했다.

조사반: H.H. Underwood(2세); 미국 영사 Curtice; 영국영사 Royds; 캐나다 선교부 Dr. Hardy 그리고 Dr. Gale; 수원 지방 담당 선교사 Dr. Noble; Cable 목사, Billings 목사; Beck 목사; 그리고 일본감리교 선교부 Herron Smith였다 했다.

보라: Exhibit XXII

삼일운동 피해 통계

일인순사 헌병 사망: 9 ; 부상: 10

조선사람 사망: 361 ; 부상: 860 ; 수감자: 4만 명

신문엔 600여 명 사망이라 했고 Exhibit XXVIII엔 6천 명 사망했을 거라 했다.

보라: Exhibit XXVI

선교사들의 연봉

Exhibit III에 일본 돈 ¥300 ($150) 연봉이라 했는데 월급 아닐까 한다.

선천

보라: Syenchun

성용

3・1운동 때 16살 난 학생으로 일본헌병 총칼에 배 찔려 세브란스병원에서 치료받았다 했다.

보라: Sung Yong

세 가지 이홍장 규칙

보라: 이홍장 세 필수규칙

세관 감독관 직분

세관 감독관직 고문(서양사람)과 임금고문직 분리, 세관일 더 효과적으로 그리고 경제적으로 운영한단 그럴듯한 구실 아래 조선세관 중국세관 통솔로 넘겼는데 이런 조치 정치적으로 별 뜻 없지만 이는 조선정부 쪽으로 보면 잘못된 거다.

세브란스병원

보라: Severance Union Medical College Hospital

세 필수규칙

보라: 원세개에 보낸 이홍장 세 필수규칙

속국

O. N. Denny의 "China and Korea"에 조선과 중국과의 종속문제 예속국(노예로서)(Vassel), 속국(Dependent), 조공국(Tributary state) 그리고 노예(Slave)란 말 썼는데 이런 종속 관계 주권(Sovereignty)과 독립(Independence)관 국제법상 별개 문제라 했다.

조중 육로 통상 약정 조약에 속국 조항 없는데도 중국 있다 우긴다.

보라: Treaty of the Overland trade regulations, The

속국관계

보라: 제후 또는 속국관계

속국관계 중국 측 곡해

보라: 중국황제에 보낸 조선왕편지

속국무효

문서 또는 어떤 형식으로나 중국과의 속국관계 임금 시인한 바 아예 없다. 만일 조선관리 언제 속국이란 언질 줬다면 이는 승낙 없이 한 일로 무효다.

보라: Vassalage void

속국의 권한

속국 오직 영사와 통상사무만 관장하고 전권공사 임명할 권리 없다.

보라: Vassal states' power

또 보라: 조선 중국의 속국 운운 부당

속국의 조건

국제법으로 인정한 속국의 조건 다만 점령으로, 국제 협정으로 아니면 어떤 협약으로 이뤄진 거다.
보라: Vassal or dependent relations

속국주장자

보라: 조선공사 외국파견 세 가지 조건

속국파견사

보라: 조선 중국의 속국 운운 부당

송시웅

47살 난 경기도 포천사람으로 3·1운동 때 일본헌병 총에 머리 맞아 세브란스병원에서 총알 꺼냈다 했다.
보라: Song Si Ung

송윤복

경기도 덕산에 산 21살 난 청년으로 3·1운동 때 얼굴에 총탄 맞아 세브란스병원에서 (3월 26일) 치료받았다.
보라: Song Yun Pok

송탁삼

보라: Song, Taksam

수원 제암리 사건

제암리 감리교회와 온 동리 불사른 사건인데 이때 남자 30명 그리고 40호 집 불살랐다 했다. 이때 남편 따라 두 부인도 불에 타 죽었다. 이곳 일본 탄압 제일 가혹한 사건이었다. 영국과 미국 서울주재 영사와 적십자(그리고 Patriotic League of Britains Over 보라) 공동 조사한 사건이다. 그런데 Exhibit XXVIII엔 제암리 감리교회에서 30여 명 크리스챤 총에 맞고 또 불에 타 죽었다 했는데 크리스챤은 12사람이요, 나머지 20명 천도교인이었다 했다.

순안

3·1운동 때 순안에서 그곳 군중 헌병대 찾아가 이제 조선 독립했으니 물러가라 했다 한다. 이때 일본 헌병 기관총으로 다섯 사람 죽이고 많은 사람 부상당했다. 또 어떤 나이 먹은 분 헌병대 찾아가 이를 항의하니 이도 총 쏴 죽이고 이 사람 부인 자기 남편 죽어 통곡하니 그도 총 쏴 죽이고, 또 담 아침 그 딸 가서 항의하니 이도 칼로 찔러 죽였다 한다. 이때 중상 입은 사람들 들미창(Tulmichang)에 있는 순안광업회사 병원에 입원 치료했고 몇 사람의 손과 발 잘려 수술받았다.

순안광업회사 병원

Sunan Mining Co's Hospital이라 했는데 순안읍 Tulmichang이란 곳에 있었다 했다.
보라: 순안

숭실학교

3·1운동 때 숭실학교에서 일어난 일 "Statement on police methods" 나온다.

승덕

보라: Sungdok

신미양요

신미(1871)해에 미국함대 이끈 Adm. Rodgers 강화산성 무단점령 2백 남짓 조선사람 죽였는데 왜 이런 무모한 아무 효과 없는 짓해 무고한 백성에게 화 끼쳤나 Senator Sargent 그의 연설 "Relation with Corea"(April 17, 1878)에 비난했다.

신흥

함흥근방인데 장이 선 곳이라 한 것 보면 신흥군인 것 같다. 3월 13일 장날 만세소동 벌어진 곳이다. 여기서 순사 총에 네 사람 맞아 죽었다.
보라: Exhibit IV

심상학

보라: 전권공사 유럽
또 보라: 조선 첨 외국사절

안동안

54살 난 경기도 고양사람으로 3·1독립만세 때 부상당해 세브란스병원에서 치료받은 사람이다.

보라: An Tong An

안주

평안도 안주에서 일본헌병 총에 맞아 다리에 부상당한 사람은 19살 학생 Ri In Ok(이인옥)과 61살 난 No Chong Yun(노종윤)이란 농민이다. 3월 2일 4천 군중 독립만세 불렀는데 이때 일곱 일본 헌병 총 쏴 여덜 사람 맞아 죽고 스무 사람 부상당했다. 부녀자 머리채 잡혀 끌려가 얻어맞고 어떤 부인은 자기 아들 부상당해 집에 누워 있는데 만일 이 아들 죽으면 너희들에게 복수하겠다 하니 순사 그 집에 가 그 아들 칼로 찔러 죽였다 한다.

보라: Exhibit V

어린애 잡아먹는 풍문

보라: Baby eating excitement

염택창

35살 경기도 덕산 사람으로 3·1운동 때(3월 25일) 일본 헌병 총에 팔과 옆구리 맞아 세브란스병원에서 치료받았다.

보라: Yum Tek Chang

영국의 대한 정책

한-영 조약(1883, 이 조약 한-미 조약과 똑같음) 있음에도 영국 일본의 조선 침략 협력했다. Coffee 의원 그들의 조선 정책 비난했다.

영국 중국에 조공

보라: 조공

영사 또는 통상사무

보라: 속국의 권한

왈톤 미국 국제법 요약집

제1권 64절에 "한-미 두 나라 사이 동등 동맹국가 관계 수립한 것 이는 기정사실이다." 그리고 "조선 중국에서 독립한 것 이젠 미국으로 말미암아 확실히 됐다."

보라: Wharton's *Digest of International Law of the U.S.*

외국사람들에게 조선서 어린애 잡아먹는 단 소문 중국사람들이 퍼뜨린 사건(1888)

보라: "China and Korea" by O. N. Denny

우리 (중국) 속국

보라: 조중 육로 통상 약정 서문

원세개

보라: 조선공사 외국파견 세 가지 조건

또 보라: 중국음모

원세개 감독관

그 사이 원세개 가만히 안 있었다. 그는 중국 공관 명칭으로 주재공사(Resident)란 명함 속임수로 찍고 돌린다.

보라: Yuan Shih-kai Commissioner

원세개 거만하게 조선 내정 간섭함

보라: 원세개 건방지게 굴다

원세개 거반 임금 앞까지 가마 타고 궁궐에 들어감

신하와 백성 앞에 국왕의 권한 무시하기 위해 감히 가마 타고 들어갈 수 없는 궁중의례 무시하고 자기 하인과 부하와 군대 동원 거의 임금 앞까지 들어갔다. 그런데 이 하인과 부하들 궁중에서 무례하게 굴었다.

보라: Yuan rides in his chair into the Palace

원세개 건방지게 굴다

그는 쓸데없는 긴 공문 임금께 보내고 건방지게 임금 지시하며 손님이면서도 주제넘게 마치 제 집처럼 국가 행사에 주인 행세한다.
보라: Yuan Shih-kai advise and direct the King

원세개 부하 궁중에서 무례하게 굼
보라: Yuan rides in his chair into the Palace

원세개 불의
보라: 원세개 품행

원세개 사욕
보라: 원세개 임금 협박

원세개 사주 조선고관 임금 협박
보라: Yuan threatened the King

원세개 속국음모
보라: 원세개 우쭐

원세개 우쭐
조-중 조약에 따라 조선에 파견된 중국정부 대표에 지나지 않는데 우쭐, 명함에 '중국황제 감독관'이란 직함 찍고 분별없이 나대 다시 속국음모 꾸미는 위험한 결과 가져올 것 같다.
보라: Yuan Shih-kai

원세개 임금 지시
보라: 원세개 건방지게 굴다

원세개 임금 협박
사욕 채우기 위해 그리고 이홍장 앙갚음 미끼로 중국 군대와 해군 동원 몇 조선 고관 시켜 임금 협박했다.
보라: Yuan threatened the King

원세개 잔꾀

보라: 원세개 품행

원세개 잔인성

보라: 원세개 품행

원세개 조선 발전 방해

보라: 원세개 흉계

원세개 조선사람 활동 좌절시킴

보라: 원세개 흉계

원세개 최근 음모

보라: Denny's protest

또 보라: Yuan's extraordinary conduct

원세개 품행

국제교류사에 거의 유례없는 원세개 행위 이것 다 잔꾀와 범죄적 불의와 그리고 잔인성이다.

보라: Yuan's conduct

원세개 행위

보라: 원세개 품행

원세개 흉계

조선사람 마치 어린애 같아 장사할 줄 모른다는 등 이유 들어 중국의 보호 필요하다면서 조선의 목을 짓밟고 중국 주둔군 동원 위협해 나라의 발전정책 방해하고, 진보적인 조선사람 활동 좌절시키고 비웃었다.

보라: Yuan's scheme

원세개에 보낸 이홍장 세 필수규칙

"조선공사 외국파견 세 가지 조건"이란 *마이니찌 신문* 기사 지난 11월 5일에 났는데 이건 원세개에 보낸, 다음의 이홍장 전문 지령 곡해한 거다.

첫째: – 서울 도착하면 조선정부대표 중국 공관에 와 중국공사에게 뭘 도울까 묻고 조선대표 안내로 조선 외무성에 가 자기 소개한 담 자기 맘대로 어디나 예방한다; 둘째: – 만일 궁궐에 연회, 공식 모임, 만찬, 축하연 있으면 조선정부에 있는 사신들 반드시 중국공사보다 낮은 자리에 앉는다; 셋째: – 만일 중대한 외교문제 생기면 조선정부대표 먼저 비밀리에 중국공사와 상의하고 의논한다; 이는 속국으로서 꼭 지켜야 할 필수 규칙이다. 그러나 조선 임금 이 규칙 따르라 지시 안 했다.

보라: Instructions to Yuan

원세개의 터무니없는 작태 이홍장에게 보고함

원세개의 터무니없는 작태 여러 길 통해 중국 정부에 알린 바 있어 그들 모를리 없겠건만, 임금의 부탁으로 자기 자신(Denny) 두 번이나 천진에 가 이 문제로 이홍장과 의논했다. 또 지난해 10월 이홍장 찾아가 원세개의 최근 음모(고종의 양위) 항의했으나 이홍장 원세개에 대한 건 다 시치미뗐다.

보라: Denny's protest with Viceroy the Yuan's extraordinary conduct

위대모 (魏大模)

보라: Whittemore, N.C.

위톤, 헨리

보라: 주권과 독립 정의

유럽공사

보라: 심상학

또 보라: 조선 첨 외국사절

유순녕

보라: Ryoo, Soon Nyung

유영근

42살 난 경기도 파주 사람인데 3 · 1운동 때 일본헌병 쏜 총에 목 맞아 세브란스병원에서 치료받았다 했다.

보라: Yu, Yung Kun

윤명석

보라: Yun, Myung Suk

이개동

덕산서 살던 27살 청년으로 3 · 1운동 때 총에 다리 맞아 부상, 세브란스병원에서 치료받았다 한다.

보라: Ri, Kai Tong

이남기

3 · 1운동 때 22살 난 청년으로 몽둥이로 심하게 얻어맞아 3월 29일 세브란스 병원에 입원했으나 그 담 일요일 죽었다 한다.

보라: Ri, Nam Kee

이돌사

3월 25일 서울서 멀지 않은 덕산이란 곳에서 독립만세 시위 참가한 23살 청년인데 발에 총 맞아 담날(26일) 세브란스병원에서 치료받았다.

보라: Ri, Tol Sa

이상명

32살 난 덕산 사람으로 3 · 1운동 때 다리에 총 맞아 세브란스병원에서 수술받았는데 정신에 이상 생겼다 했다.

보라: Ni, Syang Myeng

이인옥

19살 난 평안도 안주 학생으로 3 · 1운동 때인 3월 2일에 헌병의 총에 왼쪽다리 맞아 부상, 세브란스병원에서 치료받은 예수 안 믿는 사람이다.
보라: Ri, In Ok

이중당 (李中堂)

1870년 직례총독 겸 북양대신으로 임명받은 이 홍장을 이렇게도 불렀다. 중당 재상이란 뜻이다. 영어로 그를 Viceroy라 했다.
보라: 데니

이춘세

21살 난 청년으로 박연낙과 같은 사정이라 했다.
보라: Ri, Chun Sai

이한돔

3・1운동 때인 3월 23일 서울 동대문 안에서 몇백 군중에 껴 독립만세 불렀던 32살 난 사람으로 눈에 총 맞아 세브란스병원에서 치료받았다 했다.
보라: Ri, Han Dom

이홍장 (李鴻章), 1823~1901

1870년 직례총독 겸 북양대신 됐는데 북양이란 만주, 산동성 그리고 조선 가리킨 말로 우리 임금과 나라 이 자 관할하에 있었다.
1876 한-일 조약과 1882 한-미 조약으로 조선 독립 선포했으나 조선을 다시 중국 속국 만들려 이 자 갖은 모략 부렸다. O. N. Denny의 "China and Korea"에 Li Chung Tang 이라 했다.
보라: 데니
또 보라: 한-미 조약문 작성

이홍장 세 필수규칙

보라: 원세개에 보낸 이홍장 세 필수규칙

이홍장 세 필수규칙에 대한 미국의 반응

이 세 가지 규칙 이는 조선자주 짓밟는 불공평하고 강압적인 처사라 했다. 이는 한-미 조약 제1조에 따라 미국정부 적절한 조치 취할 거다.

보라: American reaction to

이홍장 앙갚음

보라: 원세개 임금협박

이홍장 원세개에 대한 항의 등돌려

보라: Denny's protest

이효성

보라: Yi, Hyo Syung

인민공화당

조선민족혁명당(중국 남경) 해방한 담 서울에서 바뀐 이름으로 위원장 김원봉이었다.

보라: *조선년감* 1948년(p. 842); 조선민족혁명당 미국지부

인삼(홍삼) 밀수출

보라: Ginseng smuggling

일-한 조약 1876년 2월

보라: 조선독립선언

일본 공사

보라: 민영준

또 보라: 조선 첨 외국사절

일본 기독교 탄압

조선서 심하게 기독교 탄압한 것 특히 3·1운동 예 들어 보고한 것 Exhibit XXVI-B에 실려 있다.

일본 사람 도의감 없는 것

3·1운동 때 동경이나 조선에 있던 일본 기독교 조합교회(Congregressional Church)인들 일본의 만행 보고도 누구하나 반대하지 않았다. 일본사람 도의감이 없는 백성이라 일본에 있던 선교사 Albertus Pieters 지적했다.

보라: Pieters, Albertus, Rev.

일본 사람의 본성

Exhibit XXVII에 어떤 선교사 본부에 편지하면서 자기 이제야 일본사람 본성 알았다며 그들의 본성 이렇게 말했다.

"Oh Japan is cruel! Even the best Japanese Christians, of course, back the Empire. I know Japan now. Nationality aggressive obtaining her ends at all costs: If Christianity and love suit her, they are used; if the foulest methods of Machiavelli are required, they are employed, and all is cornered with a smiling lie. I know her, but it took me two years."

이걸 번역해 보면,

"참으로 일본은 잔인하다. 일본사람은 한다 한 크리스챤이라도 자기나라를 지지한다. 나는 이제야 겨우 일본을 알았다. 그들 민족성 침략적이며 또 자기들 이익 위해선 무슨 짓이든 한다. 만일 자기들 필요할 땐 크리스챤 교리나 크리스챤이라 빙자한다. 또 마키아벨리의 악한 수단도 필요하다면 이것도 갖다 이용한다. 이런 것 다 그들의 거짓 웃음에 숨어 이뤄진다. 나는 일본을 알았다. 그런데 이렇게 알기까지 2년이란 세월 걸렸다."

또 *The Outlook* (Exhibit XXVI) 잡지에 일본 저주해 말하길 "Whom the gods would destroy they first make mad." 곧, 신이 멸망시키고자 한 자는 먼저 그 자를 미치광이로 만든다 했는데 일본 미치광이돼 신의 저주 받을 거라 했다.

일본 신문 3·1운동 보도 본보기

Exhibit III에 *Shosen Shinmun*[*서선신문 西鮮新聞* (?)] 기사에 조선 미개한데 미국 민주주의 영향받았다 했고; John Thomas에게 심한 매질 아무 잘못 없으며 사과할 것 없다 했다.

보라: Exhibit III

일본 중국 산동성 점령문제

Senator Norris 중국 산동성(전 독일령) 일본 점령 한국문제와 결부시켜 연설했다. 제1차

대전 독일의 패망으로 일본 중국 산동성 장악했으나 1922년 와싱톤에서 열린 군축회의 때 많은 반대 받았다.

일본 헌병 3·1운동 때 만행

보라: Exhibit V

일인 잔인성과 조선인 재산 강탈한 사례

Norris 의원 연설에 나왔다.

보라: Norris, Senator

일인 재산약탈

Hulbert 보고서에 보면 일인 강제로 조선사람 집과 전답 그리고 가재 등 강탈한 사례 들었는데 그 방법으로 돈 빌려주고 못 갚으면 가로채고 또 구실 만들어 헐값으로 샀다. 그래서 조선사람들 자기에게 와 이름만이라도 사달라 해 1원 주고 산 담 H. B. Hulbert 재산이라 방 붙여 일인에게 재산 안 빼앗겼다.

보라: Senator Spencer 연설

임영신

보라: Haan, Kilsoo

1636년 조공조약

1636년 병자호란(만주) 때 조선 서명한 조약에 조공국 인정한 걸로 알려 있다. 그러나 이는 오해다. 설사 이 조약에 조공국이라 했다 치더라도 이는 중국과 맺은 조약 아니다. (1636년 병자호란 남한산성 항복) 조선 만주와 맺은 조약이다. 그런데 이를 중국과 맺은 걸로 알고 조선 중국의 속국이라 주장하는데 이는 잘못이다. 조선 만주에 항복할 때 중국(명나라) 또한 만주에 항복했다. 그리고 1636년엔 아직도 명나라(곧, 중국) 있을 때다. 1644년에 비로소 만주 북경에 도읍 청나라됐다.

보라: Tributary treaty of 1636

일한보호조약

보라: 한일보호조약

임금 고문직

보라: 세관 감독관 직분

임금 중국과의 속국관계 시인한 바 없음

보라: 속국 무효

임금 중국 음모 잘 안다

보라: 중국음모

자료

1919년 5월 10일자 3 · 1운동 진상 일본정부 고위층에 낸 진정서 원본 Exhibit XXXIII에 실려 있다. 모두 12항으로 나눠 일본의 조선 식민정책 분석한 거다.

보라: 3 · 1운동 진상 일본정부 고위층에 낸 진정서

장우상

24살 난 청년으로 박연낙과 같은 사정이라 했다.

재미 한국유학생

한-일 합병한 담 재미 한국유학생 귀국 길 없어 미국정부에 호소한 것 Senator Norris 연설에 언급하면서 원조 청했다.

보라: Norris 연설, p. 6816

전권공사

보라: 조선 중국의 속국 운운 부당

또 보라: 속국의 권한

전권공사 미국

보라: 박정양

또 보라: 조선 첨 외국사절

전권공사 유럽

보라: 심상학

또 보라: 조선 첨 외국사절

전요섭

보라: Gerdine, J. L.

정영희

34살 난 경기도 파주 사람으로 3·1운동 때인 3월 28일에 독립만세 불러 부상 세브란스 병원에서 치료받았다 한다.

보라: Chung, Yung Heui

정주

보라: Tyungju

정흥봉

16살 난 젊은이로 박연낙과 사정 같다 했다.

보라: Chung, Hung pong

제물포

보라: 한-미 조약서명

제후 또는 속국관계

국제법으로 제후와 속국관계 인정받는 건 오직 정복과, 국제승인과, 그리고 어떤 협약으로 이뤄진 거다.

보라: Vassal or independent relations

조공

조공 매해 중국에 보냈다 해 조선의 주권과 독립 손상한 것 아니다. 이는 마치 영제국 미얀마 영유 명목으로 중국에 조공했다 하여 영국 주권과 독립에 손색없는 것처럼.

보라: Tribute

조공관계 중국 측 곡해

보라: 중국황제에 보낸 조선왕 편지

조공국 (Tributary state)

O. N. Denny의 "China and Korea"에 조선의 조공, 속국으로 한 것 아니라 했다. 그때 영국도 중국에 조공했지만(미얀마 문제로 영국 중국에 조공함) 중국의 속국이 아니지 않나 했다.

보라: 조선 중국 조공국가

조공국주권과 주권국주권

통달한 현대 국제법학자 '존 카스퍼 블런찔리' 지적한 담 글 여기에 적용된다 했다. "아무리 주권에 일관성 있다 하더라도 속국의 주권과 주권국가의 주권 다를 바 없다." 역사는 말하는데 이 원칙 진리다.

조공조약 중국과의 조약 아님

보라: 1636년 조공조약

조공했다고 주권과 독립에 영향 준 것 아니다

보라: 조공

조선 국왕 나약 다스릴 능력 없다

보라: 조선속국 중국주장

조선 독립국가 선언

보라: 조선독립선언

조선 민족 혁명당 미국지부

1937년 중국 남경(*조선년감* 1948, p. 442에는 1935년)에서 결성, 해방한 담 서울에 와 인민 공화당으로 이름 바꾸고 김원봉 주재한 정당이다. 미국지부 Diamond Kim 위원장으로 LA에 본부 있었다.

보라: Korean National Revolutionary Party, United States of America Branch

조선 세관 중국 세관 지휘 감독 아래 둔 것 유감

보라: Custom Inspector position

조선에 대한 중국의…

보라: 중국 조선에 대한….

조선 속국 중국주장

데니 그의 "청한론"에 쓰길 첫째 중국 조선을 속국으로 주장했고; 둘째 조선을 한 중국 제후로 취급했고; 셋째 국왕 나약 다스릴 능력 없다 했다. 이 다 근거 없는 조작이라 했다.

보라: China's claim to vassal with Korea

조선 연해안 지도

1876년 한-일 조약으로 조선의 독립 인정받았는데 이 조약 1877년부터 효력 가졌다. 이해 원산, 인천, 부산 개항했고 조선 연해안 측량 마쳤다. 그런데 Senator Sargent "Relation with Corea"(April 17, 1878) 연설에 이 연해안 지도 정밀한 것 보면 야만으로 알려졌던 일본 그렇지 않음 증명한 거라 했다. 이 지도 한 벌 미 국무성에 와 있다 했다. 이 지도 이젠 미 의회도서관 지도과에 보관돼 있다. 일본 이러기에 조선도 개방하면 일본과 같을 거라 했다.

조선 자치능력 없다 말한 사람

일본에 있던 미국기자 Hugh Byas "Korea would not be able to govern itself after the war"라 했다. Frank J. White 목사 하원의원 William P. Lambertson에게 1943년 3월 9일에 한 편지에 조선 일본보다 더 긴 자치역사 있는데 무슨 말인가 하고 이 미국기자 반박했다. 이 목사의 편지 "Korea"란 제목으로 Appendix to the *Congressional Record*, 78th 1st Session, 1943, p. A1155에 실었다.

조선 정부 속국시인

조선 속국문제에 가장 신빙성 없고 용납할 수 없는 주장의 하나는 조선정부 아무 반대 없이 속국 받아들였단 거다. 이는 사실관 동떨어진다. "…폐하께서 이 터무니없는 설 강력히 부인하셨다."

보라: Korean Government admitted vassalage

조선 중국 조공국가

조선 중국 조공국가다. 그렇다고 국가주권에 영향 없고 조금도 주권 멸한 것 아니다.

보라: Tributary state of China

조선 중국에 대한 태도

O. N. Denny 그의 "China and Korea"에 천진에 있는 이홍장(Viceroy at Tien-Tsin)의 권고로 조선 서양과 국교 맺게 된 것 시인하면서 이렇게 한 건 조선 자진해 중국의 자문 구했기 때문이라 했다. 그런데 이홍장 조선의 이런 호의 배반코 조선을 중국의 예속국(Vassal or dependent) 만드는 절차 취하라 명령했다 한다. 이래 미국 이를 극구 반대 1882년 5월 22일 한-미 조약 중국 천진이 아닌 조선 제물포에서 서명하게 된 거라 했다. 그런데 조선 독립이란 뭔가 몰라 미 대통령에 낸 고종의 편지 첫머리에 조선은 예부터 중국의 조공국이라 했고(Chosen has been from ancient times a state tributary to China) 조정 원세개의 세도 받아줬고, 1884년 중국 대사 부임하니 조선왕 중국 사신 숙소 남현궁 찾아가 인사했다. 이젠 다르리라 믿는다.

조선 중국에 조공했으나 주권 행사

보라: 조선왕 미 대통령에 보낸 편지

조선 중국의 속국 운운 부당

속국파견사 또는 전권대사란 말 당치 않는 말이다. 왜냐면 문명한 나라 법엔 완전히 있을 수 없기 때문이다. 그들 법으론 속국파견사, 전권공사 또는 무슨 공사니 하는 따위 인정 안 한다. 그 까닭 속국 오직 영사 또는 통상사무관만 두는 권한밖에 없기 때문이다(조선 전권공사 파견하기에).

보라: China's appellation of vassal, a misnomer

조선 중국의 속국 조항

보라: 한-미 조약 초안

조선 중국의 제후

보라: 조선속국 중국주장

조선 중국의 종속문제

O. N. Denny 그의 "China and Korea"에 Wheaton의 *Law of Nations*와 John Austin, Wharton, Bluntshli, 그리고 Kalnoky의 설 인용 조선 중국의 조공국이나(Tributary State) 주권(Sovereign과 independence)의 포기 아니었다 주장했다. 조선은 자진해(good faith) 조공국으로 자처한 거라 했다. 그의 "China and Korea"에 지적했다. 특히 O. N. Denny Wharton의 *Digest of International Law of the United States* 책 첫 권 64 paragraph에 조선 독립국임 미국정식 승인한 사실 강조했다.

곧, "The existence of international relations between the two countries(the US and Corea) as equal contracting parties is to be viewed simply as an accepted fact." and "the independence of Corea of China is to be regarded by the US as now established."다.

보라: *Congressional Record*–Senate, 50th Congress 1st Session, 6/31/88, 0.8138

또 Denny 중국과의 우방관계 그리고 동맹국으로 무방하나 조선이 중국의 노예되는 건 절대로 안 된다 했다. "China's friend and ally Corea desires to be but her voluntary slave never."

보라: "Relations with Corea", 1878 speech by Senator Sargent.

또 보라: "Resolution in reference to the disturbances at Corea" speech in 1888 by Senator Mitchell

조선 첨 외국사절

일본에 공사 민영준 파견했고 유럽과 미국에 각각 심상학과 박정양 파견했다.

보라: 조선 첨 외국사절

조선고관 임금협박

보라: 원세개 임금협박

조선공사 외국파견 세 가지 조건

지난 11월 17일 신문에 일본 *마이니찌 신문* 기자 풍문에 쏠린 듯 말하길 "조선 외교관 임명 조선과 중국 사이 체결한 담 세 가지 재래 관례에 따른 것 같다 했다. 1 - 조선 공사 외국 보내기 앞서 주조선 중국공사에게 알려야 한다. 2 - 조선공사 주재국 당국에 공문 보낼 땐 같은 주재국 중국공사와 상담해야 한다. 3 - 조선공사 신분 여하 막론하고 같은 주재국 중국공사 앞자리에 안 있을 것" 이 억지로 꾸며낸 글과 비슷한 문건 단 하나 있는데 이는 "총독(이홍장) 원세개에 보낸 지령"이다.

보라: Three requisites for dispatching Korean Ministers abroad

조선년감

서울 조선통신사에서 해방한 담 첨 나온 1947년도판 p. 332에 조선 민족 혁명당이 나오고 1948년판 p. 442엔 인민공화당으로 바뀌었다.

보라: 조선 민족 혁명당 미국지부

조선독립 선언

1876년 2월 체결한 한-일 조약 제1조에 명시한 한-일 두 나라 정식 선언문에 "조선 독립국가로 일본과 동등한 주권 행사하며 그리고 앞으로 두 나라 교제에 있어 동등과 정중한 호의로 수행할 것" 선언했다.

보라: Declaration of Independence of Korea

조선독립 확립

보라: Wharton's *Digest of International Law*

조선사람 독립정신

Senator McCormick 제안으로 ICCCA 보고문 *Congressional Record*-Senate(Vol. 58, pt 3, July 17, 1919, pp. 2697~2717)에 실었는데 3·1독립운동 때 잡힌 젊은 청년 일본의 고문에 못이겨 병원에서 죽어가면서 자기 죽어도 독립하면 기쁘다 자기 형에게 말했고; 조선의 젊은 색시 잡아다 옷 벗기고, 젖통 만지고, 애기 뱄다 창녀라 조롱했고, 남자 죄수 앞으로 벌거벗겨 끌려가 부끄럽게 했으나 굴하지 않는 것 등이다.

조선사람 어린애 같다

보라: 원세개 흉계

조선세관 고문

보라: 데니

조선왕 미 대통령에 보낸 1882년 5월 15일 편지

이 편지 정확한 번역 담과 같다. "조선왕 담과 같은 편지 씁니다. 오랜 옛적부터 조선 중국조공국가였습니다. 그러나 내정과 국제교류에 관한 모든 일에 있어 역대 조선왕 완전 주권 행사했습니다."

보라: 조선왕 미 대통령에 보낸 1882년 5월 15일 편지

조선왕 이홍장 세 필수규칙 무시

보라: 원세개에 보낸 이홍장 세 필수규칙

조선왕과 Schufeldt 사이 왕복편지

영어로 번역된 이 임금의 편지 Sargent 상원의원 "Relation with Corea" 연설에 포함돼 있다. *Congressional Record*–Senate, 45th Congress 2nd Session, April 17, 1878, pp. 2600~2601 실려 있다.

발신인: A necessary reply addressed to the American Commander, fifth year of the Emperor Tung Chi, twelfth monday-day(1866년 12월)이라 했고;

수신인: To Commander Schufeldt라 했다.

보라: also "Relation with Corea", 1878, Speech by Senator Sargent, p. 2600

1866년 1월 24일 Schufeldt 편지 받고 그해 12월에야 고종 회답했는데 대동강 입구에 정박했던 Schufeldt 이미 떠났으므로 이 회신을 북경 미국공사에게 전달했다. 그때 마침 북경에 Cap. Febinger 와 있었는데 이를 통해 Schufeldt에게 전하도록 했다. 그런데 이 편지 미 해군성에 묻혀 있다가 5년 뒤인 1871년 비로소 알게 됐다 한다. 만일 미국정부 이 편지 검토했었더라면 무모한 1871년 '신미양요(미국 강화도 점령사건)' 일어나지 않았을 거라 Senator Sargent 그의 상원 연설 "Relation with Corea"(April 17, 1878)에 지적, 미국의 무성의 탓했고 무고한 조선 백성 죽인 것 비난했다. 이 편지에 평양감사 특별한 호의 베풀었고 떠나줄 것을 간청했으나 떠난다 하면서도 매일 더 상류까지 올라오고 평양 관원 가두고 백성들에게 총 쏘았고 또 식량 부족, 육지에 올라와 약탈까지 했다 했다. 그래서 백성들 성나 나무 실은 배에 불을 질러 내려 보내 그 배에 탄 사람 다 죽게 했다고 했다.

흥미로운 건 이 편지를 찾아 읽은 Senator Sargent 그의 연설 "Relation with Corea"(April 17, 1878)에 말하길 이 만한 글을 쓸 수 있는 나라라면 문명한 나라라고 칭찬했고 이런 나라이니 통상 교역해야 한다 역설했다. General Sherman호 사건 충분히 설명했고

또 인도적으로 그들을 취급한 것 경탄했다. Schufeldt 역시 그의 조선왕에게 한 편지에서 1866년에 미국 상선 Surprise호가 조난당할 때 이들을 후대해서 북경까지 잘 보내준 것 고맙다고 인사말한 걸 봐 General Sherman호도 그와 같이 하고자 했을 거다 했다.

조선왕세자 중국황제 재가 전제

보라: Chinese Emperor's sanction

미국 대통령에 보낸 조선왕의 편지 영문번역 원문(May 15, 1882)

이 편지 첫머리에 조선은 옛적부터 중국의 속국이라 자인하면서 그러나 모든 주권 조선이 행사했다 했다.

보라: "China and Korea" by O. N. Denny

조선의 완전 독립

상원의원 Senator Mitchell 그의 "Disturbance in Corea"(1888) 연설에 조선은 국제법상으로 완전 독립국임 1876년 한-일 조약과 1882년 한-미 조약 증거로 설명했다. 그리고 그가 인용한 자료는 "China and Korea" by Owen N. Denny; *Wharton's digest of international law, vol. 1*; 그리고 *Wheaton's the law of nations*이다.

조선의 지리적 조건

조선과 중국의 우방관계 이 두 나라 지리적 조건으로 말미암아 서로 힘입었다. 결과론 중국의 인구, 언어, 종교, 법, 교육, 예술, 예절, 풍속 전반적으로 조선문화에 공헌했다.

보라: Geographical position of Korea

조선중앙년감

1949년부터 평양 조선중앙통신사에서 발행한 연감인데 한국전쟁 때 안 나오고 1953년판에 1951~1952년 포함시켰다. 1950년도판 p. 257에 북미 조선인민 민주주의전선의 강령과 임원진 나와 있다.

조선총독

1919년 3·1운동 때 어떤 총독의 말이라면서 미국 선교사는 조선사람을 작은 미국사람 만들려 한다 했다 한다. 곧, "We can't have the missionaries here trying to make little

Americans out of the Koreans."

보라: Exhibit XXVI-B

조중 상호 수륙 무역장정

이는 1882년 한-미 조약 조인한 담 청나라 사람에게 무역 허락한 1882년 조-청 조약 "Rules for the land and water commerce between the trading populations of China and Korea"인데 그때 조선에 와 있던 원세개 이 조약에 따라 조선 청나라 속국 인정한 거라 주장 조선서 갖은 행패 부렸다 한다.

그런데 O. N. Denny 그의 논문 "China and Korea"에 이 조약 7개항을 일일이 들면서 여기에 조선 중국 속국이란 구절 하나도 없는 것 증명, 이 조약 보통 통상조약에 지나지 않다 했다. 그런데 이 조약 머리말에 조선은 예부터 중국의 속방이란 구절이 있다 했는데 이는 조약 원문엔 없는 문구로 중국사람들 위조한 거라 한다. 중국 종주국으로 조선에 혜택을 준다 행세하면서 그들의 모든 비용 조선에 물게 했다. 이것 과연 조선을 보호하는 건가 하고 물었다.

조중 육로 통상 약정

이 조약 제1조에 따라 외교관과 중국 상인 보호한다 중국 개항영사 서울에 파견됐다. 제2 조항에 오직 최혜국 국민에게만 허락한 치외 특권 중국사람에게도 양보했다 하는데 속국에 관한 조항 없을 뿐더러 이런 조항 체결당시 강요, 이런 이권에 관한 조항 없었다 했다.

보라: Treaty of the overland trade regulations

조중 육로 통상 약정 서문

이 서문 담과 같다 했다. - 조선 오랫동안 우리 속국이었다. 권한과 이행에 관한 모든 것 이미 고정된 규정으로 변경할 여지없다.

보라: Preamble to the treaty of the Overland trade

조중조약

보라: 원세개 우쭐

조중조약 제1조

조중 사신 각각 임지에서 잘못하면 소환한다 했다.

보라: Yuan continues the representative of China to Korea

조중협약

3개항으로 된 이 협약 일본 *Mainichi Shinbun*(1887년 11월 17일)에 보도된 건데 이는 가짜 협약으로 원세개가 만들어 낸 거라 O. N. Denny 그의 "China & Corea"에 폭로했다. 이홍장 원세개에게 보낸 전보지령(11월 5일) 3개항 Denny 설명했다. 이 지령 주미 조선 공사 행동규범 지시한 거다. 첫째조항: 주재 청나라 공사 거쳐 주재국에 소개된다는 것; 둘째: 조선공사 주재 청나라 공사보다 낮은 자리에 앉는다는 것; 셋째: 조선공사 주재국과 협의사항 청나라 공사와 먼저 의논해야 한다는 거다. 지령 원세개 고쳐 발표하길 첫째: 조선정부 외교관 파견하기 앞서 주서울 중국공사 지시받아야 하며; 모든 외교사항 주재 청나라 공사와 의논하며; 마지막으로 조선 주재국 사신 청나라 대표 앞에 안 둔다. 그러나 임금 이 지령 실시 안 했다. 어쨌든 이런 지령받은 것 부끄러운 일이다.

보라: Convention on the appointment of Corean Ministers

주권(Sovereignty)

O. N. Denny의 "China and Korea"에 Sovereignty란 독립국(Independence)이란 말 따른 걸로 조공 (Tributary)관 상관없는 설 들었다.

주권과 독립 정의

이 문제 가장 권위자요, 그리고 중국마저 그의 의견 따르는 '헨리 위톤' 말하길 "주권이란 나라를 다스리는 최고 권력이다. 이 최고권력 국내외로 행사한다. 국내 최고권력이란 재래로 나라에 이어 내려온 권력 아니면 국내법으로 통치권자에게 귀속한 거다. 대외주권이란 모든 대외 정치체제에 대한 한 정치체제의 독립이다. … 어떤 나라든 외세의 지령받지 않고 자기 식으로 모든 국내외 문제 다스리면 이는 법적으로 독립했고 또 주권국가 반열에 끼겠다."

보라: Definition of sovereignty and independence

주권과 독립국가 정의

일반적으로 국제법학자 거의 다 주권 또는 독립국가의 정의 어떤 나라나 백성이든 그들 기본법 어찌됐던 외국의 간섭 없이 독자적으로 다스린 걸 두고 말한다.

보라: Definition of sovereign and independent state

또 보라: Definition of sovereignty and independence by Henry Wheaton

주권과 독립의 확증

주권이란 한 나라 다스리는 최고권력이다. 이 최고권력 국내외로 행사한다. 주권과 독립의 확증 다른 주권 국가와의 협정권; 우호, 항해 그리고 통상조약 체결권; 외교관 교환; 그리고 전쟁과 평화 선포다.

보라: Unerring test of a sovereign and independent state

주권국가

보라: 주권과 독립국가 정의

주권국주권

보라: 조공국주권과 주권국주권

주권의 원칙

보라: 조공국주권과 주권국주권

주길선 (길선주)

3·1독립선언서 33인의 한 사람으로 목사였다. 3·1운동 때 그의 아들 Mowry 목사 집에 숨어 있다 잡혀 Mowry 목사 수감됐다.

보라: Exhibit XXIX

주재 명칭

보라: 원세개 감독관

중국

이 글에서 중국이라 함은 청나라를 가리킨 말이다. 영어로 China 또는 Cathay다.

중국 노예

중국과 우호 조선 원하나 중국에 자진 노예 결코 있을 수 없다.

보라: Slave

중국 조선 속국 운운 부당

보라: 조선 중국의 속국 운운 부당

중국 조선 속국 주장 근거 없음

보라: 조선 속국 중국주장

중국 조선에 대한 간교

O. N. Denny의 "China and Korea"에 중국 기회 있을 때마다 말과 글로 중국 조선 종주국이라 강조하며 뿐만 아니라 조선의 공문도 조작 조선이 이를 시인한 것처럼 꾸미고; 조선 외교관 임명 중국 허락받아야 한다 하고; 이에 대한 조약 3개 있다 했다. 이 세 조약이란 원세개 거짓으로 꾸민 거라 했다. 이 세 조약이란 조선공사가 미 대통령에게 신임장 제출할 때 주미 청국공사 통하지 않고 직접 낸 사실 이홍장에게 보고되자 서울에 있는 원세개에게 3개항에 걸치는 지령 보낸 걸 원세개 조작한 거라 했다. 중국의 신하임 조선 시인한 거라 기회 있을 때마다 강조했고, 조선왕 청조에 낸 편지에 스스로 신이라 한 걸 두고 중국 신하임 공포했다 했다. 이 세 조약과 이홍장 훈령 번역한 것 Denny 그의 "China and Korea"에 싣고 원세개의 흉계 폭로했다. 또 O. N. Denny 조선 중국의 속국 시인한 건 중국 조선을 위협(Threatening), 난폭하게(Violent) 그리고 범죄인처럼(Criminal) 취급(Treatment)했기 때문이라 했다. 뿐만 아니라 중국 조선의 개혁 백방으로 방해했다면서 원세개 조선을 도탄에 빠지게 해 장사도 할 줄 모르고 어린애 같아 중국이 보호해야 한다 했다. 그런데 원세개의 이런 무모한 짓 다 조선 간신들과 짜고 이루어졌다 했으니(through certain Corean officials) 참 가증스러운 일이다. 이게 바로 몽매했던 유림과 사대부 양반이다. 그런데 현실 아직도 이런 양반되고자 야단이다. 이 밖에도 고종폐위 음모도 원세개의 간계였음 Denny 일일이 들어 통박했다.

보라, 만주 중국에 당한 자기 민족 원한 갚으려 '칠대한' 내걸고 중국 대륙 그리고 중국에 붙어 산 우리 정부 중국사람 '종'으로 삼았고 2백 년 전 월남 중국의 행패 보다 못해 그들과 싸워 이겨 한문글자 다 폐지했다. 뿐더러 월남 이날에도 중국 국경에 군대 집중 그들에게 총 겨누고 있는 사실 이 다 뭘 말하는 걸까.

중국 조선에 대한 행패

O. N. Denny의 "China and Korea"에 1876년 한-일 조약 그리고 1882년 한-미 조약 등으로 조선 완전 독립했음에도 중국 속국인 양 조선 주권에 간섭했음 통박했다.

곧, 중국은 매사에(in any other direction), 불법(Illegal) 그리고 고압적으로(High-handed) 끈질기게 조선의 주권(sovereignty) 파괴(destroy)하려 하며 조선을 흡수하려(absorb) 한다 했다. 1882년 한-미 조약 때 천진에 있는 이홍장 미국과 조약 맺을 것 조선에 권할 때 조선이 중국 속국(Vassal or Dependent)으로 한-미 조약 맺고자 한 걸 미국 이를 거절했다 한다. 이래 조약을 천진에서 맺지 않고 조선 제물포에서 맺은 까닭 이래서라 했다.

특히 중국의 행패 서울 주둔한 원세개에 와 그 절정 달했는데 겨우 23살 난 젊은애에게 비굴하게 우리 조정 갖은 학대당했고 심지어 민영익 이 어린애와 짜고 농간 부렸다니 어찌 이 자만 탓할 수 있겠는가. 특히 원세개의 횡포 Denny 담과 같은 말로 표현했다. Subterfuge(교활한 수단), Insolent way(불순한 태도), Unwarrantable(용서할 수 없는), Illegal(불법), Unjust(부당), Criminal(범죄), Threatening(위험), Violent(포악), Abject say(비루), Abuses(악용), Fraudulent and lawless practice(사기와 무법으로), Diabolical(악질의), Wicked conspiracy (부도덕한 음모), Villainy(간악한 죄악), Smuggler(밀수입자), Diplomatic out law(외교계 불법자), Cruel(잔인), Monstrous(괘씸) 등등이다.

특히 원세개 어린 나이로 우리 임금과 고관과 백성 모욕했고 조정의 늙은 신하들 이에 굴복한 것 O. N. Denny 한탄했다. 그런데 왜 우리 Denny처럼 생각 못 할까.

중국 조선 흡수하려

보라: 중국 조선에 불법 고자세

중국 조선에 공헌

이민, 말, 종교, 법률, 교육, 예술, 예절과 풍속

보라: 조선 지리적 조건

중국 조선에 불법 고자세

중국의 불법 고자세로 계속 조선의 주권 파괴 이 나라를 흡수하려 일부러 끈질기게 꾀한다.

보라: Chinese illegal and high-handed treatment of Korea

중국 조선주권 파괴

보라: 중국 조선에 불법 고자세

중국 황제 감독관

보라: 원세개 우쭐

중국 헛된 수작

보라: 중국음모

중국과의 속국관계 임금 시인한 바 없음

보라: 속국 무효

중국세관 통솔

보라: 세관 감독관 직분

중국신문

3·1운동 기사 실린 중국신문 *Peking-Tientsin*, *North China Star*, 그리고 *China Press* 이 세 영자신문이었다 한다.

보라: Exhibit II

중국억압

보라: 중국음모

중국음모

임금 중국 음모의 목적 너무나 잘 알고 있다. 이건 이렇다 하고, 나라를 망치게 하는 이런 헛된 수작과 협박에 임금 말려들어 갈 수 없다. 이 다 원세개 펼친 중국의 폭정과 억압에서 온 거다.

보라: Insidious conduct of China

중국의 공헌

보라: 조선 지리적 조건

중국 측 조공 속국관계 곡해

보라: 중국황제에 보낸 조선왕편지

중국폭정

보라: 중국음모

중국황제 재가 전제 조선왕위 계승

몇 달 전 신문 *North-China Daily News*에 실질적으로 담과 같은 말 실었다. 어떤 신문 기자 쓰길 17세기 끝날 무렵부터 18세기 초 조선 왕위계승, 먼저 왕세자 선택 이를 중국 황제 재가 거친 담 북경 정부로부터 임명받기까진 왕이란 칭호 쓸 수 없다.

보라: Chinese Emperor's sanction

중국황제에 보낸 조선왕편지

문제 여기서부터 시작한 것 같다. 임금 조공관계 비췬 것 중국 측과 이의 추종자들 속국관계로 일부러 끈질기게 그리고 틀리게 해석한다.

보라: Letter(Memorial) of the King

중국협박

보라: 중국음모

중당 (中堂)

大學士 또는 宰相을 中堂이라 했는데 이홍장(李鴻章) 李中堂이라 했다. O. N. Denny 그의 "China and Korea"에 이홍장을 Viceroy(총독)이라 했는데 李는 직례총독 북양대신(直隷總督 北洋大臣)이었기 때문이다.

직례총독

보라: 데니

차오균

36살 난 경기도 고양사람으로 3・1운동 때 왼팔에 부상당해 3월 28일에 세브란스병원에서 치료받았다.

보라: Cha, Oh Kyun

천도교인

수원 제암리 감리교회 불에 타 죽은 사람 30명 다 크리스챤 아니라 크리스챤 12명 정도요, 천도교인 20명이라 했다.

보라: Exhibit XXVIII

천진조약

일본 이등박문과 이홍장 사이 1885년 4월 18일 맺어진 조약이다.

조선에서 청국과 일본 철병하고; 조선자위군 양성하고; 조선에 출병하면 청일 서로 알릴 것 규정했다.

청

만주에 산 소수 민족 여진족이다. 중국과 조선 점령한 중국의 만주 왕조(1616~1911)다.

청나라, 1644

보라: 1636년 조공조약

체형(Corporal punishment)

일제 때 체형 법적으로 꼭 조선사람에게만 했다 한다.

보라: Exhibit XXXIII-V Discrimination

총독 이홍장

보라: 조선공사 외국파견 세 가지 조건

최규새

보라: Chai, Kyusae

최난헌 (崔蘭軒)

영국선교사로 1866년 대동강에서 불에 타 죽은 Robert Jermain Thomas의 동양이름이다. Tsuy라고도 알려 있다.

보라: Thomas, Robert Jermain

최덩원

보라: Choi Tungwon

최학승

보라: Chai Haksung

최혜국

보라: 조중 육로 통상 약정

치외법권

보라: 조중 육로 통상 약정

캐나다 사람들

보라: Exhibit XIX

탁창국

보라: Tak, Changkuk

통계

1916년 일본, 조선 그리고 크리스챤 학교와 학생 수 그리고 학교예산, 그리고 1942년 하와이 한인 수다.

보라: Statistics

또 보라: 하와이 한인

3・1운동 때 죽고 감옥에 간 숫자, 3월 27일 현재로 천 명 죽었고, 6천 명 수감됐을 거라 했다.

보라: Exhibit IX

통상사무

보라: 조선 중국의 속국 운운 부당
또 보라: 속국의 권한

파주

3·1운동 때 경기도 파주 근방 Kong Ung 장터에서 천여 명 모여 독립만세 불렀는데 김남산이란 사람 어깨에 총 맞아 쓰러져 세브란스병원에서 치료받았다. 이때 일본사람 쏜 총에 네 사람 죽고 이 사람 포함 세 사람 부상당했다 했다.

편하설 (片夏薛)

보라: Bernheisel, C. F.

평양 개항

O. N. Denny 친히 평양 두 번이나 가 보고 산업중심지임 확인한 담 이를 개항 세금 받아 국고를 올리려 했는데 원세개와 이홍장 반대로 이루지 못했다. 그때 외교권과 세관권 이홍장 관할하에 있었기 때문이며 이들 조선을 중국 속국으로 두고자 한 야망 있었기 때문이라 했다. 데니 중국의 조선에 대한 이런 악정 공박했다.

폐하 조선 중국 속국설 부인

보라: 조선정부 속국시인

표학선

보라: Pyo, Hak Sun

하와이 한인

1942년 2월 27일 와싱톤에서 열린 The Korean Liberty Conference에서 연설한 미 의회 하와이 대의원 Samuel W. King 그때 하와이에 한인 2천 명, 미국 시민으론 5천 명이라 했다.

한국 유엔가입

1942년 2월 27일 와싱톤에서 열린 The Korean Liberty Conference에서 the Korean

Commission의 대표로 이승만 박사 유엔헌장 서명국가 안에 한국도 넣어 달라 미국정부에 요구했다 했다.

한국을 미국에 비교한 것

Haan Kilsoo 연설에 한국은 Florida처럼 반도이며 면적 Utah와 비슷하다 했다.

한-미 조약 제1조

보라: 이홍장 세 필수규칙

한-미 조약 초안

초안 제1조 조선 중국의 속국이란 조항 이홍장 고집했다. 그러나 미국 대표 조약 체결 안 했으면 안 했지 받아들일 수 없다 거절했다.

보라: US-Korea treaty draft

한-미 조약 초안 제1조

보라: 한-미 조약 초안

한-미 조약문 작성

우방으로 그리고 많은 경험 있기에 이 조약 협상 도와줄 것 이홍장에게 임금 부탁한 거다. 초안 둘인데 이홍장과 미국 대표로 Schufeldt 각각 마련했다.

보라: US-Korea treaty

한-미 조약 서명

1882년 5월 22일 제물포에서 서명

한-일 조약 1876년 2월

보라: 조선독립선언

한미 관계사

1864년 일-미 조약으로부터 1888년대까지의 한미 관계사 *Congressional Record* -Senate, 50th Congress 1st Session, Aug. 31, 1888, pp. 8135~8140에 실려 있고;

Senator Mitchell 연설인 "Disturbance in Corea"와 1888년에 O. N. Denny 논문 "China and Korea" 참고된다.

한미조약

정식으로 "Treaty between the United States of America and the Kingdom of Chosen"인데 이는 또 "The Treaty of Peace, Armity, Commerce and Navigation"으로도 알려 있다. 이 영문조약에 서명 인천에서 1882년 5월 22일에 Commander R.W. Schufeldt와 신헌(申櫶)과 김홍집(金弘集) 했고, 1883년 1월 9일 미 상원 비준 그해 5월 19일 서울에서 교환했다. 이를 미 대통령 Chester A. Arthur 그해 6월 4일 공포했다. 전부 14조항으로 한일합방했어도 이 조약의 무효 어느 쪽도 선언한 바 없다. 이홍장이 만든 이 조약 한문 초안 제1조에 조선은 중국의 속국이라 했는데 미국 이를 거절했다. 한 가지 우리 알 건 이 조약 실효 잃었지만 1953년 한인영주권 미 의회에서 고려할 때 이 조약 참고 영주권 주기로 했다.

이 조약의 문구 가운데 'Good offices' 조선 'intervention'으로 해석 미국의 조선 보호 도의적 그리고 법적 의무 미국에 물었다. 이 조약 가장 괄목할 만한 건 중국 속국에서 비로소 독립 찾은 계기된 거다. 한-미 조약 제일 논의된 것 이 속국문제였다. 미국의 고집으로 이 조항 뺐으나 주미공사 신임장 제출 때 서신으로 중국의 승인얻었다. 독립했으면서 우리 이렇게 속국 노예근성 있어 자주성 어렵게 했다. 부끄러운 일이다. 우리 국왕 모든 일 이홍장 승낙받아야 했다(Every article approved by the viceroy) 한다. 이런 식이 바로 우리였다.

한인 미시민권 문제

1945년 4월 18일 그때 하와이영토 지사 Ingram M. Stainback의 결재로 이른바 "Senate Concurrent Resolution 2"를 미 정부 상하원 의장, 미국대통령, 내무대신에게 보내 한인은 미국시민보다 일본사람 미워하며; 한국 독립했을 때 하와이로 이민 왔고 그리고 미국 대일전쟁 적극 지지한다면서 미국 이민법 개정, 한인에게 시민권 줄 수 있는 조치 취해 달라 진정했다. 이 결의안으로 한인들 비로소 법적으로 미국에 남아 있게 됐고 1953년 이민법 개정으로 시민권 얻게 됐다. 전에 서재필, 서광범 등 시민권받은 사람 있으나 모두 특별법안(Bill)으로 개별적으로 받은 거다.

보라: Hawaii-Senate Concurrent Resolution 2

한일보호조약

1905년 11월 18일 일본과 체결한 다섯 조항으로 된 이른바 '을사보호조약'인데 이 조약으로 외교권 일본에 넘겨주고 담 해 2월 외부 폐지됐다. 이 보호조약으로 우리나라 도적질한 거라 미국정부 도움 청한 대한황제의 편지와 전문 그리고 Hulbert의 진정서 등 *Congressional Record*–Senate, 66 Congress 1st Session, Aug. 18, 1919, pp. 3925~3926에 실려 있다.

보라: Norris, Senator

한일보호조약 한 담 일본의 강탈 실례

보라: "What about Korea"

한일보호조약 때 취한 미국 태도

조선보호조약 총칼에 못 이겨 체결했으니 무효를 선언한 고종황제 비밀서한 Hulbert 통해 미대통령에 보냈지만 일부러 받지 않고 조약 끝난 담날 받아 국무성에 file했다.

보라: Roosevelt; Hulbert

한–일 조약

1876년 2월에 체결한 한–일 조약 제1조에 조선 자주독립국이라 했다. 이 조약 해설 Senator Mitchell 연설인 "Disturbances in Corea"에 있다. 이는 *Congressional Record*–Senate, 50th Congress 1st Session, Aug. 31, 1888, pp. 8135~8136에 나온다.

한–중 관계사

1876년 2월 한–일 조약 제1조에 조선 완전독립국이란 걸 중국 시인했기에 조선은 완전자주독립국이라 주장한 Senator Mitchell 연설 "Disturbance in Corea"와 O. N. Denny 1882년 논문 "China and Korea" *Congressional Record*–Senate, 50th Congress 1st Session, Aug. 31, 1888, pp. 8135~8140에 실려 있다.

함흥근방 독립운동

이 근방 3 · 1운동 관계 Exhibit IV에 있다. 3월 2일과 3일 학생들 밤 사이에 잡혀갔고 한 한국 순사 동생 Chai Kyusae(최 또는 채규새)와 Chai Haksung(최학승) 등 소방대 몽둥이와 갈고리에 머리 다쳐 경찰에 끌려갔다 했다. 또 6일엔 Pyon Eung Kwan(변응관)이란 사람 많이 다쳤고; 13일은 신흥장터에서 만세 터져 네 사람 죽고 네 사람 중상 입었다 했다. 또 함흥근방 Sungdok(성덕, 홍덕, 신덕?)에서도 만세소동 나 네 사람 죽었다 했다. 이와 같이 3월 15일까지 계속했다 했다.

허대전(許大殿)

보라: Holdcroff, J. E.

혁명

어떤 영국사람 쓴 "일본제국주의 조선서 실패(The Failure of Japanese Imperialism in Korea)"에 3·1운동을 훌륭한 '혁명'이라 했다.

보라: 삼일운동

후란스 함대 침입

보라: Rose; Pierre-Gustave

제3부

1. *Carnegie Endowment for International Peace Division*에 실린 한-중, 한-일, 한-러, 한-영 Treaties and Agreements 목록

1882, no. 1: China and Korea. 6p

1883, no. 2: China and Japan. 2p

1894, no. 3: Japan. 3p
no. 4: Japan and Korea.

1895, no. 5: Japan and China. 10p

1896, no. 6: Japan and Russia. 3p
no. 7: Japan and Russia. 2p

1898, no. 8: Japan and Russia. 2p

1899, no. 9: Korea and China. 8p

1902, no. 10: Great Britain and Japan. 3p

1904, no. 11: Japan & Korea. 2p
no. 12: Japan & Korea. 2p

1905, no. 13: Japan & Korea. 3p
no. 14: Great Britain & Japan. 5p
no. 15: Japan & Korea. 2p

no. 16: Russia & Japan. 10p
no. 17: Japan & Korea. 2p

1906, no. 18: Japan & Korea. 3p

1907, no. 19: Japan & Korea. 3p

1909, no. 20: Japan & Korea. 1p

1910, no. 21: Japan & Korea. 4p
no. 22: Korea & Japan. 5p

2. *Congressional Record, 1878~1949*에 실린 우리나라 관계 기록 찾아보기

1878 April 7: Relation with Corea, remarks of Senator Sargent. pp. 2599~2602
8: Relation with Corea, remarks of Senator Sargent. p. 2602

1888 Aug. 31: Disturbances in Corea, remarks of Senator Mitchell. pp. 8135~8136
China and Korea, by O. N. Denny. pp. 8136~8140

1915 Aug. 29: Article on Korea, by Homer Hulbert. *New York Times*. p. 13326

1919 June 30: Affairs in Korea, Senate resolution no. 101,
submitted by Sentor Spencer. p. 2050

1919 July 15: Japanese cruelty in Korea. pp. 2593~2597
Horrors in Korea. pp. 2597~2602

1919 July 17: Report on situation in Korea-the report of the Federal
Council of Churches of Christ in America on the Korean
atrocities, remarks of Senator McCormick. pp. 2697~2718

1919 Aug. 18: Affairs in Korea. pp. 3924~3926

1919 Sept. 19: The Korean question-statement of Fred A. Dolph,
Counselor of the Republic of Korea,
submitted to the Senate by Senator Spencer. pp. 5595~5608

1919 Oct. 9: Injustice in Korea. pp. 6611~6612
Treaty imperils mission. p. 6612

1919 Oct. 13: Japan's iron policy in China. pp. 6796~6797
The Lansing-Ishii agreement. pp. 6798~6800
Japan's 21 demands. pp. 6800~6804
Suffering of Korean Christians. pp. 6812~6826

1921 Dec. 13: Diplomatic relation with Korea, remarks of Senator Knox. p. 252

1922 Jan. 26: Korean appeals for independence, by Syngman Rhee. p. 1747

1922 Feb. 26: Korean appeals for independence, by Syngman Rhee. pp. 3057~3058

1922 Mar. 21: Presecution of the church in Korea, by Elihu Root, author of the misfortunes of Korea. pp. 4182~4184
Massacres. pp. 4184~4186

1922 July 8: Korea and Japan(on agriculture), by F.H. King. pp. 10072~10074

1942 May 11: Recognize Korea, remarks by Rep. John M. Coffee. pp. A1713~1715

1942 May 19: Recognize Korea, remarks by Rep. John M. Coffee. pp. A1817~1819

1942 May 21: Korea and the crisis in the Orient, remarks of Rep. Coffee. pp. A1877~1878

1942 May 25: The American-Korean treaty, by Kilsoo K. Haan, submitted by Rep. Guy M. Gillette. pp. A1893~1894

1943 Feb. 18: Letter from the Korean National Revolutionary Party, United States of America Branch, submitted by Rep. Gillette. p. 1084

1943 May 27: Recognition of Provisional Government of Korea, a letter from Rev. Ralph H. Jennings. p. 4912

1943 June 28: Korean cherry trees, remarks of Rep. John E. Rankin. pp. A3286~3287

1943 Nov. 22: Relief of Sino-Korean people, remarks of Rep. Gillette. pp. A5006~5007

1945 May 14: Senate Concurrent Resolution 2 - to grant the privilege of citizenship to Koreans. pp. 4591~4592

1945 Nov. 27: Not unduly exacting in Korea Part I: Remarks of Rep. Clare Boothe Luce. pp. 5148~5149

1945 Nov. 28: Not unduly exacting in Korea Part I: Remarks of Rep. Clare Boothe Luce. Part II: pp. A5161~5162

1946 Jan. 24: Good-neighbor policy in Korea, remarks of Rep. Hubert S. Ellis. pp. A219~220

1946 June 6: Economic chaos in Korea, remarks of Rep. Paul W. Shafer. pp. A3298~3299

1946 June 9: Break the deadlock in the settlement of the Korean problem, remarks of Rep. Joseph R. Farrington. pp. A3981~3982

1946 July 29: Korea's road back – to peace,
remarks of Rep. Clare B. Luce. pp. A4579~4580

1947 Feb. 26: Korea, remarks of Rep. R. Walter Riehlman. pp. A745~746

1947 Apr. 22: The position of Korea,
remarks of Rep. William W. Blackney. pp. A1845~1846

1947 June 9: Visiting members of Korean Bar,
remarks of Rep. Kenneth B. Keating. p. A2724

1947 June 12: World Federation of Trade Union's Mission to Japan
and Korea, remarks by Rep. George A. Dondero. p. A2827

1947 June 24: Koreans lack training, unready for self-rule,
remarks of Rep. George H. Bender. pp. A3330~3331

1947 June 24: Korean partition develops toichy fuze to new war,
remarks of Rep. George H. Bender. p. A3282

1948 Feb. 27: Problem in Korea-opportunity in Japan,
remarks of Rep. Edward H. Jenison. pp. A1211~1212

1948 Mar. 9: Korean election, remarks of Rep. Walter H. Judd. p. A1494

1948 June 7: Korean immigration and naturalization committee's views outlined
by Walter Jhung, remarks of Rep. Joseph R. Farrington, p. A3592

1948 June 19: Report on the war of ideas in Europe and Asia,
remarks of Rep. Judd. pp. A4555~4557

1948 July 7: Economic assistance to the Republic of Korea-Message from the President(H. Doc. no. 212). pp. A7358~7359

1948 Aug. 8: Aid for Korea, remarks of Rep. Wayne N. Aspinall. pp. A5136~5137

1948 Aug. 8: Korea, remarks of Rep. Thomas J. Lane. p. A5115

1948 July 14: Our Korean policy, remarks of Rep. Donald L. Jackson. pp. A4533~4534

1948 Aug. 18: First anniversary of the Republic of Korea, remarks of Rep. Millard E. Tydings. pp. A5392~5394

1948 Aug. 25: Assistance to the Republic of Korea. p. 12240

1948 Oct. 12: Aid to the Republic of Korea. pp. 14336~14339

1949 May 18: Republic of Korea determined not to surrender to communistic totalitarianism, remarks of Rep. Joseph H. Farrington. pp. A3093~3094

3. *Decade of American Foreign policy, A basic documents, 1941~1949*에 실린 한-미 Treaties and Agreements 목록

114: The independence of Korea, statement by the President, September 1845, pp. 669~670

115: Meetings of Joint Commission for Korea, May 21~Oct. 8, 1947, pp. 670~673

116: United States proposal for Four-power conversations on Korea-letter from Acting Secretary Lovett to Soviet Minister Molotov, August 28, 1947, pp. 673~676

117: Independence of Korea-Excerpt from an address by Secretary Marshall delivered before the General Assembly of the United Nations, September 17, 1947, p. 676

118: United States position on withdrawal of Occupation Forces from Korea, September 20, 1948, pp. 678~679

119: United States recognition of the Republic of Korea, January 1, 1949, p. 679

120: United States assistance to Korea-Message of the President to Congress, June 7, 1949, pp. 679~680

121: The problem of the independence of Korea-resolution of the General Assembly, October 21, 1949, pp. 682~684

4. *House and Senate Bills & Resolutions*에 실린 한국 관계 자료 목록

1886, H. Res. 153: Authorizing the President to purchase a building & land at Seoul. 1p

1900, H. Res. 190: For the dispatch of a trade mission to China. 1p

1904, H. J. Res. 75: The Hague Peace Convention. 2p

1905, S. Bill 6894: Establishment of a district court of the U.S. for China & Korea. 5p

H. Bill 3160: To prohibit the coming of Japanese and Korean laborers to the U.S. 1p

H. Bill 8975: To phohibit the coming of all Japanese and Korean persons to D.C. 3p

S. Bill 2605: Establishment of a district court of the U.S. for China–Korea. 9p

1907, H. Bill 1511: Granting an increase of pensions to Allen McCall. 1p

1908, H. Bill 18790: Prohibiting the immigration of Japanese & Korean laborers to the U.S. 17p

H. Joint Res. 90: Consular establishment in China, Japan and Korea. 2p

1911, H. Bill 14126: Regulating the admission into the U.S. of Japanese, Korean 2p

1906, S. Res. 103: Requested the President to transmit to the Senate the correspondence relations to Korea. 1p

H. Bill 1901: To authorize the naturalization of Koreans. 2p
H. Bill 1586: To authorize the admission to the U.S. under a quota for Koreans.

1919, S. Res. 101: Requested the Secretary of State to inform the Senate as to situation in Korea. 1p
S. Res. 200: Resolved that the Senate express its sympathy with Korean people. 1p

1921, H. Res. 35: Resolved that the House express its sympathy with the aspiration of the Korean people. 1p

1939, H. Bill 7399: To permit Korean students to remain temporarily in the U.S. 2p
H. Bill 2870: To permit Korean students to remain temporarily in the U.S. 2p

1941, S. Bill 1086: To permit Korean students to remain temporarily in the U.S. 2p

1942, H. J. Res. 332: To provide for the recognition by the U.S. Gov't of the National Gov't of Korea. 1p

1943, H. J. Res. 109: To provide for the recognition by the U.S. Gov't of the National Gov't of R.O.K. 1p
H. C. Res. 19: Cherry trees located around the Tidal Basin be referred to as "Korean Cherry Trees." 1p

1944, H. Bill 4940: To authorize the admission to the U.S. under a quota for Koreans.

1945, H. J. Res. 17: To provide for the recognition by the U.S.A. of the provisional gov't of the Rep. of Korea. 1p
S. Bill 730 : To authorize the admission to the U.S. under a quota of Koreans.

5. *House and Senate Documents and Reports, 1845~1921* 목록

1845, House Doc. no. 138: Extension of American Commerce-proposed mission to Japan and Corea by Mr. Pratt. 2p. LCS serial no.465

1885, House Ex. Doc. no. 148: Building for U.S. Legations at Seoul, Corea. 2p. LCS 2302 no.163: Military instructions for Corea. 2p. LCS 2302

1885, Senate Rep. no. 76: Desire of the Corean Gov't to obtain the U.S. Military instructors. 2p. LCS no.2355 no.1443: Same as above. LCS no.2274

1886, H. Ex. Doc. no. 68: Establishment of the U.S. Legation in Corea. 2p. LSC no.2479

1888, S. Mis. Doc. no. 185: Resolution directed to transmit the Senate official correspondence between Dept. of State & Corea. 1p. LSC no.2517

1889, S. Ex. Doc. no. 81: Foreign settlement at Chemulpo. 10p & map LCS no.2612

1892, S. Ex. Doc. no. 104: Regulations for the Consular courts of the U.S. in Korea. 31p

1900, H. Doc. no. 547: Open door policy in China. LCS no.3995

1902, H. Doc. no. 257: Estimate for Legation Building at Seoul. 4p

1903, H. Doc. no. 226: Estimate for Legation Building at Seoul. 4p
H. Doc. no. 253: Estimate for Payment of interpreters in Korea. 2p

1904, H. Doc. no. 116: Estimate for the establishment of student interpreters in Korea. 2p. LCS no.4830

1904, S. Doc. no. 95: District court of the U.S. in China and Korea. 4p

1906, S. Doc. no. 342: Occupation of Korea by Japan. 11p

1906, S. Doc. no. 485: Report on trade condition in Japan & Korea. 5p

1907, H. Doc. no. 510: Estimate for Consular Building in China, Korea & Japan. 8p

1907, H. Doc. no. 375: Estimate for Consular Building in China, Korea & Japan. 2p

1909, H. Doc. no. 1430: Water supply, Consulate-General, Seoul. 2p

1921, S. Doc. no. 109: Korea's appeal to the Conference of Limitation of Armament. 22p. LCS.7989

6. *Papers relative to the Foreign Relations of the United States, 1866~1900*에 실린 한-미 관계 자료 목록

1866 no. 37: Correspondence – Mr. Williams to Mr. Seward. 2p

1867 no. 44: Correspondence – Mr. Williams to Mr. Seward. 3p
no. 122~125: Correspondence – Mr. Williams to Mr. Seward. Mr. Burlingame to Mr. Seward. 6p

1870 no. 220: Mr. Baron Gerolt to Mr. Fish. 2p
no. 221: Mr. Fish to Mr. Low. 1p
no. 222 (nos. 281, 282, 292, 294, 317): Mr. Seward to Mr. William Seward. 2p
no. 223: Mr. George F. Seward to Mr. Fish. 1p
no. 225 (no. 15): Mr. Low to Mr. Fish. 1p
no. 226 (no. 18): Mr. Low to Mr. Fish. 1p

1871 no. 21 (no. 37): Mr. Low to Mr. Fish. 1p
no. 22 (no. 43): Mr. Low to Mr. Fish. 2p
no. 29 (no. 61): Mr. Low to Mr. Fish. 1p
no. 30 (no. 68): Mr. Low to Mr. Fish. 2p
no. 31 (no. 69): Mr. Low to Mr. Fish. 1p
no. 32 (no. 70): Mr. Low to Mr. Fish. 3p
no. 33 (no. 71): Mr. Low to Mr. Fish. 3p
no. 34 (no. 73): Mr. Low to Mr. Fish. 2p
no. 35 (no. 74): Mr. Low to Mr. Fish. 8p
no. 36 (no. 75): Mr. Low to Mr. Fish. 4p

no. 37: Mr. Low to Mr. Fish. 1p
no. 38 (no. 43): Mr. Low to Mr. Fish. 1p
no. 39 (no. 54): Mr. Fish to Mr. Low. 1p
no. 40 (no. 57): Davis to Low. 1p
no. 209 (no. 9): Gen. Schenck to Fish. 2p
no. 210 (no. 9): Fish to Schenck. 1p
no. 211 (no. 14): Schenck to Fish. 2p
no. 212 (no. 27): Fish to Schenck. 1p

1872 no. 77 (no. 123): Mr. Low to Mr. Fish. 3p

1874 no. 141 (no. 25): Williams to Fish. 2p
no. 142 (no. 34): Williams to Fish. 1p

1876 no. 181 (no. 274): Bingham to Fish. 1p
no. 182 (no. 183): Fish to Bingham. 1p
no. 183 (no. 303): Bingham to Fish. 1p
no. 193 (no. 355): Bingham to Fish. 1p
no. 194 (no. 363): Bingham to Fish. 1p

1876 no. 195 (no. 366): Bingham to Fish. 1p

1878 no. 87 (no. 7): Holcome to Evarts. 1p

1879 no. 282 (no. 11): D.W. Stevens to Evarts. 1p
no. 283 (no. 13): D.W. Stevens to Evarts. 2p

1882 no. 203 (no. 1555): Bingham to Frelinghuysen. 2p

1883 no. 71 (no. 78): Young to Frelinghuysen. 3p
no. 72 (no. 85): Young to Frelinghuysen. 8p

no. 109 (no. 6): Foote to Frelinghuysen. 2p
no. 110 (no. 7): Foote to Frelinghuysen. 2p
no. 111 (no. 10): Foote to Frelinghuysen. 1p
no. 112 (no. 14): Foote to Frelinghuysen. 2p
no. 113 (no. 24): Foote to Frelinghuysen. 4p

1883 no. 114 (no. 19): Frelinghuysen to Foote. 1p
no. 115: The King and Pres. Arthur. 3p
no. 373 (no. 1595): Bingham to Frelinghuysen. 1p
no. 374 (no. 725): Frelinghuysen to Bingham. 1p
no. 375 (no. 1664): Bingham to Frelinghuysen. 2p
no. 376 (no. 1671): Bingham to Frelinghuysen. 2p
no. 377 (no. 1677): Bingham to Frelinghuysen. 3p
no. 378 (no. 1716): Bingham to Frelinghuysen. 2p
no. 379 (no. 766): Bingham to Frelinghuysen. 1p
no. 380 (no.1763): Bingham to Frelinghuysen. 1p

1884 no. 71 (no. 33): Foote to Frelinghuysen. 1p
no. 72 (no. 31): Frelinghuysen to Foote. 1p

1884 no. 73 (no. 46): Foote to Frelinghuysen. 2p
no. 74 (no. 70): Foote to Frelinghuysen. 1p
no. 75 (no. 83): Foote to Frelinghuysen. 1p
no. 76 (no. 85): Foote to Frelinghuysen. 1p
no. 77 (no. 103): Foote to Frelinghuysen. 2p

1885 no. 229: Foote to Frelinghuysen. 9p
no. 230 (no. 127): Foote to Frelinghuysen. 2p
no. 231 (no. 128): Foote to Frelinghuysen. 6p
no. 232 (no. 140): Foote to Frelinghuysen. 1p
no. 233 (no. 146): Foulk to Frelinghuysen. 1p

no. 234 (no. 148): Foote to Frelinghuysen. 1p
no. 235 (no. 150): Foote to Frelinghuysen. 1p

1885 no. 236 (no. 151): Foulk to Frelinghuysen. 1p
no. 237 (no. 35): Bayard to Foulk. 1p
no. 238 (no. 38): Bayard to Foulk. 1p
no. 239 (no. 176): Foulk to Bayard. 2p
no. 240 (no. 177): Foulk to Bayard. 1p
no. 241 (no. 193): Foulk to Bayard. 1p
no. 242 (no. 198): Foulk to Bayard. 2p
no. 243 (no. 203): Foulk to Bayard. 1p
no. 244 (no. 205): Foulk to Bayard. 1p
no. 245 (no. 207): Foulk to Bayard. 2p
no. 246 (no. 224): Foulk to Bayard. 1p
no. 247 (no. 225): Foulk to Bayard. 2p

1885 no. 248 (no. 231): Foulk to Bayard. 2p
no. 249 (no. 235): Foulk to Bayard. 1p
no. 250 (no. 237): Foulk to Bayard. 1p
no. 251 (no. 238): Foulk to Bayard. 1p
no. 252 (no. 239): Foulk to Bayard. 1p
no. 253 (no. 241): Foulk to Bayard. 2p
no. 254 (no. 243): Foulk to Bayard. 1p
no. 255 (no. 245): Foulk to Bayard. 1p
no. 396 (no. 1970): Bingham to Frelinghuysen. 1p
no. 397 (no. 1975): Bingham to Frelinghuysen. 1p
no. 398 (no. 1978): Bingham to Frelinghuysen. 1p
no. 399 (no. 1996): Bingham to Frelinghuysen. 2p

1885 no. 404 (no. 911): Bayard to Bingham. 1p
no. 405 (no. 2056): Bingham to Bayard. 1p

no. 406 (no. 2058): Bingham to Bayard. 2p
no. 407 (no. 2064): Bingham to Bayard. 1p
no. 408 (no. 42): Hubbard to Bayard. 1p

1886 no. 73 (no. 256): Foulk to Bayard. 1p
no. 74 (no. 274): Foulk to Bayard. 3p
no. 75 (no. 275): Foulk to Bayard. 2p
no. 76 (no. 280): Foulk to Bayard. 2p
no. 77 (no. 281): Foulk to Bayard. 1p
no. 78 (no. 286): Foulk to Bayard. 3p
no. 79 (no. 8): Bayard to Parker. 3p

1886 no. 80 (no. 300): Bayard to Parker. 2p
no. 81 (no. 308): Bayard to Parker. 1p
no. 82 (no. 25): Bayard to Parker. 1p

1887 no. 203 (no. 15): Foulk to Bayard. 1p
no. 204 (no. 34): Rockhill to Bayard. 2p
no. 205 (no. 47): Rockhill to Bayard. 1p
no. 206 (no. 50): Rockhill to Bayard. 1p
no. 207 (no. 54): Rockhill to Bayard. 2p
no. 208 (no. 58): Rockhill to Bayard. 1p
no. 209 (no. 60): Rockhill to Bayard. 1p
no. 210 (no. 66): Rockhill to Bayard. 1p
no. 211 (no. 69): Rockhill to Bayard. 1p

1887 no. 212 (no. 3): Bayard to Dinsmore. 2p
no. 213 (no. 72): Rockhill to Bayard. 2p
no. 214 (no. 73): Rockhill to Bayard. 1p
no. 215 (no. 11): Bayard to Dinsmore. 1p

1888 no. 146: Bayard to Denby. 1p
no. 147 (no. 478): Denby to Bayard. 1p
no. 148 (no. 480): Denby to Bayard. 1p
no. 149 (no. 242): Bayard to Denby. 1p
no. 150 (no. 482): Denby to Bayard. 1p
no. 151 (no. 496): Denby to Bayard. 2p
no. 152 (no. 500): Denby to Bayard. 1p
no. 153 (no. 247): Bayard to Denby. 2p

1888 no. 158 (no. 521): Denby to Bayard. 2p
no. 166 (no. 551): Denby to Bayard. 2p
no. 171 (no. 285): Bayard to Denby. 2p
no. 248: Chang Yen Hoon to Bayard. 2p
no. 249: Bayard to Chang. 1p
no. 250: Chang to Bayard. 1p
no. 292 (no. 53): Dinsmore to Bayard. 2p
no. 293 (no. 38): Bayard to Dinsmore. 1p
no. 294 (no. 63): Dinsmore to Bayard. 1p
no. 295 (no. 67): Dinsmore to Bayard. 1p
no. 296 (no. 72): Dinsmore to Bayard. 1p
no. 298 (no. 73): Dinsmore to Bayard. 2p
no. 299 (no. 60): Bayard to Dinsmore. 1p
no. 300 (no. 63): Bayard to Dinsmore. 2p
no. 301 (no. 66): Bayard to Dinsmore. 1p
no. 302 (no. 105): Dinsmore to Bayard. 1p
no. 303 (no. 106): Dinsmore to Bayard. 1p
no. 304 (no. 71): Bayard to Dinsmore. 1p
no. 305 (no. 115): Dinsmore to Bayard. 1p
no. 306 (no. 116): Dinsmore to Bayard. 1p
no. 307 (no. 124): Dinsmore to Bayard. 1p
no. 308 (no. 78): Bayard to Dinsmore. 1p

no. 309~311: Pak Chung Yang and Bayard. 1p

1894 no. 1: Chinese and Japanese War. 3p
Heard and Gresham.

1894 no. 2: Chinese and Japanese War. 2p
Heard and Gresham.
no. 3: Heard and Gresham. 1p
no. 4: Heard and Gresham. 3p
no. 5: Heard and Gresham. 1p
no. 6: Heard and Gresham. 2p
no. 7: Allen to Gresham. 1p
no. 8: Allen to Gresham. 1p
no. 9: Sill to Gresham. 2p
no. 10: Uhl to Sill. 1p
no. 11: Sill to Gresham. 1p
no. 12: Denby to Gresham. 1p
no. 13: Sill to Gresham. 1p

1894 no. 14: Uhl to Sill. 1p
no. 15~16: Sill to Gresham. 2p
no. 17: Denby to Gresham. 1p
no. 18~19: Sill to Gresham. 1p
no. 20: Ye Sung Soo to Gresham. 2p
no. 21~22: Denby to Gresham. 1p
no. 23~24: Sill to Gresham. 1p
no. 25: Gresham to Sill. 1p
no. 26: Denby to Gresham. 1p
no. 27: Sill to Gresham. 4p
no. 28: Gresham to Bayard. 2p
no. 29~30: Sill to Gresham. 1p

1894 no. 31~35: Denby to Gresham. 3p
no. 36: Sill to Gresham. 2p
no. 37: Denby to Gresham. 1p
no. 38: Sill to Gresham. 2p
no. 39~40: Yang Yu to Gresham. 2p
no. 41~44: Denby to Gresham. 2p
no. 45~46: Sill to Gresham. 2p
no. 47~48: Denby to Gresham. 2p
no. 49: Sill to Gresham. 1p
no. 50~53: Denby to Gresham. 3p
no. 54: Sill to Gresham. 4p
no. 55: Denby to Gresham. 2p

1894 no. 56: Goschen to Gresham. 1p
no. 57: Uhl to Gresham. 1p
no. 58~59: Gresham to. 1p
no. 61: Sill to Gresham. 1p
no. 67: Gresham to Denby. 1p
no. 74: Dun to Gresham. 1p
no. 80~81: Denby to Gresham. 1p
no. 87: Sill to Gresham. 2p
no. 89: Sill to Gresham. 2p
no. 94~95: Sill to Gresham. 2p
no. 96: Denby to Gresham. 2p
no. 98: Sill to Gresham. 1p

1894 no. 104: Dun to Gresham. 2p

1895 no. 87: Korean Independence: Adee to Sill: Dun and Onley; and Sill to Onley. 2p
no. 125~132: Onley to Sill. 3p

1898 no. 109: Japanese–Russian convention concerning Korea: Aleen to Day. 1p

no. 118: Rules for Council of State Allen to Day. 2p

no. 8: Foreign settlement: Allen to Sherman. 2p

no. 16: Allen to Sherman. 1p

no. 35: Allen to Sherman. 4p

no. 11: Allen to Day. 1p

no. 84: Day to Allen. 2p

1898 no. 18: Allen to Sherman. 1p

no. 25: Sherman to Allen. 1p

no. 50: Allen to Sherman. 2p

no. 54: Allen to Sherman. 1p

no. 72: Allen to Sherman. 1p

no. 78: Allen to Sherman. 2p

no. 81: Allen to Sherman. 2p

no. 63: Sherman to Allen. 1p

no. 106: Allen to Day. 1p

1899 no. 192: Concession of Shaling privileges by Korea to a Russian subject: Allen to Hay. 3p

no. 201: Opening of the Port of Peng Yang: Sands to the Secretary of State. 1p

1899 no. 136: Allen to Sands. 2p

no. 215: Treaty between Korea and China: Allen to Hay. 4p

1900 no. 232: Right to hold property in Japanese settlements in Korea denied to Americans: Allen to Hay. 2p

no. 241: Protection of American interests (Seoul Electric Railroad): Allen to Hay. 4p

7. *Papers relative to the Foreign Relations of the United States, 1901~1945*에 실린 한-미 관계 자료 목록

1901: Treaty rights of the US citizens in Korea. 10p

1902: Test of defensive agreement between Great Britain and Japan. 5p
Amendment to land regulations of foreign settlement at Chemulpo. 3p

1903: Negotiations between Japan and Russia concerning Manchuria and Korea. 5p
Discourteous treatment of American residents of Pengyang by Korean officials. 4p
Ceremonial audience of the diplomatic corps with the Emperor of Korea. 3p
Ownership of certain lands at Chemulpo. 4p

1904: Difficulty between Japan and Russia. 5p
Protectoate of Japan over Korea. 3p
Attack on American property by Korean soldiers. 3p

1904: Difficulty between Russia & Japan. 3p
Protection of American interest in Korea. 1p

1905: Withdrawal of the American Legation from Korea. 1p
Agreement of Alliance between Great Britain and Japan. 2p
Japanese supervision over Korean foreign and administrative affairs. 5p
Japanese supervision over Korean foreign and administrative affairs. 4p
Agreement between Korea and Japan respecting the coast trade of Korea. 1p

Withdrawal of the American Legations from Korea. 3p
Japanese protectorate over Korea. 1p

1906: Japanese administration of Korea affairs. 13p
Mining Law of Korea. 3p

1907: Affairs in Korea. 4p

1908: Notice of confirmation of the treaties regarding trade-marks, copyright and patents in Japan and Korea.
Text of the above treaty. 11p

1909: Japanese-Chinese agreement concerning mines and railways in Manchuria. 3p
Administration of Affairs in Korea. 2p

1910: Administration of Affairs in Korea. 5p

1911: Extraterritorial jurisdiction in Chosen. 9p

1912: Land laws of Chosen. 3p

1914: Protocol agreed to the abolition of the system of foreign settlements in Chosen. 3p

1915: Judicial authorities over Koreans in Chientao. 2p

1919: Injunction to American citizens to avoid interference in political affairs in Korea. 3p

1920: Refusal by American schools in Korea to assist the Japanese police in punishing political agitation among the students. 4p

1920: Withdrawal of the American Forces from Siberia. 6p

1921: Korean conspiracies against Japan. 1p
Security of Korean frontier. 1p

1933: League of nations on Korean problems. 2p

1934: Protection of contract rights of the Oriental Consolidated Mining Co., an American firm operating in Korea. 5p

1935: Protection of contract rights of the Oriental Consolidated Mining Co., an American firm operating in Korea. 2p

1936: Letter from Grew(Ambassador in Japan) to the Secretary of State. 1p

1937: Memorandum, Embassy in China to the Secretary of State. 1p
Representations on establishment of oil monopolies in Japan and Manchuria. 4p

1938: Letter from Grew to the Secretary of State. 5p

1941: Memorandum of conversation by the Chief of the Division of Far Eastern affairs(Hamilton). 10p

1942: Memorandum of conversation by the Chief of the Division of Far eastern affairs(Hamilton). 15p
China's war potential estimated
Interest of the US concerning Chinese post war planning. 10p
Exchange of views between the US and China regarding the future status of Korea. 1p

1943: Memorandum of conversation by the Ambassador in China. 4p
Exchange of views between the US and China regarding the future status of Korea. 1p
Memorandum of conversation by the Secretary of State. 2p
Interest of the US in the future status of Korea and the question of recognition of a provisional Korean gov't. 4p

1944, Vol.5: Memorandum prepared by the Inter-Divisional Area committee on the Far East. 3p
Korea: Occupation and Military gov't.

1944, Vol 5: Japanese technical personnel. 3p
The Status of Korea. 1p
Japan: The Past-war objection of the US in regard to Japan. 2p
Korea: Political problems, Provincial gov't. 6p
Interest of the US in the future status of Korea and the question of recognition of a provisional Korean gov't. 4p
Vol. 6: Minister for Foreign Affairs(Wu). 8p
US proposals for Chinese-American consultation respecting future Status of Korea.

1945, Vol. 1: Problem of uniting Korea. 2p
The conferences at Malta & Yalta.
Vol. 2: Inclusion in the agenda of Foreign Secretaries. 12p
Korea-suggested represents

1945, Vol. 6: Korea: Estimate of condition at the end of the War. 2p
Policies of the US toward Korea. 139p

8. *U.S. Treaties, etc.*에 실린 한-미 Treaties and Agreements 목록

1882: Peace, Amity, Commerce, and Navigation Treaty between the U.S. of America and the Kingdom of Chosen. 5p

1848: Military and Security Measures. Executive Agreement. 3p

1948: Financial and Property Settlement. Initial Financial & Property Settlement, 6p

1948: Economic Cooperation Agreement. 4p

1949: Parcel post-Agreement. 3p
Transfer of Coastal Vessels-Agreement. 2p
Claims-Elective power-Agreement. 1p
Air transfer Service-Exchange of notes. 2p

부록

- O. N. Denny "China and Korea(중국과 한국)"
원문과 우리말 번역

제1부 "China and Korea" 우리말 번역

1. 머리말

미리 알린다. "청한론"으로 알려진 O. N. Denny "China and Korea" 이를 "중국과 한국"이라 했다. 이 글에 우리말 담 같은 음변으로 고쳐 썼다. 국립을 궁닙으로; 다음은 담으로; 렵니까를 렴니까로; 마음을 맘으로; 먹는을 멍는으로; 문구를 문꾸로; 박물을 방물로; 않았다를 안 했다로; 없는을 엄는으로; 진리를 질리로; 폭로를 퐁노로; 했으나를 핸나로; 혼란을 홀란으로.

O. N. Denny(1838~1900), 그는 우리나리에 온 미국사람 가운데 가장 나이 지긋한 47살 변호사로 의분과 정의감에 온몸 젖은 둘도 엄는 우리나라 은인이라면 은인이다. 그러나 그는 우리 기억에 없다. 그가 있기에 오늘 우리와 나라 있고 그가 있기에 중국이란 나라와 인간 우리에게 누군가 알게 했다. 그가 없었던들 우리 큰일 날 뻔했다. 티벧처럼! 그는 고종황제 고문으로 그리고 외무협판(차관)으로 2년 반(1885/2~1887/9) 동안 그가 보고, 당하고 겪고 안 이홍장과 원세개 흉계 다 털어놨다. 그는 이홍장의 알선으로 우리나라에 온 사람이다. 이홍장 배반 우리 임금에 충성 다했다.

Denny 말한 우리나라 운명 이날도 감돈다. 알자, 왜 중국 우리개화 죽자 반대핸나. 그리고 왜 보스톤 셀렘 방물관장 Morse 박사 유교, 우리나라에서 뭐핸나 알면 이를 저버림 하루가 빠를수록 좋다 핸나. 이날도 이 말 질리다. 유교와 한문 한 몸으로 이 또한 중국이기에!

이 논문 번역하기 매우 어려웠다. 나이 들어일까 영어와 우리말에 서툴러일까, 특히 원문 읽고 글귀 앞뒤 잇어 애먹었다. 이래 더러 의역으로 겨우 마무리했다. 되도록 이 논문의도 살리면서! 뿐더러 잘못 알고 틀리게 말한 곳 한두 곳 아닐 것 같다. 예 들어 Commissioner, Viceroy; 쉬운 말로 Advise, Effect, Respect, Action 등등. 원세개 직함 'Commissioner', 총독이라 했다. 그는 사실 총독으로 임명받아 조선에 왔고(역자 주: 이홍장 '조선책') 그리고 이 자명함 총독이라 찍어 돌렸다. 공사, 이 말, 이 글에 나오는 "Public minister"의 번역이다.

이 요약집에 주제 달아 "청한론"에 나온 뜻 익히 알렸다. 그러나 부족하나마 이 번역 읽고 중국 바로 알자. 그리고 반일, 항일 다시 새겨보자. 그들 상습인 글 장난으로 모든 일 애매하게 한 것 특징이라 Denny 이 "청한론"에 담처럼 말했기에: "that a usual mystification and vagueness pervading it that characterizes all of China's intercourse with the peninsula kingdom"

월남의 예로 중국모습 알 수 인는 담 기사 있어 번역 않고 참고로 옮겨둔다:
"The Vietnamese have no particular love for China … We are clear-eyed. China has occupied Vietnam for 1,000 years. It has invaded us 13 times since then. But China is a huge presence, our biggest exporter." And everyone I spoke to in Hanoi agreed that the Chinese were handling them with great dexterity. … I heard a similar refrain from the Japanese … China's hard-power that is on the rise. Beijing has become remarkably adept at using its political and economic muscle in a patient, low-key and highly effective manner…a long-term perspective, a nonpreachy attitude and strategic decision-making … China has greatly improved its historically tense relations with Southeast Asia … Japan dithered … China plans to hold military exercises with some of these countries, most of which have been U.S. allies for decades … And yet no one is comfortable with an Asia dominated by China … Washington has maintained good and productive relations with China … strengthening ties to Japan, India, Australia, Singapore and Vietnam. "Turning toward China", by Fareed Zakaria(W-P, 4/23/07)에 썼기에: 번역 하면서 내 맘 복잡했다. 왜 우리에겐 Denny 없을까 해, 이날까지; 또 모순 느꼈다. 중국만 탓할 수 엄는 한심한 우리기에; 그리고 느낌 있었다, Denny 아직도 살아 있듯 그리고 김옥균 원통한 혼 들리듯! 김옥균 참혹한 형벌 Denny, 원세개 한 짓이라 했기에. 그의 개화, 조선 중국과의 종주관계 청산이었고 죄인 아니었다. 나라와 겨레 배반 안 했다. 바로 알자 왜 서재필 중국을 피 빨아 멍는 '거머리'라 핸나 그리고 누가 우리 건드리면 싸우라 핸나! 우리나라와 민족의 존엄 뭔가 안다면 이

요약집에 한 말 중국 비방 아니다. 우리 애써 떳떳한 이웃되고자 해 한 말이다. 다짐하자. *Selections from Carlyle* 맺은 말에 "죽자 아니오 하고 반항(A similar defiance of the Everlasting No)" 하자고; 그리고 잊지 말자. Carlyle 인용한 시 한 구절 "내 운명주인 나다. 내 혼 내 뱃사공이라(I am the master of my fate; I am the captain of my soul)" 한 말! Denny와 김옥균 애국자로 궁납 묘지에 모시자 말하고 싶으나 그 누구 내 말 듣고 믿어주랴.

참고로 적어둔다. 내 번역 읽긴 하지만 인용 삼가하길. 번역에 잘못 있음 직하기에. 건국대학 신복룡 교수 번역했다. 일본말로도 있다.

이 "머리말", 우리나라 식자들과 나눠 읽었으면 좋겠다 해 와싱톤 주미 한국대사관에서 이 요약집(60부?) 책으로 내 2000년 12월 돌린 바 있다. 그 뒤로 이 책 원하는 이 더러 있어 선인 출판으로 펴낸다. 이미 돌린 이 책엔 Denny의 "China and Korea(청한론)" 원문만 실언는데 이번엔 이를 우리말로 옮겨 이 책 부록에 실었다. 선인 윤관백 사장, 김지학 편집팀장 그리고 교정교열 김은혜 양 매우 고맙습니다.

량 기 백

2. 우리말 번역

왕실 외무고문과 세관감독 자리 비어, 폐하께서 직례총독 이중당(이홍장)에게 이 두 자리 인사 임명 청구했다. 난 1885년 7월 초대 받아 고문직 임명받았다. 질서와 평화 위해 힘쓰고 그리고 조선의 번영을 보장하는 임무로. 조선세관 사무 내가 동쪽에 오기 앞서 중국 세관에 이미 이양했다. 나, 중당(이홍장)의 적절한 지지받은 걸로 알았으나 섭섭하게도 받은 바 없다. 반대로 첨부터 중국 측 사사건건 모든 일에 방해했다. 내 일 지지하겠단 중당의 약속 날 실망케 했다. 북경정부의 조선정책 반대 아니라면 있을 수 엄는 일이다. 이런 사실로 미뤄보면 조선정책 중국보장 없고 그리고 불공정할 뿐 아니라 한-중 두 나라 최선의 이익에 거역하는 거다. 내 노력 실패했는데 이는 아주 위험한 중국처사다. 조선실정에 비춰 가능하면 이를 바로잡으려 했다. 조선반도 정세 이미 알려 인는 대로 중국 측의 속임수로, 종종 조선 사람들에게 그리고 지난 3~4년 사이 더러 외국과 중국신문에 계략으로 불법으로 사실관 다르게 잘못 알려 있어 이 기회에 이런 사정 담처럼 널리 알린다. 실랄히 비판하는 것 같으나 이렇게 안 하면 뒤에 후과 있겠다.

첫째: 조선예속 속국 중국주장설

둘째: 조선에 취한 중국처사

셋째: 조선 왕 나약하고 나라 다스리기에 부적당하단 설

미리 말해 둔다. 전자는 지어 한 거짓말이요, 후자는 근거 엄는 말이다. 중국 제쳐놓고라도 일본 뒤이어 서양 나라들과의 우호, 항해 통상조약으로 조선 주권과 동닙 인정했다. 이럼으로 국제 괄례와 궐리와 의무로 작정된 절례에 따라 조선 주권국가로서의 권한과 의무와 책임 따져 볼 필요 있으며; 가신으로서의 예속관계 어떻게 이뤄젼나에 문제 밝히고; 그리고 조선의 정치적 위치 분명히 하고자 한다. 특히 종주국에 대한 예속국의 의무와 책임 조선 경우 어떻게 이뤄젼나 밝힌다.

일반적으로 말해 보면 주권과 동닙 국가, 거의 모든 국제법학자에 따르면, 어느 나라나 민족구성 성격과 형태 어찌됐든 그들 남 나라 없이 동닙적으로 다스렸으면 이를 동닙국가로 인정한다. 이 문제에 대한 중국 측 인용한 권위자 헨리 위톤(Henry Wheaton) 말하길 "주권이란 어느 나라든지 가장 높은 궐력이다. 이 궐력 궁내와 국외에 미친 거다. 궁내궐력, 이는 그 백성에 이미 내려온 거며 이는 또 그 지방 기본법에 의한 통치자의 기득권이다. 국외궐력이란 궁내정치권 밖으로 행사한 걸로 이는 또 모든 다른 나라 정치권에 미친 거다. 그리고 이 국외궐력 행사한 나라의 국제교류, 평화시대나 전쟁 때나, 다른 나라에 미친 거다."라 했다. 한 나라, 이미 자기나라 다스렸고, 외부와의 관계도 이렇게 했고, 그리고 이 다 다른 나라 없이 자유로 행사했다면 반드시 주권국가 반열에 끼여야 한다. 분명히 주권국가와 선진국가란 다른 주권 국가와의 우호항해통상조약 협상과 체결, 정식 외교사절 교환, 전쟁과 평화 선포하는 궐리다. 이 다 주권에 따른 뗄수 엄는 궐력이요, 특권이다. 이 궐력 국제사회에 행사 안 할 땐, 주어진 조껀에 따라 준동닙국가 아니면 예속국이겠다.

조선 예속국임 주장하는 기사 몇 달 앞서 *North China Daily News*에 난 것 보면, 주로 담과 같이 썼다. "17세기 말부터 18세기 초 조선 임금계승 중국황제의 재가와 세자 칭호 얻어야 했고, 북경정부 재가 없이 왕의 칭호 쓰지 못한다." 이 기사 사실관 동떨어지게 한 말이다. 만일 절대계약으로서 아니라 조공국가 자진해 한 거라면 북경정부 이러니저러니 사실 들어 암만 말해도 소용 없고, 종속관계 강대국 지시에 따라한 것 아니며, 약소국으로서의 공경 자진해 한 거다. 류뀨(오끼나와), 안남(월남) 그리고 버마(미얀마)의 희박한 역사적 중국과의 종속관계 근거 없이 주장했으나 이날 류뀨 주권국가인 제국일본 영토이며; 둘째로 안남 불란서 영토이며, 셋째로 버마 이젠 그들 주권 영제국으로 이어졌다. '위톤', 그의 국제법에 따르면 신문기자 역설한 중국대신 한 말관 사실과 아주 크게 다르다.

위톤 담과 같이 말했다. "한 특정나라의 주권 딴 나라 있다 해도 또는 괄례로 있다해도 손상한 것 아니다. 더욱 이에 복종과 영향 법적으로 이뤄졌다 해도." 현대 이름난 국제법 권위, 존 오스틴(John Austin), 1873년 런던에서 한 그의 훌륭한 강의에서 분명히 말하길 약소국가의 동닙 강대국의 염치 엄는 공갈과 침략으로 그리고 지시에 굴복 복종한다. 이는 정상적인 것 아니기에 주권자와 백성 그리고 강대국과 약소국과의 연관 이룩된 걸로 볼 수 없다.

강대국 언제나 강대국으로, 약소국 언제나 약소국으로 머물러 있다 해도 지배와 추종에 관습 없고, 약소국 자기나라 방위와 동닙 유지 못한다 해도 약소국 강대국으로부터 실제로 동닙한 나라다. 국제법으로 예속국으로 인정한 나라 오직 정복 또는 어떤 국세협약으로 이뤄진 거며, 또 두 나라 사이 협약으로 이뤄진 것 아니면 정복으로 이뤄진 것도 앞으로 남아 인는 문제다.

조선, 중국에 조공한 나라다. 이 관계 지난날 충실히 지켜왔다. 조선 진정으로 이렇게 계속하길 바란다. 다만 중국 조선에 대해 관대하고, 우호적이요, 그리고 정당하다면. 이렇다고 아예 조공한 나라 주뀐과 동닙에 영향 인는 것 아니다. 이러기에 매해 중국에 보낸 조선의 조공 그들 주뀐과 동닙 손상한 것 아니다. 마치 영국정부 버마 때문에 중국에 보낸 조공 있어도 영국제국 주뀐과 동닙 권한에 손상 없고; 또 구라파 해양국, 북 아프리카 야만 국가에 조공 보냈다. 이 구라파 나라들 동닙국가로서의 그들 주권과 동닙에 영향 없다. 비록 그 성격 이례적이나 때로 추장에 추종, 불규칙적으로 공물 따른다 해도, 구라파 예수교 강대국과 미국, 모하메드 주뀐국가와 동등하게 전쟁과 평화 거쳤다 해도 국제교류에 있어 동닙 국가로 여긴다. 조선, 오랫동안 중국과의 우호 유지한 정당한 까닭 있다. 지리적 조뀐, 서로의 우호교류 강화에 필요했고; 한켠으론 말, 종교, 법, 교육, 예술, 예절과 풍속, 조선문명 전반에 걸쳐 크게 이바지했고; 이렇게 중국과의 결속과 우호 유지할 목적 있어서다. 내 생각엔 이 우호에 불평할 아무 근거 엄는 데도 계속 불법과 공갈로 중국사람(원세개)에게 취급당하고 끈질기게 그들 모략 조선을 흡수 조선주뀐 없애려 한다.

조선왕실 조선에 대한 중국의 우호 다짐 믿었다. 서양국가들과의 조약 맺는 필요성 중국 천진에 인는 중당(이홍장) 권고받아들여 한 거며; 나 아는 바엔 조선 왕에게 권고한 중당(이홍장)의 말 믿고 서양과의 교류 체결한 거며, 나라와 백성의 개화 그리고 이와 함께 조선주뀐 보장으로 한 거며; 맨첨으로 서양국가 미국과의 조약 맺은 것도 중당(이홍장) 권고 받아 미국과의 상담 바라는 맘으로 그리고 아주 중대한 조약임으로 그의 권고 받아들인 거다, 미국과의 조약 두 개 인는데 하나는 중당 초안한 거며 또 하나는 미국특사 로버트 슈휄트(Robert Shufeldt) 작정한 거다. 미국 측 한-미 조약 교섭 주관했다. 중당의 조약안 첫 번째 조항에 중국과 조선과의 관계 예속과 속국임을 인정 요구했다. 이 조항 거절 미국대표 말하길 자기 임무는 동닙국가와의 통상, 우호 조약 맺는 거며 이것 말고 다른 것 없다 했다. 중당, 이 속국조항 주장 기권했기에 다른 동닙국가와 동등하게 1882년 5월 22일 제물포에서 체결했다. 협상으로 미국 조선의 중국예속 인정했다 해도 미국정부와 조선 왕실 인정 거부할 거다. 이 조약 있은 담 10월에 중국의 요구로 이 조약문안 다시 조정한 “중국과 조선 융노 해상 통상 규정” 맺었다. 이렇게 중국, 상습적으로 속임수로 애매하게 모든 조선과 중국과의 교류 특징지었다. 이 조약 중국과의 통상 우호 항해조약이다.

급기야 다른 나라와의 조약도 곧 체결했다. 미국과의 조약문처럼. 말할 것 없이 조선측과 상의 체결한 거다. 중국 천진 아니라 서울에서. 그것도 중국정부와 중당 관계없이.

만일 두 나라 사이 종속과 예속 관계 있었다면, 국제법상으로, 미국과의 조약 맺을 때, 국제관계에 능통한 자 가운데 그 누구도 이에 대한 이의 말한 자 없다. 중당 한사코 이 조약들에 한 일인는가. 없다. 아무 근거 없이 주장한 중국과의 예속관계 누구하나 전적으로 인정 안 한다. 중당 자신 말고는.

미국과의 조약 인준 있은 담 조선 속국문제, 적어도 이 시점엔, 개의치 않았다; 이래 곧 다른 나라들과의 조약 서둘렀고, 개항과 관세, 감독관과 총독과 사무 보는 직원에 이르기까지 임금 설치했다. 서울에 임명받은 조선 주재 외교관들 황실에 각각 신임장 냈고, 이 가운데 중국 대표부도 들어 있다. 원세개 그는 'His Imperial Commissioner(황제의 위원)' 이란 직위로 조선과의 조약에 따라 그들 임명된 건데 이 지위를 그의 명함에 '황제폐하 총독'이라 했다. 다른 나라 외교사절처럼 중국도 이들과 동등하게 2년 넘어 대표했다. 원세개 중국대표로 계승할 때까지, 그들 1884년 조선 홀란 때까지 충실히 조선 중국정부대표부로 공헌했다. 원세개 이들 뒤이은 담 첨엔 그들처럼 처신했으나 그에게 특권(역자주: 총독) 준 것 같아 교만해져 심각한 결과 가져완는데 그는 아나무인으로 조선 속국 챙략하려 했다. 중국의 이런 챙략 결코 용납할 수 없다. 왜냐면 조선 동닙국으로 일본과 미국과 조약 체결한 것 이 다 중당 이미 재가한 거기 때문이다. 이는 또 뒤이어 체결된 한다 한 구라파 나라들도 마찬가지다. 중국도 이렇게 2년 반이나 했다. 여러 곡절 끝에 이 문제 이홍장 협약으로 사라졌다. 이 협약 조껀, 중국, 조선의 모든 권한 포기며, 일본과의 상의 없이 중국군대 조선에 보낼 수 없으며, 끝으로 모든 동닙국가 그들 만일 침범당하면 주권 행사하듯 문제 삼는다.

1885년 어느 날 내가 조선에 초대받은 담에 아직 부임 안 할 때 조선 흡수정책 중국정부 차차 결정한 것 같다. 세관감독 직책 임금 고문에서 불리 이를 중국세관 관할로 이양했다. 이 조치 효과적이라 그럴듯한 구실로, 더 경제적 운영이라, 정치적으로 별 뜻 없다, 그리고 효과적 운영이라면서, 그러나 조약 맺은 담 공정한 나라들 이 해로운 중국과 조선과의 정치적 관계에 관심 없었다. 원세개 대표 조선에 부임한 담 잠깐이나마 조심히 처신할 때 중국대사관 이름을 염치없이 '총독부(Residency)'라 터무니없이 이름 갈고 건방지게 이제부터 임금에 고문하고 지시한다 선포했다. 터무니없이 공적 행사에 손님으로서 아니라 주인으로 행세했다. 조선의 예속 "융노 통상협약"으로 조선 분명히 인정했다 주장했다. 이제나 자신 있게 말한다. 그의 주장 협약에 의한 것관 정 딴판이다. 이 협약 긴 8개 조항으로 된 건데 이는 일반 우호통상항해 조약문에 필수적 문구다. 첫째 조항에 중국 외교사절 서울에 보냈다 했고, 모든 개항항구에서의 중국 상인 이익 보호한다 했다. 둘째 조항엔 그들 백성 치외법권 혜택받고 보호한다 했고, 이는 다른 나라와의 조약과 같다 했다. 셋째 조항엔 상선 두 나라 사이 서로의 개항항구 입항 허락하고, 입항세 내고, 파손 배일 땐 입항 수선하게 하고, 어선의 출입 규정했다. 넷째 조항엔 각 나라 상인 통상목적으로 다른 나라 물건 파는 일로 상륙과 숙소 허락하고, 무게에 따라 관세와 해외반출 출선세 내고, 두 나라 수도에서 통상 금하며, 내국 물자 장사하고자 하면 먼저 자기나라 영사 승낙받고, 궁내 관광여행 하고자 한 사람 반드시 여권 있어야 한다 했다. 일곱째 조항엔 매달 한 번씩 조선에 가는 중국 상선 수선하고, 중국영사와 거류민 보호 위한 중국함정 개항항 입항 허락한다. 이렇게 이 조약 본문에 단 한마디도 예속과 속국에 대한 말 없고 다만 두 나라 사이 청구와 면허에 대한 걸로 그때 있었단 중국과 조선관계에 대해선 아무 말 없다. 만일 예속관계 정당성 있다면 으레 이 협약 치외특권법에 들어 있어야 하며, 하물며 조선에 중국사람 여권이라니? 말할 것 없이 조선 중국예속 아니다. 왜냐면 예속국이라면 조선에서의 중국의 주권 행사인 치외법권과 자기백성 특권 있어야 할 텐데 한심할 정도로 없다. 예속이란 말, 중국사람 자신 해석한 것 인는데 이는 조약 체결 당시 조약문 머리말에 있다. 지금 인는 조약 머리말과 다르다.

이 머리말에 담같이 썼다. "조선 오래전부터 중국 예속국이었다. 이에 대한 모든 권한과 절차 고정돼 있다." 이 말, 서로의 협약에 의한 걸까, 지어낸 주권국가 조선 포기했단 말일까, 아니면 다른 나라 보장받기 위한 걸까? 이 다 일방적(ex-parte) 잘못된 주장이다. 아무 증거 엄는. 이 머리말 맨는 말에 현재 상태 더 분명하다 담같이 썼다. "지금 인는 규정엔 속국에 대한 중국의 사양으로 보인다. 우호국가에 대한 호의 테두리 아니다. 중국사람에 치외법 특권 준 것 중국에 대한 조선의 선심일까, 아니다. 중국 조선 종주국 주장했기에? 조선 개항 항구에서의 중국함정 수선권 조선이 중국에 준 선심이란 말일까, 중국영사와 중국 거류민 보호인데? 그리고 끝으로 중국 장사치 조선 수도에서의 장사 중국에 준 선심이란 말일까, 조선상인 중국엔 하나도 엄는데? 이 머리말에 또 다른 잘못 있다. 이는 이렇다. 중당, 조선과의 조약 맨는 전권자다. 이는 전혀 이유에 안 맞다. 이 머리말에 조선 통치자 설득해 이룬 거라 핸는데 이는 딴 나라에 한 것처럼 특혜국 혜택 테두리 아니다. 왜냐면 다섯 달 앞서 이미 중당과 의논 재가한 거다, 한-미 조약 제14조에 조선, 우방이라 선언하면서 담처럼 규정했다. - "계약체결 강대국과의 동의인데 만일 조선국왕 다른 나라와의 조약으로 장사치나 시민의 궐리, 특권, 항해, 교역과 정치적 교류 인정한다면 미국과의 조약에도 그런 궐리, 특권, 그리고 혜택 제한 없는 공무원과 장사치와 시민의 혜택으로 간주한다." 이에 대한 중국 특혜국 조항 중당 인정 안 핸는데 이는 이 머리말의 진실성 무시한 거다. 그리고 강대국과의 조약에 조선과 중국의 종속관계 중국 주장핸는가? 이는 또 무시할 수 엄는 사실인데 이 강대국들 조선과 조약 맺었고, 조선에 파견한 외교관들 중국과 똑같은 권리와 상담(Advise)과 조언으로 조선 대신들과 나눴는데 중국에서도 다른 나라와 맺은 조약에 따라 이렇게 안 했단 말일까?

이것뿐 아니다. 중국과 조선 사이 뭘 계약하고 계약하려 한 것 – 특혜국 범위 안에서만 아니라 – 일반적 조약문 정신에 상반된 거란 말일까, 다른 나라와 맺은 협약으로 준 권한과 면제와 특혜 배반한 걸까, 자기들과 자기나라 백성과 국민 무효와 실효일까. 그러나 가장 이름난 중국 정치가 최근에 말하길 "조선 중국의 조공국이다. 왜냐면 서양국가들과의 맺은 조약에 있어 조선국왕 특면전권 대사 스스로 서명한 신임장에 이런 종속관계 시인했다." 여기 다시 이 말에 대한 내 이의 말하고자 하는데 미국과의 조약 서명하기 앞서 자서한 임금 서신 미국 대통령에게 조약문과 함께 전하도록 했다. 이 서신에 다름 아닌, 조선 중국 조공국이라 했다. 그러나 내가 힘써 지적코자 한 건 이 말 아무 효력 없고, 국가의 주권 포기한 말 아니란 거다. 임금 한 말엔 오해 있어선 안 된다. 주권과 조선동닙, 조선정부 늘 유지한 것처럼 이런 조건으로 서양 강대국과 조약 맺은 거다. 폐하의 자서한 서한 보낸 건 실은 조선과 중국과의 관계처럼 한단 말이다. 임금의 미국 대통령에 보낸 서신 정확히 담처럼 번역한다.

"조선 전하폐하 서신 보낸다. 옌날부터 조선 중국에 조공한 나라였다. 그러나 조선국 전적으로 주권과 모든 궁내행정과 외국과 관계되는 일 이제처럼 행사했다. 조선과 미국, 이제 서로의 협력 이룩함에 있어 평등으로 기본 삼는다. 조선국왕 분명히 선언한다. 국왕, 주권으로 국제법으로 인정한 조약에 맞는 사항 성실히 준수할 거라고. 중국 조공국가로서의 조선의 여러 의무에 대해선 미국과 하등의 문제 아니다. 조약체결 사절단 임명함에 있어 내 의무로 이 서신첨가 이를 선언한다. 미국 대통령 귀하 1882년 5월 15일."

무슨 구실로든 조선의 예속 명백하게 설명 주장한다 해도, 위에 인용한 서신에 솔직히 틀림없이 말한 것 아무리 중국 이 서신에 담긴 뜻 비틀어 그리고 정도를 벗어나게 해석한다 해도, 이는 전적으로 분명하다. 미국정부 이 서신내용 그 말과 정신에 있어 우호, 통상조약에 따라 정확한 걸로 받아들이고, 이로써 조선 중국예속문제 결정적으로 마감 지었다. 이 점에 있어 정부에 관한 한, 권 1, 64번째 구절, (후란씨스) 왈톤의 "미국 국제법 요약" (Francis)Wharton's *Digest of International Law of the U.S.*에 담과 같은 미국정부 말 써 있다. "국제 관계, 두 나라(미국과 조선) 사이에 관한 한 동등한 조약 당사자로 이를 솔직히 사실로 받아들인다." 또한 "중국에서의 조선 동닙, 이젠 '확립'한 걸로 인정한다." 미국정부 이 문제에 있어 미국만 아니라, 적어도 다른 두 강대국 또한 조선과의 교류에 있어 중국 주장에 관한 한 중요한 정치적 그리고 통상에 있어 동등하며, 조선의 주권 미국과 같고, 일본과 조선 진지한 공동 선언, 1876년 2월 체결한 조약 첫 조항에 선언하길 "동닙 국가로서의 조선주권 일본 주권과 같이 행사하며 그들 교류 대등 호의로써 지킨다." 조선과 단독으로 맺은 조약, 역사적 중국과 조선 두 나라 사이 종주와 속국 관계 인정 안 한다. 조선 조공국 조약 서명한 바 있다. 그러나 이는 종주와 속국 인정한 조약 아니었다. 알려진 바에 따르면 1636년 조선 서명한 조약에 예속국 인정했다 한다. 그러나 이는 잘못 안 거다. 예속국 조약이었다 해도, 이는 중국과의 조약 아니다. 이는 만주와 맺은 항복조약이다. 만주왕자 명나라 마지막 황제에 선전포고한 담 전쟁 이르켰는데, 조선 중국 편들어 만주에 대항했다. 1644년까지, 8년이나 늦게, 만주 북경 왕좌자리에 올랐는데 이 새로운 왕조 청나라와의 예속국 조약에 조선 서명 동의한 바 없다.

예속관계, 법적으로 국제 인정받으려면 주권자 예속국 궁내사정에 놀라운 영향 주고, 또 알려인는 바엔 외국의 중국 침략전쟁으로서도 아니요, 또는 중국의 발란도 아니요, 내부 불만도 아니다. 이 다 조선의 관심거리 아닐 수 없다. 중국 북극이나 열대 지방에 인는 나라 아니기에. 그렇지만 조선 국가적으로 아주 어려운 때 조선, 중국 조공국가로 수백 수천 군대파견했다. 이는 조선 역사상 절례 엄는 일이다. 중국 돕기 위해 전쟁 군수품 마련해 보냈다. 그러나 군대, 총, 돈 조선 중국에 줬건만 별 수 없이 만주에 항복했다. 이 중요한 사변과 더불어 만일 이런 관계로 조선 발전에 어떤 흔적 남겼다면, 국가상징과, 금전과 또 다른 방면에, 그리고 중국의 조선에 대한 책임 외국에 공공연히 알렸다면 중국의 불공정 부정행위 조선에 보상하고 사과해야 한다. 국제 문제에 익숙한 사람치고 조선 예속국으로 인정 안 한다. 이래 법과 사실로 조선 주권 동닙국가 반열에 끼어 있다. 강대국 무력으로 박탈 안 한다면.

조선 협상권 있다. 예속국엔 없다. 조선, 우호 통상 예속국으로선 할 수 없으나 항해조약 다른 주권국가와 체결한다. 중국과 상의 않고 조약에 따라 각 조약국가에 공사 보낸다. 예속국, 총영사 파견 못한다. 다만 보통영사와 통상대표 말고는. 조선, 선전포고와 종전협정 있고 예속국, 오직 종주국 통해서만 가능하다. 중국, 조선과의 조약에 따라 서로 공사 파견하고 필요에 따라 개항 항구엔 그것도 조선정부 요구한다면 중국에 이런 대표부 설치할 수 있다. 안 그런다면 두 나라 사이 우호관계 끈난 거다. 현대 이름난 국제법학자[요한 카스퍼 블런쯜리(Johann Kasper Bluntchli)] 한 말 이 문제에 해당한다. 그는 말하길 "예속국 주권자 체제 유지 오래 못 간다. 역사에 비춰보면 이 원칙 사실이다. 중세기 때 예속국 더러 구라파와 동양에 있었다. 이젠 거의 다 없어졌다. 왜냐면 이 나라들 다 주권국가로 탈바꿈했기 때문이다. 아니면 강대국됐다. 이런 사실 국제법에 들어 있음직하다. 사실 국제법으로 인정받아 마땅하다. 이젠 지난날의 케케묵은 국제법 고집해선 안 되겠다." 국제법 약소국가들의 발전과정도 인식해야 한다. 그리고 인정해야 한다. 약소국의 궐리 보존 감시에 조선의 동닙 보존 투쟁도 포함돼야 한다. 국제사회 강대국으로서 몇 세기 동안 신비에 묻혀 산 은자의 나라 조선에 불공정한 탄압 있을 땐 원조보장 선언으로 이제 같은 국제사회 일원되려는 나라의 투쟁 묵살해선 안 되겠다. 조선, 중국의 우방으로 그리고 동맹국되려 하지만 중국의 노예 결코 용납 안 한다. 오스트로-헝가리(Austro-Hungary) 내무성장관 엠 칼노키(M. Kalnoky) 최근에 말하길 "이 19세기에 와선 예속국 있단 건 시대착오"라 했다. 이럼에도 섭섭하게도 때는 이미 늦어 중국 조선과의 예속관계 만들려는 그들 식 상투적 챙략 성공했다. 국제법에 새로운 범례 있어야겠다. 잘 알려 인는 이른바 '유고 그로티어스(Hugo Grotius)', '에메뤼취 데 배텔(Emerich de Vattel)' 그리고 '위톤(Wheaton)' 설 제쳐 놓고 … 이제와선 중국과 조선의 주종관계 맺어 국제법상 한 나라로 만든다. 그것도 조약 맺어 그리고 중국, 조선에 대한 주권 행사 포기한 담인데도, 이 조약문 최근까지 시인했으면서도, 조선에 대한 중국의 책임 필요한 이때 이를 회피, 이제 법적으로 조선 중국 속국이라 주장, 법을 상식 밖으로 어긴다. 이는 또 국제법 절례 무시하려는 처사다. 이것뿐 아니라 중국 주장한 짓 괴상망칙하다. 예 들어 그들 조선과의 최후 조치 주장, 이는 보통 상식으로 처리될 문제 아니다. 조선과 중국 두 나라 사이 조약 오래 내려온 절례에 따라 한 거며, 그것도 국제법에 의한 서양 문명국가 본따 한 거며, 자발적으로, 조약으로, 인정한 다른 나라와의 교류 조약과 똑같이 한 거다.

이렇다 해도 조선과의 관계 문제에 있어 가장 경솔하고 용납할 수 엄는 건, 조선정부 중국속국 시인했다 주장한 건데 이는 사실관 아예 다른 말이다; 일본 주재 공사로 임명받은 민영준, 그리고 구미 특명 전권공사(구라파엔 심상학, 미국엔 박정양)의 권고 가능하면 중국의 조선문제 흉계 물리치라 했는데 이에 북경정부 완강히 반대했고 거기다 몇 중국 기관지 사실을 비틀어 보도했다. 조선국왕 폐하 중국의 이런 속임수 부인 선명했다. 이런 부인에 비춰보면 중국의 조선 예속 술책 한도 드러났다. 일본 기관지 *매일신문*(*Mainichi Shimbun*) 지난 11월 17일 호에 조선공사 외국에 보낸 건 조-중 조약 담 세 가지 조항에 따라 한 거라 담처럼 썼다. "첫째 – 조선 외무대신, 공사 해외에 보내기에 앞서 조선주둔 중국 공사 지시받고; 둘째 – 공사 공무로 주재국과 상의할 일 있으면 이 나라주재 중국공사와 미리 상의해야 하며; 셋째 – 해외에 간 어떤 지위든, 주재 중국공사 앞자리에 앉지 말 것" 이다. 위에 말한 조건 거역에 관한 문서 담과 같은 11월 1일 원세개 총독 전보문이다. 이 전보에 "첫째 – 주재국에 도착한 담 조선대표 중국공사 찾아가 미 궁무성에 그의 소개받은 담 다른 일할 거며; 둘째 – 주재국 축제일, 집회, 술 좌석, 조선대표 중국공사 아래 자리에 앉고; 셋째 – 중요하고 심각한 일 있을 때 조선대표 비밀리에 중국공사와 둘이 의논한다. 이 명령 속국의 필수다. 이 필수 미국 아닌 다른 나라엔 해당 안 된다. 현제,

아직 외국에 조선공사 보내는 문제 중국황제 훌령 없다. 조선정부 차차 이 문제에 대한 친절한 조언받을 거다. 중국과 조선 서로의 친분관계 유지해야 한다. 공사, 중국관용어에 통달한 사람 가운데서 뽑아 주재국 중국대표와 대화 나눌 수 있게 해야 한다. 이 전문 조선 외무성에 통보 임금에 전달해야 한다. 임금, 이 훌령 외국에 보내는 대표들에게 명령 반드시 지키게 한다." 이럼에도 "파견 외교관들에게 임금 이 훌령 따르라 명령 안 내렸다." 그러나 임금 파견 대표들에게 부탁하길 주재 중국공사에 경의 표하지만 조선과의 조약에 의한 전권공사로 그리고 다른 나라와 같이 국제 외교의례에 따라 주재한 걸로 위에 말한 훌령으로 그들 임명받은 것 아니며 또 그렇게 하는 것 허락 안 했다. 이 사건에 대한 한 용감한 신문기자 조선 동닙에 대한 공평한 담과 같은 편지 몇 달 앞서 기고한 것 여기 인용한다. "이런 식 바로, 오늘 중국처사다. 이는 조선의 자유를 짓밟는 한 술책이다." 조-미 조약 첫 조에 만일 외세(말할 것 없이 중국 포함) 조선을 불공정 취급하고 강압한다면 미국정부 조선을 대신해 처리한다 써 있다. 만일 영 왕실에 조선임금 임명한 조선공사 위에 말한 대로 중국 가로망는다면 영국과의 조약 규정에 따라 영국 처리할 거다. 영국과의 조약 제2조에 규약하길 "조약 대상국, 조선(중국 예속 속국이란 말 없다) 영국주재 외교대표 임명 보낸다면 영국에 영주할 수 있으며 다른 나라 외교관에 미친 특혜와 면책받는다." "대 영국 합법적으로 조약에 따라 영국에 보낸 조선사절 거절할 수 없다. 이탤리와 러시아도 같은 조약이다. 조약에 의한 영사관 영국에 설치할 조선권한에 터무니 엄는 중국의 주장 이 나라들 어떻게 거절핸나 궁금하다. 이 나라들에 파견한 조선 사절에 대한 중국의 처사 궁금하다." "나라보존, 자유와 원칙 중요하게 여기는 모든 나라에서 중국의 조선 취급 문제 쓴 중국과 일본에서 나오는 영짜신문 기사 보면 놀랍다. 2뱅만 자유를 부르진는 불가리아(Bulgaria) 그리고 겨우 뱅만밖에 안 된 루마니아(Romania)에서 일어난 격동과 선언 보면 반 야만적 뒤쉬인 야단법석한 사태다. 그러나 조선, 일천 2뱅만 그것도 같은 족속, 적어도 중국과 동등하게 문명한 나라다. 그런데 제기랄, 중국 조선 삼켜 버리려 한다. 그리고 동방에서 바야흐로 조선이란 나라 아예 없애려 해도 이른바 인권 있단 강대국 범죄적 침묵으로 이를 용납 나 몰라라 한다. 마치 동 구라파에서 일어난 신음하는 사태 구경만 하듯. 조선, 자유 위해 신음하는데 중국에서의 영짜신문 이에 동조핸나? 물었다. 누구 하나 이 동방에서 중국에 대한 조선 투쟁에 편들어 중국에 항의한 나라 인는가" 물었다.

당당히 와싱톤에 주재 조선공사, 궁무대신 인도로 중국공사 아랑곳없이 미국 대통령에게 별 문제 없이 신임장 바쳤다. 중국의 잘못 무릅쓰고 구라파에 파견한 조선공사 그 나라들에 신임장 냈다. 만일 구라파 주재 중국공사 조선공사 신임장 제출, 비정상적으로 한다면 용납했겐나. 왜냐면 한다 한 나라, 그들 자주성 간직하려, 예속국이라 할지라도 자기나라 주재 특명 전권공사 신임장 제출절차에 터무니 엄는 절례 만들 리 없다. 비록 조선공사 구라파와 미국에 보내는 일 중국황제에게 설명한 조선왕 공문에 조선 중국과의 예속문제 이와 별도라 했다.

이 공문의 분쟁 조선왕 말한 중국과의 조선예속 문꾸다. 이를 끈질기게 그리고 틀리게 예속이란 말에 대한 중국과 그의 추종 국가들의 해석이다. 조선임금 예속이라 이른바 각서에 말한 건 해외에 보내는 예속국사절과 특명 전꿘공사란 말이며 이는 다른 나라와의 교류에 따르는 국제법에 따른 말이다. 중국 예속국 사절 특명 주꿘공사란 말 아니다. 왜냐면 이는 문명한 나라에서 지키는 법규에 어긋나기 때문이다. 그들 법에 예속국으로서는 전꿘공사와 공사 인정 않고, 오직 영사 통상꿘만 인정하기 때문이다. 이에 괄련, 또 하나 주의 끄는 건 이렇다. 조선, 필요에 따라 쓴 그리고 번역한 서신과 문서 종종 중국 측 신문에 난다. 조선왕 중국예속 말했다 또는 인정한 걸로. 이런 주장에 대한 내가 아는 권위 인는 국제법학자 대답에 조선왕 문서 결코 중국예속 시인한 것 없고 또 그런 관계 있지도 않다 했다. 더욱 만일 한때 조선정부 측에서 시인했다 해도 이는 이들 권한 밖에 한 말이고 또 무효다. 조선왕 조선에서의 중국흉계와 속셈 너무나 잘 알고 있고, 이것 말고도 그는 나라를 망치게 유인하고 공갈하는 중국흉계 용납한 일 없다. 설사 중국속국 조선왕 위협해 시인했다 해도 이는 지난 2년 반 내가 본 중국의 행패 이는 난폭한 범죄 행위로 조선정부 이에 억맴 없고 또 시인한 것도 없다. 오직 강압에 못 이겨 한 걸로 하등의 근거 없고 또 인정한 것 아니다. 다른 동닙국가에 보낸 외교관 조선의 통상 보존 위해 그리고 조선 주꿘 문제에 별 문제 없기에 한 거다. 조선왕 다른 동닙국가들과 맺은 모든 조약 규정 있음에도 일부에선 공공연하게 조선에 독설 퍼붓고, 좀 중립적 나라라도 조선에 해로운 짓으로 특징진는다; 그들 이면적인 걸 앞세워 조선왕과 그의 고문들, 조선의 창달에 전념해도 모른 척한다.

이는 사실이다. 이렇게 조선문제 이르킨 건 조선왕과 그의 고문들 아니라 중국의 폭정과 강압이다. 주로 중국 총독 원세개 통해, 그리고 비근한 수작으로 불법행위로, 불공정으로 그리고 때론 잔인한 짓으로 국제교류에 언제 이런 일 있언나 할 정도다. 조선 목 발길로 밟아 누르듯 그는 모든 발전 위한 조선의 노력 그의 친위대 두고 방해했고, 조선 지도자들의 정부개혁과 발전 계획 실패시키고 비웃고, 조선 세상 물정 모르는 철 엄는 어린애에 견줘 중국 조선 보호해야 한다 했다. 그는 어떤 조선 고관 통해 임금 협박하고 이홍장 명령 거역한단 구실로 중국육해군 조선에 끌어들여 위협하고 그리고 신하들과 백성들에게 조선왕의 권한 약하게 보이게 하려 오래 내려온 전통 지켜온 신성한 왕위 헐뜯고 권세를 남용 조선왕 면전까지 궁중에 가마타고 가고, 난잡하게 구는 그가 부린 일꾼과 종과 마부 시켜

1886년 7월과 8월 홀란 일으키고 본인이 썼으면서도 중국의 침략 막기 위해 다른 나라 군대 조선왕 초청했다 꾸미고, 자기 스스로 조선왕 우호국가 도움 청구한 편지 황제에게 썼으면서도 조선왕 썼다 하고 이를 또 조선정부에 압력 시인하게 했다. 중국 대표(원세개)의 말과 행동 그야말로 그는 으뜸가는 허튼 수작꾼이다. 그를 추켜올리고 기분 돋군 자, 한두 사람 외국장교며 그의 못된 짓, 중국 하급 장교와 조약에 의한 중국 거류민 보호한단 구실로 개항 항구에 정박한 중국군함 한 거다. 이 조약 머리말에 “중국 조선에 베푼 호의” 언질로 조선에서 인삼 밀수했다. 중국군함 조선에 온 건 잘못된 화물 실어온 건데 하선 검사 안 받고 실어내렸고, 세관원 관세물 검사 거절했다. 이래 실랑이 일어나기 마련 중국영사 군함 편들어 서울에 인는 원세개에게 호소했다. 원, 외국사람인 관세청장에게 위협, 검사 없이 통과하게 했다. 최근 군함으로 인삼밀수한 사실 알려진 바에 따르면 10월에 있었고, 수천 달러에 이르는 마약 몰수핸는데 가장 큰 상자에 든 건 총독 원세개의 도장으로 봉함했다. 관세청장 ‘핸리 엘흐 머릴(Henry F. Merrill)’ 모든 힘 다해 이 불법 속임수 들추려 했다. 그는 이 사건 외무대신에게 그리고 천진에 인는 중당(이홍장), 그리고 중국 세관 총감독에게 조선관세법 시행 호소했건만 아직까지 아무 조치 없다. 조선외무대신 솔직히 말하길 자긴 이 중국사람 사건에 아무 권한 없다 했다. 속임당했다 해도, 관세 25만 달라($250,999.00)나 되었어도. 정당히 했다면 이 액수보다 웃돌 거다.

중국대표(원세개)의 마지막 수작, 비겁하고 사악한 챙략, 지난 7월 드러난는데, 이는 조선왕 폐위하고 꼼짝 못하게 다른 데로 옴기고; 방화, 사살, 암살, 폭동 그리고 서울에 인는 외국사람과 조선주민 위태롭게 한 극악무도한 짓 자행했다. 이 모든 음모 임금 자세히 알고 있었다. 말할 것 없이 이 음모 실행에 옮겼을 거다. 조선사람으로 능력 있고 진실한 충신 민영익 공, 원의 이런 음모에 가담, 음모의 진행상태 일일히 때때로 폐하께 알려 이 음모 막은 거다. 이 유명한 사건의 가장 중요한 점 이 음모초안이다. 중당(이홍장) 결재받은 거다. 이 초안 중요내용 담과 같다. ‘외국 야만인’의 침범으로부터 강화도 봉화지키는 핑계로 훈련받은 조선원주민 군대, 중국대표(원세개) 사열하는데 이렇게 한 건 그들 지휘자 원세개 낮 익혀 비상시에 곧 알아보게 하기 위해서다. 그들 편의상 궁궐 근처에 주둔했다. 전 섭정 대원군 집인 궁전 방화핸는데 이는 임금한 걸로 꾸며 이로써 민비와 그의 도당 지독히 미워한 대원군의 발란 일으키려 했다. 발란군 궁전을 치려 핸는데 이때 원세개 궁에 나타나 1884년에 했듯, 발란군 진압한다 가장해 나섰다. 궁전에 배치한 강화도 군대를 동원 임금을 궁 밖으로 끌어내고, 임금의 큰형아들을 세자로 그리고 세자 등극할 때까지 전 섭정을 섭정으로 삼았다. 이렇게 해 대원군 지시로 중국대표로 하여금 완전히 정부와 나라를 다스리게 했다. 중국대표(원세개)술책, 재정에도 미쳤다. 어떤 장군에게 3,000냥

($4,500.00 상당) 주면서 그 돈으로 군대 훌련비 쓰게 했다. 민영익 해외로 떠나 이 음모 실패 이 돈 중국 영사관으로 넘겼다.

중국정부군 장교 조선에서의 행패 모른 척 할 수 없다. 왜냐면 때때로 그들에게 별도로 훌령 내렸기 때문이다. 임금 명으로 나 두 번 천진(역자 주: 중당 이홍장 만나려)에 갔다. 이때 중국대표(원세개) 정상적 아닌 행위와 중국정부 조선정책 중당(이홍장)과 자세히 의논했다. 1886년 9월 첫 번째 그를 만났을 때 조선반도에 있어서의 홀란 없게 중국 러시아와 일본과 관계 원만히 할 것 환기시켰다. 내가 귀국하기에 앞서 중당(이홍장) 내게 다짐하길 이 문제 충분히 알 뿐 아니라 중국, 중국대표 바꾸겠다 했다. 왜냐면 원세개, 아직 나이 어릴뿐더러 그의 중책에 경험 없다면서. 뿐더러 사실, 이미 그의 견질 작정한 바 있다면서 현 천진지사 추천했다 했다. 그런데 이 천진지사 쨒후(Chefoo)지사로 이미 발령받은 바 있어 사양했다 했다. 지난해 10월 해외파견 공사와 통상개항 문제와 원세개의 임금 폐위 모략 항의하려 두 번째 만났을 때 그는 특히 원세개 문제에 등돌렸다. 내가 원세개 최근 반역흉계 막 다 털어노려 할 때 놀랍게도 그는 말하길 그는 이미 임금폐위문제 알고 있다면서(주: 이홍장 그는 이미 원세개를 조선총독으로 임명했고 조선왕 폐위, 조선을 중국 한 성(도)으로 편입한단 이른바 '조선책' 장본인) 원세개 개입했단 건 민영익 모략으로 그의 잘못이라 그를 혹독히 챙망했다. 이럼에도 아직도 계속 원(세개) 범죄 행위하며 조선 중국대표로 남아 있다. 이는 조선과 중국과의 조약 제1조 마지막에 규정한 사항 위법한 거다. 이 규정 담과 같다. 만일 중국 장교 행패와 사기와 공사에 부정 드러나면 북양(조선 포함 이홍장 직할지역) 관세청장과 조선왕에게 각각 보고, 실지로 그리고 지체 없이 불러들인다.

이렇게 분명히 사실 증명하는데도 왜 총독 서울에 놔두나? 이는 다름 아닌 중국 조선을 차지하려 해서다. 이런 일 문명국가에선 있을 수 엄는 일이다. 그들 조선에서 일부러 난폭하게 굴게 내버려둔 것 아닐까? 이러지 않길 바랄 뿐이다. 이것 다 아니라 할지라도 도의적 정부란 인접국가 정부에 보낸 대표로 하여금 밀수, 음모, 그리고 법 아랑곳 엄는 외교하게 놔두는 것일까? 사실, 담 적용된 역사적 기록에 따르면 내 말 아무것도 아니다. 이름난 국제법학자 한 말 인용하면 "대사 감금당하고 추방된 역사 있다. 영국, 로스 주교(Bishop of Ross)와 스코틀랜드 메리 여왕(Mary Queen) 보낸 대사 수감했고 그리고 영국에서 쫓아냈다. 주꿘자에 대한 음모죄로; 그리고 놓훠크 백작(Duke of Norfolk)과 그와의 음모자 재판받고 사형에 처했다. 1584년 서반아 영국대사 디 몬도자(de Mondoza) 영국여왕 폐위코자 군대 끌어들인 음모로 해임됐다. 1684년엔 영국 불란서 공사 디 바쓰(de Bass) 크롬웰(Cromwell) 암살 음모죄 판결로 24시간 안에 출국명령받았다. 1717년 스웨

덴 영국대사 길랜보(Gyllenborg), 죠지 1세(George 1) 폐위 음모 꾸몄다. 그는 체포당해 그가 가진 보관상자 부숴 열어 그의 서류 압수당했다. 스웨덴(Sweden) 이에 보복, 영국공사 스탁홈(Stockholm)에서 체포했다. 방위 위해 길랜보의 체포 필요했다. 그러나 국제법상으론 영국공사 체포 정당화 안 된다. 똑같은 이유로 불란서, 서반아 대사 칼라마레(Callamare) 1718년 체포했고, 그의 서류 압수했고 국경 밖으로 군대를 동원, 추방했다. 최근 1848년에도 에취 불워 경(Sir H. Bulwer) 서반아 영국대사 그의 여권 몰수당했고 서반아 국경에서 떠나란 통지받았다. 이때 모종의 발란 서반아 지방 몇 곳에 일어난는데 불워경 이에 가담한 걸로 안 불만 있었다." 만일 조선정부 그들 권한 필수인 궁녁 있었다면 최근에 일어난 원세개 한 짓 위에 말한 예의 하나로 들어간다. 이는 중국정부 김옥균 음모 처벌하려 열심히 일본정부 설득했다. 일본정부 기꺼이 이에 응했는데 이는 국제괄례로 정치범인도 안 하는 건데 했다. 중국대표 음모 김옥균에 견주면 아무것도 아닌데 이는 조선왕국 주권자인 임금에 대한 중국음모였고 김옥균 경우 임금에 대한 음모 아니었고 몇 조선정부 고관 개인에 대한 걸로 별것 아니다.

만일 중국관헌 김옥균 법에 따라 벌 주고자 한다면 조선왕에게 한 중국대표의 거역 묵인할 수 없다. 조선에 대한 중국의 억압 그들 하급 괄료를 떼로 군함에 실어와 상륙해 행패 부리게 한 걸로 이는 전적으로 천진과 북경 한 거다.

내가 조선 자원 조사차 북조선 갔다 온 담 평양을 북조선 중심지로 보고했다. 농산물과 광물 풍부하고 대동강 밀수출입 통제, 정상적 통상한다면 관세수입 크게 올릴 수 있어 권했다. 정부 이미 작정, 시험적으로 평양 근방 석탄과 광산 개발과 평양 가까운 항구 개항 서둔다. 또 건의한 것도 관세청장 기꺼이 지지했는데 임금 곧, 이 유능한 관세청장에 명령 기본적 계획 세우라 했다. 증기선 한 척에 관세청 직원 보내 대동강 수심 측량케 했고 평양에 가까운 적당한 항구 마련하라 했다. 이 사업 진행 중인데 이홍장 이곳에 개항 못하게 한다 중국대표 관세청장에 알렸다. 이런 불공정하고 부당함 관세청장에겐 굴욕이었으나 할 수 없이 관세청 직원 도라오라 지시 안 할 수 없었다. 임금, 첨에 이 말 듣고 이 명령 이홍장 내렸다고 믿기 어려워 거절하려 했다. 내가 직접 이홍장에게 알아보니 중국대표 한 말 사실이었다. 중당(이홍장)과의 상의로 알았는데 불공정하고 불법한 처사 근거 엄는 것 아니고 실은 평양, 중국 뉴창 항과 가까운 곳으로 알고 한 말이었다. 평양개항하면 중국통상 심한 피해 인는 걸로 이홍장 알고 한 말이었다. 그러나 첫째로 뉴창 항 평양에서 수백 마일 떨어진 곳에 있고, 둘째로 이 두 항구 사이 통상 한 해 천 달러도 안 된 무역이다. 수뱅 만 불 또는 이의 열배나 되는 조선정부 관세수입 중국 조선더러 하지 말란 말일까? 아니면 북경정부의 목적 조선관세 통솔하려는 수작 꾸며 지시한 걸까, 조선의 자연자원과 부, 조선 위한 것 아니라 중국이익에 따라야 한단 건가? 모든 나라의 권한 그들 국고 채우고, 개항해 무역 백성과 궁력 흥하게 하고, 뱃길 널리 열고, 세입 올리고, 예술품, 농업과 상업 번성하게 하는 일 이 세상 모든 문명한 나라 인정한 빠트릴 수 업는 거다. 이 사실 중국 하루라도 빨리 인정할수록 양보와 친선 일궈 더 좋은 국제사회 일원될 뿐 아니라 중국 이익 위해서도 좋을 거다. 중당(이홍장)의 명령 있다 해도 조선개항 막을 수 없다. 나라 자연자원 개발기금 외국 차관 도입 못하게 했어도 폐하 도입했고, 정사 이렇게 지나간 수백 년 동안 해완는데 이 다 먼저 중국 승낙받고 한 것 아니다. 이날 보는 바 같이 중국 연달아 가혹하고 불공정한 폭정에 비춰보면 중국 주장한 조선과의 종주관계 그 속셈에 있어 허구요, 말할 나위 없이 괴물이다.

아니, 조선 장난 금방 멎지 않고 만일 다른 나라와 조선 맺은 통상조약 방해하면 폐하께서도 이와 똑같은 조치로 중국과의 협약 모든 사항 무효로 할 거다. 중국에 공사 임명 보냈다 해도, 통상 위한 개항했다 해도, 관세받고 조약국 거류민 각 사람 궐리와 재산 보장했다 해도. 중국 언제까지 이럴 건가. 중국과의 조약에 의한 조선인민의 권리 언제까지나 짓밟히고 농간당할까. 이의 개선 미국 말고도 조선과 조약 매진 강대국, 조약규정에 따른 조선에 대한 실뢰에 달려 있다. 내가 이렇게 미국 말고 다른 강대국이라 한 건 조선을 보호하려는 그들의 정치적 의도 없어 한 말이다. 훌륭한 미국 궁무장관 미국과의 조선조약 첫 항목에 약속한 대로 중국에 알리길 조선 미국과 조약 매즌 것 이는 조선과의 친선과 통상, 주꿘 동닙국가로 인정 맺은 건데 중국도 이런 권한과 특혜받은 것 인정해야 한다. 조선 동닙으로 중국 위협받고 아니면 그들 거류민의 권리와 면제 파괴 협박받안는가. 이럼에도 중국 내놓고 조선을 중국과 합치려 허위 꾸며 댄다. 사실과 다름에도. 자주 보장하고자 함 한 개인 말할 것 없고 한 나라의 생리다. 이 다 백성에 대한 가장 엄숙한 책임과 의무보장, 안정된 잘 다스린 바람직한 정부 정책이다.

조선왕 임명 각 조약국에 공사 보낸 건 중국과의 종주관계 문제 조선엔 아주 치명적이기에 이때 중국의 가면 벗기고 조선반도에 대한 그들 내놓고 한 악정 끝장내고자 해서다; 이 문제 어떤 방법으로든 해결할 때까진 오늘처럼 그들 억압 계속할 뿐 아니라 동방에 아주 심각한 정치적 거리낌되겠다. 이제 아니라도 그리고 늦어진다 해도 오래 내려온 조선에 대한 중국의 간섭과 행패 안 막으면 계속된 조선 동닙문제 일단락 지었다 해도, 조선정부 국제협약 모든 책임과 의무 임금 명령으로 다한다 해도, 서양나라처럼 이런 사실 중요성과 지속적 번영, 그리고 군사력 조선에 인나 엄나에 달려 있다. 이는 또 모든 하는 사업에 대한 노력에도 달려 있을 뿐더러 더욱 강대국 이를 지지하고 경려함에 있다.

그런데 할 일 엄는 양반계급(이른바 사대부) 나라에 기대 놀고 먹고 사는데 일하면 밥빌

이로 먹고 살기 위해 하는 천한 일 부끄러운 걸로 알고, 농사짓는 사람 간직한 농장물 그들 짜내고 불법으로 빼서간다. 조선에 오고야 말 정치적 안정으로 오는 번영시대 이는 나라의 자연재보 있어 자연귀결이다.

요새 돌아다니는 말에 임금성격 결단력 없고 우유부단하단 판에 박은 조선 주권자에 대한 불만, 항의하잔 자들에게 답하고자 한다. 나, 폐하를 모시고 2년 반 동안 외교고문과 내무부(추밀원) 부장관으로 일한 경험 있어 이 문제 충고할 자격 있어 말한다; 이 기간 조선의 가장 어려운 문제 이는 조선 직면한 문제였다. 이 시기를 통해 임금 강직하고 온화하고 그리고 참을성 있음 알았다. 어느 나라 현명한 주권자에 못지않게. 그의 언사와 행동에 심각히 걱정되는 말했으나 이는 결코 나약하고 골내 한 것 아니다. 이는 사실이다. 조선 서양사람들과 접촉에 있어 서양의 화려하고 신기한 다름에 놀랬고, 모험꾼들의 달콤한 말에 속고, 그리고 무법한 자들 말에 현혹, 정부, 실용성 엄는 사업 일으켜 실패 허비했다 한다. 이를 바로잡는 일 조심히 그리고 경제적으로 수년 걸리겠다. 그러나 동양에 있어 모든 나라 다 이와 비슷한 경험 거쳤기에 조선 또한 예외 아니다. 중국 반대 무릅쓰고 조선 공사 구라파와 미국에 보낸 담 임금 중국 안 겁내고 강직했다. 중국의 항의 폐하 의젓하게 받아넘겼는데 이는 그가 취한 다른 중요한 일에도 잘 나타난 그의 성격과 태도다. 이는 또 중국 방해에 대한 조심스런 조치였고, 협약과 국제법으로 보장된 그의 권리에 따른 거다. 중국 반대 있음에도 임명받은 공사들 각자 임지 가라 임금 명령했다. 중국정부 최후통첩에 거역하면 중당(이홍장)의 후과 있고, 총독 원세개의 거친 행동과 외교 장난침 알고도, 그리고 중국에 동조한 비겁한 조선고관들의 끈질긴 반대 있음에도. 이들 궁중과 중국대사관에 두 다리 걸친 자들로 이는 그들 애국심과 임금에 대한 충성심 한 단면 알리는 그들 참 모습이다. 내가 겪고 아는 바 말해 보면 그들 헐뜯는 폐하의 인격 사실 이와 반대로 지나칠 정도로 강직하다. 우리 알건 폐하, 거만 강직성 보여 나라에 별 이로울 것 없기에 유순하게 보인 걸로 누구 무서워서 아니다. 임금의 성격, 누구에게나 친절히 한 것 두고 그의 나약으로 잘못 안다. 백성들 가운데도 더러 폐하 그의 정사에 나약하다 한다. 그의 습성 아주 근엄하고 부지런하고 그리고 그의 천성 진보적이다. 나라와 백성 위한 거라면 서양 교화와 크리스챤 본따 문명의 가장 높은 차원과 길로 인도하려 했다. 불행히도 임금의 많은 노력, 예외 있으나, 다들 거들떠 안 본다. 서양 진보 흠모한 사람들 포함 영향 없고 따르지 않으며, 전통적으로 충성 최선으로 아는 사람들마저 이런 형편이기에 조선임금, 세상 모든 진정한 사람들의 동정과 칭송받아 마땅하다.

제2부 "China And Korea" 원문

by O. N. Denny,
Advisor to the King,
and Director of Foreign Affairs

A vacancy having occurred in the position of Foreign Advisor to the King of Korea, and Inspector of Customs, and His Majesty having requested His Excellency Li Chung Tang [Li Hung-chang], Viceroy of Chihli, to procure the services of another, I was in July 1885 invited to the post. I entered upon the duties of Advisor the Customs branch of the position having been placed under the Customs of China before my arrival in the East with the assurance that in my efforts to preserve peace and good order, and in all that pertained to the prosperity of Korea, I should have the cordial support of the Viceroy, an assurance which, I regret to say, has not been verified. On the contrary, from the very first, I have met with almost every conceivable kind of opposition from Chinese sources, the failure of the Viceroy to keep his promise in this regard, I am at a loss to understand, unless it is due to the Peking Government's disapproval of his Korean policy. In view of this and the fact that China's course seems so unwarrantable and unjust, as well as against the best interest of Korea and China, I determined to avail myself of the present occasion to publicly point out all efforts of a private character having failed the dangerous ground China is trying to occupy, and to present Korea's side of the controversy, with a view to correcting, if possible, some of the accepted fallacies on the situation in the peninsular Kingdom and its relations with the Celestial Empire, which have been so often misrepresented in the native, and same of the foreign, newspapers in China for the past two or three years, through design or under a misapprehension of the law as well as the facts. In doing this, the harsher the criticisms may appear, the more it is to be regretted that they are merited. First. I shall notice China's claim to vassal or dependent relations with Korea. Second. The former's treatment of her so-called vassal. Third. The charge that the King is weak and unfit to govern the country. And before I have finished, I shall endeavor to show that the former is about as fictitious as the latter is without foundation. As Korea, in the exercise of a right which none but sovereign and independent states possess, concluded a treaty of friendship, navigation, and commerce with Japan, independently of China, and later on with Western countries in accordance with international usage, the rights acquired and the obligations assumed must be determined by the laws which have always governed the enforcement of such compacts. In the light of these defined and well-settled rules it will be in order to enquire into some of the rights, powers, and responsibilities of a sovereign state, and how vassal relations are established, as well as into the duties and obligations a dependent state owes to its suzerain, in order to more clearly determine the political status of Korea.

In general terms, a sovereign or independent state is defined by almost all authors on international jurisprudence to be, any nation or people, whatever the character or form of its constitution may be, which governs itself independently of other nations; while [Henry] Wheaton, who ought to be the best authority in this case, as China has adopted him as her standard author, says: – sovereignty is the supreme power by which any state is governed: this supreme power may be exercised either internally or externally. Internal sovereignty is that which is inherent in the people of any state or is vested in its ruler by its municipal constitution or fundamental laws. External sovereignty consists in the independence of one political society in respect to all other political societies; and it is by the exercise of this branch of sovereignty that the international relations of one political society are maintained in peace and in war with all other political societies "A nation which has always managed its internal as well as external concerns in its own way, free from the interference or dictation of any foreign power, is juridically independent, and must" be ranked in the category of sovereign states. The unerring test, however, of a sovereign and independent state, is its right to negotiate, to conclude treaties of friendship, navigation and commerce, to exchange public ministers, and to declare war and peace with other sovereign and independent powers. These are rights and conditions–compatible and consistent with sovereignty which, when possessed by a state, place it in the great family of independent nations; while states which do not possess such powers, must be ranked as semi–independent or dependent according to the expressed terms of the agreement.

An advocate of vassalage, in the North China Daily News, some months ago, in support of his position, used substantially the following language: "At the end of the 17th and beginning of the 18th centuries the sanction of the Chinese Emperor had to be obtained before the successor chosen by the King of Korea could receive the title of heir apparent, and then could not assume the title of king until it was conferred on him by Pekin." The correspondent states the case much stronger than the facts warrant. If he had put it in the form of a request, a graceful act by a tributary state, rather than on the basis of an imperative obligation to the Pekin Government, he would have been more in accord with the facts; but whether he over or under stated them makes no material difference, as relations of vassalage were never established by the commands of a superior in exceptional cases or through the deferential acts of an inferior. Liu Kiu, Annam and Burmah, in the history of China's precarious claims to suzerainty over those states, did the same thing, and today the first–named forms a part of the sovereignty of the Empire of Japan, the second belongs to the Republic of France, while the third recently passed to the sovereign control of Great Britain. Wheaton on the law of nations states the case infinitely stronger against the correspondent than the latter does in favor of China's contention, when he says, "The sovereignty of a particular state is not impaired by its occasional obedience to the commands of other states or even the habitual influence exercised by them over its councils. It is only when this obedience or this influence assumes the form of express compact that the sovereignty of the state inferior in power is legally affected by its connection with the other." John Austin, a modern writer of considerable celebrity on international law, in one of his able lectures, delivered in London in 1873, states the case with equal clearness when he says, "A feeble state holds its independence precariously or at the will of the powerful states to whose aggressions it is obnoxious, and since it is obnoxious to its aggress-ions, it and the bulk of its subjects render obedience to commands which they occasionally express or intimate; but since the obedience and commands are comparatively few and rare, they are not sufficient to constitute the relation of sovereignty and subjection between the powerful states and the feeble state with its subjects. In spite of those commands and in spite of that obedience the feeble state and its subjects are an independent political society whereof the powerful states are not the sovereign portion, although the powerful states are permanently superior, and although the feeble state is permanently inferior there is neither the habit of command nor a habit of obedience on the part of the latter, and although the latter is unable to defend and maintain its independence, the latter is independent of the former in fact or practice." The only vassal or dependent relations recognised by the law of nations are those resulting from conquest, international agreement or convention of some kind, and as such relations do not exist between the two countries by virtue of either of these requirements, and in all reasonable probability will never be established by agreement or convention, it remains to be seen whether they will exist in future by conquest.

Korea, however, is a tributary state of China: relations which have been sustained in the past with the utmost good faith, and which Korea desires in all sincerity to continue so long as China's treatment is generous, friendly and just. But the tributary relations one state may hold to another do not and cannot in any degree affect its sovereign and independent rights. (For this reason, the tribute annually paid by Korea to China does not impair her sovereignty or independence any more than the tribute now paid by the British Government to China on account of Burrnah impairs the sovereign and independent rights of the British Empire, or the tribute formerly paid by the principal maritime powers of Europe to the Barbary states affected the sovereign rights and independence of those European powers.) Wheaton says, concerning the Barbary States, that "while they are anomalous in character, yet their occasional obedience to the commands of the Sultan, accompanied with irregular payments of tribute, does not prevent them from being considered by the Christian powers of Europe and America as independent states with whom the international relations of war and peace are maintained on the same footing with other Mohammedan sovereignties." There are good and valid reasons why Korea desires to preserve the traditional relations of close friendship which have so happily existed between the two countries so long. Their geographical positions, under friendly intercourse, make them a source of strength to each other, while the fact that Korea has drawn largely upon China's population, language, religion, laws, education, arts, manners and customs, which have contributed so much to the sum total of Korean civilization, all combine to strengthen the chain of attachment, and cause her to look to China, as in the past, for friendly advice rather than in any other direction; and in my judgment nothing will interrupt this friendship but a continuation of the illegal and high-handed treatment Korea is now receiving at the hands of the Chinese, and their studied and persistent attempts to destroy Korean sovereignty by absorbing the country.

It was due to the faith which the King had in China's professions of friendship for Korea that induced His Majesty, when the advisability of making treaties with Western countries was pressed upon him, to take counsel of the distinguished Viceroy at Tientsin; and I know of my own knowledge that it was due to a similar faith in the King that induced the Chung Tang to advise the establishment of such relations as the surest means of improving the condition of the country and people, as well as preserving the sovereign rights of his kingdom; and later on, when the first of the Western treaties came to be negotiated, which was with America, the Viceroy was invited as the friend of the King, having the broadest experience in such important matters, to assist in the negotiations. Two drafts were submitted to that Convention for consideration, one by the Viceroy and the other by the special envoy [Robert Shufeldt] who conducted the negotiations for the United States. The very first clause in the Viceroy's draft was a demand for the recognition of vassal or dependent relations between China and Korea, which the agent of the U.S. Government declined to consider or even discuss further than to say that, as his mission was to make a treaty of commerce and friendship with an independent state, such a treaty he would make or none at all. Notwithstanding this, the Viceroy urged the approval of this dependent clause to a point beyond which he could not go without breaking off negotiations. When he yielded, and the treaty was then concluded upon the same basis with those of other independent states, and was signed at Chemulpo, May 22nd, 1882. Even if vassalage had been acknowledged in the American treaty by the negotiators, it would not have received the approval either of the U.S. Government or the King of Korea. The next treaty that Korea made was in October following with China, and at the latter's request; and while this treaty has been denominated "rules for the land and water commerce between the trading populations of China and Korea," and while there is the usual mystification and vagueness pervading it that characterizes all of China's intercourse with the peninsular Kingdom, yet it comes nearer being a treaty of friendship, navigation, and commerce than anything else, as I shall endeavor to point out further on.

Treaties with other countries followed in quick succession in the general tenor of the American one, which were however discussed and concluded, not at Tientsin but in Seoul, without reference to the Viceroy or the Chinese Government. Had the relation of suzerain and vassal existed between the two countries, in accord with international jurisprudence, at the time the American treaty was made, does anyone at all versed in public affairs suppose that the Viceroy would have tried so hard to procure its acknowledgment by a friendly power in a public treaty? No, the attempt was based solely on the utter weakness of the contention, which no one appreciated more fully than the Viceroy himself. After the ratification of the American treaty, the question of the dependency of Korea, for the moment at least, seems to have been abandoned; at all events, arrangements were at once made for the enforcement of the stipulations of the treaty: ports were opened, a Customs' service established by the King, with inspector, commissioners and a full staff of subordinate officers for the work. Diplomatic representatives were appointed as treaties were ratified, who from time to time presented their credentials and took their respective places at His Majesty's Court in Seoul; and among them was the representative of China, with the title of “His Imperial Majesty's Commissioner” printed on his card, and who was appointed in pursuance of the treaty already referred to. This official continued, in an unassuming way, to represent his Government, upon terms of equality with his colleagues, for more than two years, when he was succeeded by the present Commissioner Yuan [Yuan Shih-k'ai], for supposed meritorious services rendered his Government in the Korean disturbance of 1884, and who, for a short time, followed in the footsteps of his predecessor; but the honor so suddenly thrust upon him seems to have inflated him to such an extent that serious consequences might have resulted to him had not his indiscreet enthusiasm found vent in the resurrection of the dependency scheme, which, for the credit of his Government, ought never again to have come to the surface; for, if the conclusion of the Japanese and American treaties upon the basis of Korean independence every article of the latter having been approved by the Viceroy, followed by similar treaties with the leading powers of Europe, and China having shared in their practical operations for two and a-half years did not honorably settle it, the question ought finally to have disappeared when the Li-Ito Convention adjourned, by the terms of which China disposed of whatever right she had left without the consent of Japan to send troops to Korea, the only means, as a last resort, every independent nation possesses of enforcing its sovereign rights when they are assailed or called in question.

Some time in 1885, after I had been invited to Korea but before my arrival, a policy of absorption, gradual or otherwise, seems to have been decided upon by the Pekin Government. The position of Advisor to the King and Inspector of Customs was segregated, and the Customs' service passed to the control and direction of the Chinese service, under the plausible assurance that it would be better and more economically administered, and that there was no political significance to be attached to the change; and, while the service has been honestly and well administered under the change, yet no one act, since the conclusion of the treaties, has contributed so much to mislead the public mind in regard to the true relations existing between China and Korea politically, as this ill-advised one on the part of the Korean Government. Neither, in the mean while was Commissioner Yuan idle, for it was about this time that he adopted as a title for his Legation that miserable misnomer and subterfuge "Residency," and in the most insolent way claimed to advise and even direct the King in long but empty memorials, and, upon public and official occasions, to assume the role of host instead of guest, on the flimsy pretext that he is "at home" in Korea. But it is asserted that vassalage is distinctly acknowledged by Korea in the treaty sometimes called "the overland trade regulations," above alluded to. Now I assert with much confidence that, if that convention establishes anything so far as this question is concerned, it is exactly the contrary to this. While there are only eight rather lengthy articles in that treaty, yet, as already observed, they cover about all that is necessary in an ordinary treaty of friendship, commerce and navigation. Under the first article China has dispatched her Commissioner with diplomatic powers to Seoul, and consuls to all the open ports to guard the interests of Chinese merchants. The second article yields to China ex[tra]-territorial privileges for her subjects, similar to those enjoyed by the citizens and subjects of the most favored nations. Article third permits the merchant-ships of both countries to visit the open ports of the other, fixes the duties to be paid, provides for relief in case of shipwrecks, regulates the conduct of fishing-vessels, etc. Article fourth permits merchants of either country to visit the open ports of the other, for the purposes of trade, where they may purchase lands and houses, provides tonnage-dues as well as re-export tariff, inhibits trade at the capital of both countries, compels merchants wishing to purchase native produce in the interior to first obtain permits of their consuls, while persons desiring to travel in either country for pleasure, must be provided with passports. Article seventh provides for the dispatch once a month to Korea of a vessel belonging to the China Merchants Company, and permits Chinese men-of-war to repair to the open ports of Korea for the purpose of protecting Chinese consuls and other residents. In the text of this treaty there is not only no reference to vassalage or dependency, but the demands and concessions made exclude the existence of such relations at the time it was concluded. If China believed in the validity of vassal relations, can it be supposed that provisions would have been made for ex[tra]-territorial privileges and passports for Chinese subjects in Korea? Certainly not, for to have done so would have presented the spectacle of a sovereign state demanding ex[tra]-territorial rights and privileges for her own subjects within her own sovereignty, which is the very acme of absurdity. The only reference to vassalage, as interpreted even by the Chinese, is, in a preamble, published at the head of this treaty, which may or may not have been in its present form at the time the treaty was signed.

This extraordinary preamble rendered as follows: "Korea has long been one of our vassal states, and in all that concerns rights and observances there are already fixed prescriptions which require no change. Can this be the language of a high joint convention created, not to sign away the sovereign rights of a nation, but to protect them in its intercourse with a neighboring state? It seems rather the ex-parte assertion of a fallacy than any proof of the existence of a fact. But the closing paragraph of this preamble, if anything, is still more remarkable. It reads: It is understood that the present rules … are to be viewed in the light of a favor granted by China to a dependent state, and are not in the category of favored nation treatment applied to other states." Is it a favor to Korea for that state to grant ex[tra]-territorial privileges to the subjects of China while the latter lays claim to suzerainty over the former? Is it a favor to Korea to permit Chinese men-of-war to repair to her open ports to protect Chinese consuls and other residents? And, finally, is it a favor to overrun the Korean capital with Chinese merchants while there is not a Korean merchant in all China? There is an additional reason why this preamble must be erroneous, and that is this: As the Viceroy was one of the plenipotentiaries who concluded the treaty, it is quite out of the range of reason to believe that distinguished official could have been a party to the assertion that the rules alluded to in the preamble "are not in the category of favored nation treatment applied to other states," for, hardly five months before this, he discussed and sanctioned, as the professed friend of Korea, the 14th Article of the American treaty, which provides that: "The high contracting powers hereby agree that should at any time the King of Chosen [Korea] grant to any nation or to the merchants or citizens of any nation any right, privilege or favor connected either with navigation, commerce, political or other intercourse which is not conferred by this treaty, such right, privilege or favor shall freely inure to the benefit of the United States, its public officers, merchants and citizens." Not only does the approval of this favored nation clause by the Viceroy destroy the integrity of this part of the preamble alluded to, but what becomes of China's claim to suzerainty over Korea when it is enforced by the treaty powers [?] Would it not irresistibly follow that the latter would have as many suzerains as she has treaties, every one of whose accredited Ministers abroad would have the same right to advise, direct and control the Korean Ministers accredited to other courts in pursuance of those treaties as the Chinese Ministers abroad have?

Nor is this all. For under its enforcement whatever may have been stipulated or may be stipulated between China and Korea not in the line of favored nation treatment which is opposed to the spirit or the expressed provisions of the general treaties, or which in any way contravenes the rights, immunities and privileges already; vested by such agreements in other powers, either for themselves or for their citizens or subjects, is void and of no effect. But, said the most eminent statesman of the Celestial Empire recently, "Korea is a vassal of China's because upon the conclusion of treaties with Western countries the King gave to the plenipotentiaries who conducted the negotiations autograph letters to be conveyed to the heads of their respective Governments, in which such relations were admitted." Here again I must take issue with the assertion, even though it is made by so eminent a personage as Li Chung Tang. It is true that, just prior to signing the American treaty, an autograph letter was handed down by the King to be delivered with the treaty to the President of the U.S., but that letter admitted nothing more than the King now asserts, namely, that Korea is a tributary state of China, but which, as I have endeavored to point out, does not affect, much less destroys, the sovereign rights of a state, while it asserts in language that cannot be misunderstood the sovereign and independent character which the Korean Government has always maintained, and upon the conditions of which rest all the treaties concluded with Western powers. Subsequent autograph letters given by

His Majesty were in effect the same as the first one, so far at least as the relations of Korea to China are concerned. The following is a correct translation of the letter of the King to the President of the U.S.:

"His Majesty, the King of Chosen, here with makes a communication. Chosen has been, from ancient times, a state tributary to China; yet hitherto full sovereignty has been exercised by the Kings of Chosen in all matters of internal administration and foreign relations. Chosen and the United States, in establishing now by mutual consent a treaty, are dealing with each other upon a basis of equality. The King of Chosen distinctly pledges his own sovereign powers for the complete enforcement in good faith of all the stipulations of the treaty in accordance with international law. As regards the various duties which devolve upon Chosen as a tributary state to China, with these the U.S. has no concern whatever. Having appointed envoys to negotiate a treaty, it appears to be my duty, in addition thereto, to make this preliminary declaration."

To the President of the United States.
May 15, 1882

Whatever interpretation the advocates of the vassalage of Korea may choose to put upon the plain, candid and unmistakeable language contained in the above letter, or however much they may attempt to twist or pervert its meaning, it is perfectly clear that the American Government has given it a construction strictly in accord with its phraseology as well as spirit, for they now hold that, under the treaty of friendship and commerce which accompanied it, the question of Korea's vassalage to China has been definitely settled, so far at least as that Government is concerned. In paragraph 64, Vol. I of [Francis] Wharton's Digest of International Law of the U.S. the following language is used by the Government:--The existence of international relations between the two countries (the U.S. and Korea) as equal contracting parties, is to be viewed simply as an accepted fact, and "the independence of Korea of China is to be regarded by the U.S. as now established." Neither does the American Government stand alone in this regard, for at least two other great powers claiming relations with Korea, equal in importance politically as well as commercially to those claimed by China, insist on maintaining the same sovereignty for Korea that the United States does, while the solemn joint declaration of Japan and Korea, as expressed in the first article of their treaty concluded February 1876, declares that, "Chosen being an independent state, enjoys the same sovereign rights as does Japan, and that their intercourse shall thenceforward be carried on in terms of equality and courtesy. Independently of the treaties which have been made with Korea, the historical relations of that country with China do not admit the existence of any such conditions toward each other as suzerain and vassal." Tributary treaties Korea has signed, but none of vassalage. It has been suggested that Korea signed a treaty in 1636 wherein vassalage was acknowledged. This however is a mistake, as that treaty was also a tributary one, and even then it was in no sense a treaty with China. It was a treaty of capitulation made with a Chinese subject, a Manchu Prince, who was in open rebellion against the Chinese Government and against whom Korea fought on the side of the last Chinese Emperor of the Ming Dynasty, as in 1636 the Mings were still Emperors of China, and no treaty of vassalage was ever signed with them. It was not until 1644, eight years later, that the Manchus ascended the throne at Peking, since which time no vassalage treaty has been signed or agreed to by Korea.

When such relations are held by states in the legal international acceptation of the term, that which disturbs the heart of the sovereign affects the pulse of the vassal, and yet so far as is known neither the wars which have been waged against China by foreign states, nor her rebellions, nor internal dissensions have apparently disturbed or concerned Korea any more than if one nation had been located near the North Pole and the other in the tropics. And yet it was the duty of Korea as a vassal of China to have furnished an army from her hundreds of thousands of soldiers which she has had or could have raised at any stage of her civilization, as well as munitions of war, to aid China in the hour of her greatest need; but not a soldier, gun, or dollar seems to have crossed over from Korea to China for that purpose. In addition to this important fact, if such relations ever existed they ought certainly to have left their imprint on the civilization of Korea, either upon the national emblems, coins, laws, or in some other way, as public notice to other nations of China's responsibility when grievances were to be redressed or wrongs atoned, as well as an acknowledgment on Korea's part of the acceptance of such relations. To those who are versed in international affairs Korea cannot be considered a dependent state, for the reason that the law and the facts have placed her in the column of sovereign and independent states, where she will remain, unless, through the force of superior numbers, she is taken out of it. Korea has the right of negotiation, a vassal state has not; Korea has concluded treaties of friendship, commerce and navigation with other sovereign and independent states, without reference to China, which a vassal cannot do; and in virtue of those treaties has dispatched public Ministers to the courts of her respective treaty powers, while vassal states cannot even appoint Consuls –General but only Consuls and commercial agents. Korea has the right to declare war or peace, which a vassal cannot do except through its suzerain. China under her treaty is represented at the Korean Court by a diplomatic officer, and by consuls at all the open ports, and when the interests of the Korean Government demand it, they will be similarly represented in China, or friendly intercourse will surely cease to exist between the two Governments. The following language of [Johann Kasper] Bluntschli, a modern international jurist of great clearness, is forcibly applied here. He says: –Inasmuch as sovereignty tends to unity, such distinctions between vassal sovereignty and sovereign sovereignty cannot subsist long. History shows us the truth of this principle. During the middle ages a number of vassal states existed both in Europe and Asia. To–day they have nearly all disappeared because they have been transformed into sovereign states or have been absorbed by more powerful states. International law ought to keep an account of their development. It ought to respect it. It ought not to contribute to retard it by seeking to perpetuate the unsustainable formalities of an antiquated jurity. "International law will keep an account of their development, too, and in its vigilance for the rights of the weak, will keep an account of Korea also in her struggle for the maintenance of independent statehood. After having been by the great nations of the international world literally dragged from the seclusion which had for so many centuries enveloped the little kingdom in mystery, to join the family of civilized nations, under the expressed guarantee of assistance in the event of oppression or unjust treatment, those powers will surely not permit the stultification of this assurance by allowing their younger member to be strangled at the very threshold of its international life."

China's friend and ally Korea desires to be, but her voluntary slave she never will consent to become. The Austro-Hungarian Minister of State, M. Kalnoky, lately said: A vassal state in the nineteenth century is an … anachronism.- However this may be, the time will indeed be sadly out of joint when China succeeds by her peculiar methods in establishing vassalage with Korea; not only so, but when she does a new chapter will have to be added to international jurisprudence, the principles of which such well-known expounders as [Hugo] Grotius, [Emerich de] Vattel and Wheaton never comprehended. At this late date, after China and Korea having joined the family of nations as sovereign and independent states, and after the former having yielded sovereign control over Korea in the conclusion of treaties, and until recently having acquiesced in the execution of all of the provisions of those treaties, declining responsibility for Korea's conduct at times when responsibility stood for something, and having concluded a treaty with Korea herself, now to claim the existence of dependent relations is not only to abuse language and offend intelligence but it is also an attempt to defy international precedents. Nor is this all, for China's contention becomes even grotesque in character when it is claimed for her that in the discussion and final adjustment of the issue she is above and beyond the range of human reason and long experience, as evinced in the formulation and adoption by the civilised nations of the West of that code of international jurisprudence which has guided those nations so well in the past in their intercourse with each other and by which China, of her own volition, through the conclusion of her treaties consented to be governed and controlled in all of her intercourse with other treaty powers.

But perhaps one of the most careless and inexcusable assertions in relation to this question is the one that the Korean Government admit vassalage without any qualifications whatever, for nothing is further from the truth; and when the King under well-considered advice appointed a Minister to Japan [Min Yong-jun], and afterwards the plenipotentiaries to Europe and America [Sim Sang-hak and Pak Chong-yang], in order, if possible, to break up the pernicious meddlesomeness of the Chinese with Korean affairs, and which met with such stubborn opposition from the Pekin Government as well as adverse criticism in certain public journals in the East, His Majesty emphasized by that public act his denial of this fallacious statement. Apparently there is no limit to the devices resorted to by the advocates of vassalage. A correspondent of the Maintchi Shimbun(Japanese journal) writing to that paper on the 17th of November last, seems to have fallen a victim to one of these, for he says: "It appears that a convention on the appointment by Korea of Ministers to foreign countries has been concluded between her and China and that it consists of the following three articles. 1st. The Korean minister of State shall, before sending a Minister abroad, ask advice of the Chinese Minister in Korea. 2nd. Should the Korean Minister abroad have occasion to communicate with the representative of any other foreign power in the same sine country on a matter of business, he shall consult with the Chinese Minister in that country. 3rd. The Korean Minister of State shall, no matter what the official rank of a Minister appointed by them to a foreign country may be, not allow him to take precedence over the Chinese representative in the same country." The only document which could be tortured into anything like the above articles, is the following telegraphic instructions from the Viceroy to Commissioner Yuan, about the 5th of November last. 1st. "After arriving at his post the Korean representative has to call at the Chinese Legation to ask the assistance of the Minister and to go with the Korean representative to the Foreign Office to introduce him, after which he may call where he likes. 2nd. If there happen to be festivities at the court, or an official gathering, or any dinner, or the health of someone is drunk, or in meeting together, the Korean representative has always to take a lower place than the Chinese representative. 3rd. If there happen[s] to be any important or serious question to discuss, the Korean representative has first to consult secretly with the Chinese Minister, and both have to talk over the matter and think together; this rule is compulsory, arising from the dependent relations, but as this does not concern other governments they will not be able to enquire into the matter. At present the question (sending Ministers) has not been decided by Imperial decree. They (the Koreans) have to be advised in a friendly spirit. China and Korea have to cherish for each other feelings of relationship. Ministers are selected from among the Mandarins of reputation, therefore confidence and respect has to be shown them, and this is the way Korean representatives should treat the representatives of China. This has to be communicated to the Korean Foreign Office, then to be handed over to the King, who must order his representatives to act accordingly." But notwithstanding the above command the King did not "order his representatives to act accordingly." His Majesty replied substantially that, while his Ministers would be instructed to show due respect and deference to the Ministers of China, yet as he had appointed in pursuance of all treaties with Korea full Ministers, he could not now change their titles without giving cause for an un favorable comment as well as unjust suspicions. Having therefore [been] appointed full Ministers they should, in their presentation at court; be governed by the rules of etiquette which govern the presentation of the Ministers from other countries; accordingly the original instructions to the Ministers, which do not contain any of the above conditions, were permitted to stand.

In this connection I take the liberty of quoting the following from an able letter written by a fearless and impartial correspondent on the independence of Korea some months ago. "The present action of China in this instance is an attempt to crush out the liberty of Korea, and comes within the scope of Art." 1st of the United States Treaty, which provides that if other powers (including of course China) deal unjustly or oppress with Korea, America will use its good offices in her behalf. What Great Britain would do in the similar case of an envoy being appointed by the King of Korea to the Court of St. James being stopped by China from going there, may be safely inferred by its treaty stipulations with Korea, which in Art. 2nd provide that Korea as a high contracting party (no mention being made of the high suzerainty of China or of Korea being a vassal state) may appoint a diplomatic representative to reside permanently in England with all the privileges and immunities that are enjoyed by the diplomatic functionaries in other countries.

"Great Britain could not legally refuse to receive an envoy from Korea under her treaty." France, Germany, Italy and Russia have no doubt similar clauses in their treaties with Korea, and it remains to be seen how they will suffer and resent such preposterous interference on the part of China with Korea's right of Embassy after those powers have recognised it, should China presume to claim any pretext for limiting such right when Korean envoys are appointed to them.

"To all lovers of liberty and of principles in consonance with this grand main spring of national life, it is surprising how this question of Korean liberty is treated by the British Press in China and Japan. Compare it with the excitement and declamations over the liberties of Bulgaria with its two millions of inhabitants and Roumelia with hardly one million of inhabitants, both composed of a motley mixture of semi-savage peoples. And yet Korea has twelve millions of people, all of the same race and civilized at least to an equal level with China and, forsooth, Korea is to be swallowed up by China and to be allowed to disappear from among the Eastern nations amidst the criminal silence and indifference of the humanitarian powers who are grief-stricken at even the possibility of the same happening in the corner of Eastern Europe. Does the effort of Korea to assert her liberty find favor with the British Press in China? Is there one clear, outspoken word to show that the public organs in the East are on the side of Korea in her struggle with China[?]"

As a matter of fact the Korean Minister to Washington was promptly and without any question presented to the President by the Honorable Secretary of State, and to the Secretary of State independently of the Chinese Minister, notwithstanding the many careless, and untruthful assertions to the contrary, and just as the Minister to the European courts will be presented upon his arrival. If the Chinese Ministers in Europe were to attempt the anomalous proceeding of presenting the

Korean Minister to those Courts it would not be carried out, for there is no country of respectability, jealous of its national honor, that will care to attempt to set the absurd and unprecedented example of receiving a plenipotentiary, envoy or minister of any sort from a vassal state. Even the so-called memorial (letter) which the King addressed to the Emperor of China, in answer to questions from Peking, explaining his reasons for as well as his right to send Ministers to Europe and America, is regarded by China and by vassalage advocates as another link in the chain by which they hope to bind Korea irretrievably fo the Celestial Empire.

The trouble seems to arise from this: the language used by the King to express his tributary relations, is persistently and erroneously interpreted to mean vassal relations by China and her supporters. When the King refers, in the so-called memorial to the Emperor, to tributary envoys and plenipotentiaries, he is entirely consistent with international jurisprudence as interpreted and followed by other nations in their intercourse with each other, while China's appellation of vassal envoys and plenipotentiaries is a misnomer because it is entirely inconsistent with the laws of civilised nations. Such laws do not recognise vassal envoys, plenipotentiaries or ministers of any kind, for the reason that vassal states have the power to create only consuls and commercial agents. In this connection there is another device which deserves attention, and that is this: letters or documents, written or translated to suit the occasion, are frequently published by the press in China, purporting to be from the King of Korea, inferentially if not positively admitting Korea's vassalage. In answer to such statements I am informed upon the very best authority that the King has never admitted in documents or otherwise the existence of such relations, and further, if anything has been admitted by any official of the Government at any time which even implies vassalage, it is without authority and void. The King knows only too well the object of the insidious conduct of China towards his country; aside from this, he cannot be induced or intimidated into admitting a national fallacy. Even if dependent relations could be created by admissions, and the King, under the threatening, violent and criminal treatment of China for two and a-half years past, were to admit vassalage in the most abject way, it should not be binding upon his Government, for admissions under duress are not only no evidence of a fact but they are no admissions. Other independent states, with but few commercial interests to protect and no questions of sovereignty to settle, dispatch to foreign countries public ministers and nothing is said against it, but when the King of Korea, in accordance with the expressed stipulations in all the treaties with other independent powers, does the same thing, a perfect shower of invective greets the public ear from some quarters while from others, more mild, the act is characterised as mischievous and ill-advised; that it was forcing to the front a question which ought to have been kept in the background while the King and his advisors turned their attention to the development of the resources of the country.

It is quite true that the question was forced to the front, not by the King and his advisors but by the tyranny and oppression of China, largely through the conduct of Commissioner Yuan, which, for petty schemes, criminality, injustice and brutality has seldom, if ever, been equalled in the annals of international intercourse. With a view to placing the heel of China on the neck of Korea, he has not only opposed almost every effort which has been made in the direction of internal development but he has, through the mercenary brigade which he always keeps about him, attempted to bring failure and ridicule upon almost every effort the better class of Koreans have made to transact business for the government or themselves, in order to make it appear that the Koreans are but a nation of helpless children who can never learn business and who, for that reason, need a Chinese guardian over them. He has threatened the King repeatedly through certain Korean officials with the Chinese army and navy and with the vengeance of the Viceroy, in order to compel compliance with his wishes and demands, while to weaken the royal authority in the eyes of officials and subjects alike he has abused and trampled upon the long-established and sacred customs of the court by riding in his chair into the Palace almost up to the very entrance leading to the presence of the King, accompanied by his coolies, servants and horsemen, who at times have conducted themselves in a disorderly manner; while in the excitement of July and August of 1886, which he was the principal cause of, arising out of his attempt to force the government to admit that the King was the author of a letter his Majesty never wrote, and which was said to contain a request for the protection of a friendly power against the aggressions of China, the language and conduct of China's representative would have done credit to the chief of braggadocios. In some of his conduct he has been more or less applauded and encouraged by one or two foreign officials, while in all of his disreputable work he has been much assisted by a few petty Chinese officials as well as by certain of China's gun-boats sent to the open ports in Korea for the purpose of protecting Chinese consuls and merchants "as stipulated in their treaty, and as alleged and published in the preamble to such treaty as a favor granted by China to a dependent state," which have been detected in some of their attempts to smuggle red ginseng out of the country. These gun-boats also on their arrival from China are in the habit of bringing more or less cargo which their officers demand shall be landed without examination, while the Customs' authorities urge the right of inspection as in ordinary cases to see whether or not it contains dutiable goods. Invariably when disputes of this character arise the Chinese Consul takes up the side of the gun-boat people and in their behalf appeals to Commissioner Yuan in Seoul, who in turn threatens the President of the Foreign Office until the order is given to pass the goods without examination. The last case of smuggling ginseng by one of these gun-boats, so far as is known, occurred in October, when several thousand dollars worth of the drug were seized, the largest chest of which, was covered by the seal and signature of Commissioner Yuan. The Chief Commissioner of Customs [Henry F. Merrill] has done all in his power to break up these lawless and fraudulent practices. He has appealed to the President of the Foreign Office, to the Viceroy at Tientsin and to the Inspector-General of Customs in China to aid him in enforcing the laws and regulations of the Korean Customs service, but thus far without avail. The President of the Foreign Office frankly says he is powerless as against the Chinese in these matters. Even with the fraudulent treatment it has received, the Customs revenues for the year just closed amounted to the sum of $250,000.00, a sum which, under legitimate and fair treatment, would have been considerably increased.

But the culminating act of China's representative, for cold-blooded wickedness, lays in his plot, exposed in July last, to dethrone and carry off the King to make temporary room for a pliant tool. The execution of this diabolical business involved riot, arson, bloodshed and probable assassinations, besides imperiling the lives of all the foreigners in Seoul as well as those of many native people. Every detail of this conspiracy is in possession of the King, and which would no doubt have been carried out but for the integrity and loyalty of Prince Min Yong Ik, one of the ablest and truest of Korean subjects, who, with the knowledge of the King, had been let into the plot, and who faithfully reported its different phases from time to time to His Majesty as well as myself, enabling us thereby to control and defeat it. Perhaps the most extraordinary part of this infamous business is the draft of it, which was to have been submitted to the Viceroy for approval or rejection.

The principal features of this draft were as follows; Native soldiers were to be drilled at Kang Wha under the pretext of garrisoning the point against the "outside barbarians." These soldiers were to be reviewed by the Chinese representative in order that they might readily recognise their commander at the critical moment. They were to be placed conveniently near to the palace. Then the Tai Wan Kiun [Taewn'gun] or ex-regent's palace or house was to be fired and the work of the incendiary laid at the door of the King, which was to be the signal for an uprising of the ex-regent's following, who hate the queen and her party with intense bitterness. The rioters were to attack the palace, when Commissioner Yuan was to appear on the ground, as he did in 1884, and in command of the troops already referred to, under the pretense of quelling the rioters, was to take possession of the person of the King and carry him out of the palace, and then declare the son of the King's elder brother heir-apparent and the ex-regent regent, until the heir agreed upon attained his major authority, thereby enabling the Chinese, under the direction of the regent, to thoroughly invest the government and country. Neither did China's representative neglect the financial part of the scheme, for he placed in the hands of a certain General 3,000 Taels (about $4,500.00) out of which the expenses of drilling and moving the troops were to be paid. This sum was however returned to the Chinese Legation after the departure of Min Yong Ik and the collapse of the conspiracy.

The Chinese Government cannot plead ignorance of the conduct of their officials in Korea, for they have been fully advised from time to time through different channels. Twice I visited Tientsin under authority from the King, when the fullest discussions were had with the Viceroy with respect to the extraordinary conduct of the Chinese representative and the policy of the Pekin Government towards Korea. In my first interview, in September 1,86…1 urged an amicable understanding between China and Russia as well as Japan, in regard to the political affairs of the peninsula, as the surest means of preventing irritation and disorder, and before my return the Viceroy assured me that such an understanding would not only be reached but that China would change her representative, as Yuan was too young not only in years but also in experience for such a post; in fact, said the Viceroy, the position has already been tendered to the present Taotai of Tientsin and the Taotai who has just been appointed at Chefoo, but that both had declined. On the occasion of my second visit, in October of last year, to discuss Korea's right to send public ministers abroad and to open ports in the interest of trade, as well as to protest against Yuan's latest conspiracy against the King, if it became necessary, in one interview, finding that the Viceroy turned a deaf ear to everything reflecting in any way upon that official, I was about to dispose of him once [and] for all, as I supposed, by presenting the indisputable evidences of his recent treasonable conduct, when, to my amazement, the Viceroy coolly informed me that he knew all about the dethronement scheme; that while Yuan was in it, yet it was all the fault of Min Yong Ik, who laid the plot and induced Yuan to go into it, and that for his stupidity in letting himself be drawn into such a thing he had ben severely reprimanded. And still, in the face of this criminal record, Yuan continues the representative of China to Korea, in violation of the closing paragraph of the first article of the treaty between the two countries, which says: "Should any such officer disclose waywardness, masterfulness or improper conduct of public business, the Superintendent of Trade for the Northern Port and the King of Korea respectively will notify each other of the fact and at once recall him."

In view of all this the inquiry naturally suggests itself, why is the Commissioner kept in Seoul? Is it because China, desiring to take possession of Korea and having no excuse in the eyes of civilized nations for doing so, expects him, through his violent conduct, to furnish one? It is to be hoped not. Nor is this all; what must be the moral status of a government which insists on being represented at the court of a neighboring state by a smuggler, conspirator and diplomatic outlaw? I submit the language is not too strong, in view of the facts and the following historical record applicable to them, copied from a well-known author on internal law:- Several instances are to be found in history of Ambassadors being seized and sent out of the country. The Bishop of Ross, Ambassador of Mary Queen of Scots, was imprisoned and then banished from England for conspiring against the Sovereign, while the Duke of Norfolk and other conspirators were tried and executed. In 1584 De Mendoza, the Spanish Ambassador in England, was ordered to quit the realm for conspiring to introduce troops to dethrone Queen Elizabeth. In 1684 De Bass, the French Minister, was ordered to depart the country in 24 hours, on a charge of conspiring against the life of Cromwell. In 1717 Gyllenborg, the Swedish Ambassador, contrived a plot to dethrone George I. He was arrested, his cabinet broken open and searched and his papers seized. Sweden arrested the British Minister at Stockholm by way of reprisal. The arrest of Gyllienborg was necessary as a measure of self-defence, but on no principle of international law can the arrest of the British Minister by Sweden be made justifiable. For similar reasons, Callamare, Spanish Ambassador in France, was in 1718 arrested, his papers seized and himself conducted to the frontier by military escort. So recently as 1848 Sir H. Bulwer, the British Ambassador in Spain, had his passports returned, and was requested to leave Spanish territory by the government. Certain disturbances had taken place in certain parts of Spain, and the Government persuaded themselves that Sir H. Bulwer had lent his assistance to the disaffection." And had the Korean Government possessed the national strength to enforce their rights, another case of far more recent date would have been added to the above list in the person of Commissioner Yuan. The Chinese authorities seemed to be considerably exercised over the surrender of Kim Ok Kiun [Kim Ok-kyun] by the Japanese Government, in order that he might be justly punished for his conspiracy, and who would doubtless have been willingly given up by that government were there not international precedents against the surrender of political offenders; and yet the conspiracies of the Chinese representative are of a far graver character than those of Kim Ok Kiun, for the former's were directed against the King, the head and front of all government in the kingdom, while the latter's were directed more against certain high officials than otherwise.

If the Chinese authorities were sincere in their efforts to have Kim Ok Kiun properly punished for his crimes, then they surely will not condone the greater offence of their own representative against the King now. The oppressive conduct of China is not confined alone to her small officials in Korea, not to those who periodically visit the country in gun-boats, for it extends to Tientsin and Pekin.

After my return from the northern part of Korea, where I went to inspect the natural resources of the country, I recommended among other things that as Ping Yang [Pyongyang] is the centre of a large section of country, rich in agricultural and mineral wealth, legitimate trade would be encouraged and increased, the Customs' revenues largely augmented, the smuggling carried on in and out of the Tatong [Taedong] river checked, while the preliminary work of opening the valuable coal and other mines located near there already determined upon by the government would be facilitated by establishing an open port at or near that city. The proposition was also warmly supported by the Chief Commissioner of Customs, and subsequently that efficient officer was instructed by the King to take the preliminary steps. A steamer was dispatched with a Customs' officer on board to survey the river and to locate the port at the nearest practical point to Ping Yang. While this work was going on the Chief Commissioner was informed by China's representative that the Viceroy Li would not permit a port to be opened at that place. The Chief Commissioner, humiliated by this unjust and unwarrantable interference, was compelled to direct the vessel with the Customs' officer to return. At first the King declined to believe that such an order could emanate from the Viceroy, but direct communication with the Chung Tang through myself confirmed the statement of China's representative. In the discussion of this subject the Viceroy based his objection upon the erroneous and illogical grounds that, as Ping Yang is near the port of Newchwang in China, an open port there would seriously interfere with Chinese trade. In the first place, Newchwang is several hundred miles from Ping Yang, and secondly, there is not annually a thousand dollars worth of trade carried on between the two points. But if there were even one million dollars worth or ten for that matter, are the revenues of the Korean Government entitled to no consideration by China? Or was it the object of the Pekin Government in getting control of the Customs service of Korea to so direct and manipulate it as to make the natural resources and wealth of the country subserve the interests of China instead of Korea? The right of every state to increase its wealth, population and power by opening ports for the stimulation and encouragement of trade, the extension of its navigation, the improvement of its revenues, arts, agriculture and commerce, is incontrovertible and is recognized by every civilized nation under the sun, and the sooner China is compelled to recognize the fact also, the better it will be for the family of nations whose comity and friendship she essays to share, as well as for her own interests. Neither do the commands of the Viceroy stop at opening ports, for His Excellency asserts that Korea cannot negotiate loans with which to aid in the development of the natural resources of the country, or transact in her own way, as she has for centuries past, the business of the government, without first asking and obtaining the consent of China. In view of such a long train of cruel, unjust and tyrannical conduct as is here presented, China's professions of friendship for Korea, under the claim of suzerainty, become simply monstrous in their sincerity.

Nor do the mischievous consequences of such meddlesomeness stop here; for if the Viceroy in his commands to the Korean Government can practically defeat the commercial part of the treaties made with other countries, His Excellency can, by similar commands, nullify every stipulation of those agreements, whether they apply to the appointment of public ministers, opening ports for the convenience of trade, the collection of duties, or to the rights of citizens and subjects of the treaty powers, whether of person or property. How long the treaty rights of other countries and the lives of their nationals are to be jeopardized and trifled with, or how far China will be permitted to go in the direction she now seems to be heading before a halt is called, depends entirely upon the faith and value other powers besides the United States attach to their stipulations with Korea. I say other powers besides the United States because that government, with no political interests in the peninsula to protect has, through their distinguished Secretary of State, having in mind the faith pledged in the first article of the American treaty, informed China that, as the former has concluded a treaty of friendship and commerce with Korea on the basis of a sovereign and independent state, they expect the rights and privileges so acquired to be respected. Were the national autonomy of China endangered or the rights and immunities of her subjects threatened with destruction by the continued independence of Korea, and China were for that reason to proceed openly to annex the country instead of assuming relations with it which do not exist and endeavoring by false pretenses to sustain the assumption, the case would be different. For the right of self-preservation is just as inherent in a nation as it is in individuals, while the most solemn and responsible obligation it owes to its people is the guarantee of all their rights under a stable and well-administered government.

The King having appointed and dispatched public ministers to all countries in treaty relations with Korea, a course so fatal to the claim of vassalage, the time has surely come for China to quit masquerading with the Korean question and frankly announce in unmistakeable terms her policy toward the peninsula; for until the question is settled one way or the other, it will not only continue as now to be a very serious and disturbing element in the politics of the East but it will delay, if not prevent, internal development and the reformation of long-established abuses in Korea. But with the question settled in favor of the continued independence of the country, and entire responsibility for the duties and obligations already assumed through the government's international agreements, and with labor made honorable by royal decree and idleness condemned as it is in Western countries, where the fact is recognised that the only key to real greatness, permanent prosperity and national strength, lies in the recognition of the truth that, to engage in all branches of labor and business enterprises is not only respectable but it is more, it is laudable and worthy of the highest commendation and encouragement. Then with the idle Yang Ban class (so-called gentlemen), which are now feeding upon and exhausting the labor of the country because it is considered dishonorable for them to do any work, compelled to earn the bread they eat, and the agricultural classes stimulated and encouraged by the protection of their surplus products from the squeezing and other illegal exactions now made upon. It's sure to follow sooner or later under settled political conditions Korea would then enter upon that era of prosperity which the natural wealth of the country so justly merits.

A few words now in reply to the stale charge that the King is weak and vacillating in character and I leave the subject of Korea's sovereignty and grievances to those who are better able to protect and right them. And upon this point, two years' experience as His Majesty's Foreign Advisor and Vice-President of the Home Office(Privy Council) should enable me to speak advisedly; for during that time some of the most trying phases of the Korean problem have presented themselves for solution, and through them all the King has shown a firmness, cheerfulness and patience worthy of a ruler of a great nation. Often his language and bearing have indicated great anxiety but never weakness or anger. It is true that, since Korea's contact with Western people, dazzled by the glitter and novelty of the change and encouraged by the smooth words of some adventurers and some unscrupulous persons, the government have been led into undertaking impracticable ventures whose failures have created a reputation for extravagance and fickleness which will perhaps take years of prudence and economy to remove; but every Asiatic nation has had to pass through such an experience and Korea must have hers also. After dispatching the ministers to Europe and America against the Imperial protests of China, the King ought not to be longer accused of either fear or a want of firmness of character. His Majesty received the protest with that quiet dignity which had characterized his bearing in other important matters and after hearing and carefully weighing China's objections relying on his right as expressed in and guaranteed by the treaties, as well as by the law of nations the ministers were ordered to leave for their respective posts, against the ultimatum of the Pekin Government and the positive conditions prescribed by the Viceroy, as well as in the face of the blustering conduct and diplomatic antics of Commissioner Yuan, supplemented by the persistent efforts of a few cowardly Korean officials, whose well-beaten track between the palace and the Chinese Legation indicates the character of their patriotism as well as their devotion to their King. No, from my own knowledge I should rather say that His Majesty is far too strong in character to suit those whose purposes it serves riot to have it so. It must be borne in mind also that His Majesty has no kingdom to gain through an arrogant exhibition of strength, but he has one to lose through an exhibition of weakness or fear. The King's character for universal kindness may have been mistaken for weakness. Even some of his subjects say His Majesty is too kind for the good of the public service. His habits are those of perfect sobriety and industry, and being progressive in his nature, he is constantly seeking information which will aid him in directing his subjects into those paths that lead to the higher plains of civilization which have done so much to humanize and Christianize the Western World. Unfortunately in this great work the King, with a few exceptions, stands alone. Those who are in sympathy with Western progress are, as a rule, without influence or following, while those who possess both adhere to the traditions of the past with a loyalty worthy of better things. Under these circumstances the King of Korea surely deserves the sympathy and support of all good people.

Seoul, Korea, O. N. DENNY
February 3rd, 1888.